Jürgen Roth/Thomas Roth

KRITIK DER VÖGEL

Blumenbar

Jürgen Roth/Thomas Roth

KRITIK DER VÖGEL

Klare Urteile über Kleiber, Adler, Spatz und Specht

MIT ILLUSTRATIONEN VON F.W. BERNSTEIN

In den Wäldern sind Dinge,
über die nachzudenken man jahrelang
im Moos liegen könnte.
FRANZ KAFKA

Es ist merkwürdig, wie viele Geschöpfe wild und frei,
wenn auch verborgen im Walde leben und
in der Nähe von Städten ein Dasein fristen.
HENRY DAVID THOREAU

Wie oft habe ich mich danach gesehnt,
mit den gefiederten Bewohnern des Waldes sprechen zu können.
JOHN JAMES AUDUBON

Ich liebe meine Vögel.
IMMANUEL BIRMELIN

Ich liebe Vögel. Wer tut das nicht?
JACK BLACK ALS BRAD HARRIS
IN *THE BIG YEAR (EIN JAHR VOGELFREI)*

Ich liebe die Amseln, den Dompfaff, den Specht ...
GIACOMO PUCCINI

Amicus verus rara avis.
WALTHER

Oh Vogel Albatroß!/
Zur Höhe treibts mit ewgem Triebe mich./
Ich dachte dein: da floß/Mir Trän um Träne, –
ja, ich liebe dich!
FRIEDRICH NIETZSCHE

Die Vögel tanzen, wenn sie zusammen nach Afrika fliegen.
Ihre Rhythmen, feiner und voller als die unseren,
entstammen dem Flügelschlag.
Sie stampfen den Boden nicht, aber sie schlagen die Luft,
die ist ihnen gut gesinnt. Uns aber haßt die Erde.
ELIAS CANETTI

Welch ein unergründliches Mysterium liegt doch in jedem Tiere!
ARTHUR SCHOPENHAUER

Ich war nie unter Menschen. Ich war immer unter Tieren.
BERNARDO DAMIANI, *NORMALKNEIPE*, 29. JULI 2015

INHALT

EINLEITUNG

Ein Redakteur der Zeitschrift *Vogelfreund* bescheinigte dem Rotkehlchen in den zwanziger Jahren des vergangenen Jahrhunderts einmal, es stelle »philosophische Studien« an. Können wir daraus schließen, es sei neugierig und zugleich skeptisch und begegne der Welt geistig beweglich und vorurteilsfrei?

Der Bussard, der mit Seelenmuße den Himmel durchmißt, die Familienshowflüge der Turmfalken und der Mehlschwalben im späten August – läßt sich gegen ihn, gegen sie, generell: gegen »unsere gefiederten Nachbarn« (Robert Burton) etwas sagen?

»Die Schwalben streifen die Fluten / und trinken Fahrt und Nacht«, heißt es in Gottfried Benns Gedicht »Astern«, und Thomas Bernhard entfuhr angesichts der beim Segeln, Taumeln und Schaukeln plaudernden Zwerge »im göttlichen Luftmeer« (Robert Walser) über Madrid: »Schwalben sind herrlich, nee?«

Nein, es ist nicht allein die Trias von Fitneß, Fun und Fertilität, die den Menschen, zumal den hochmodernen unserer Tage, in Entzücken versetzt, es ist, man muß da gar nicht allzu scharf nachdenken, das Vermögen der Vögel, sich jederzeit vom Boden zu erheben, das für den Homo sapiens seit jeher Anlaß zur Verehrung ist.

»Ihr kennt keine Höhe, keine Entfernung [...]. Welche Wolke und welches tiefe Wasser sind euch unzugänglich? Euch gehört die Erde, ihr ganzes weites Rund«, sang Jules Michelet und verbeugte sich zudem vor den Tauchtätigkeiten bestimmter Wasservögel.

Fürwahr, am Bafasee im Südwesten der Türkei zu sitzen und zu stieren, gelassen, fast wie weggeweht, aufs smaragdgrün glitzernde Wasser, auf Seidenreiher, auf Pelikane, diese Fregatten und Kescherfischer unter den Vögeln, die pro Tag einundzwanzig Stunden ruhen, auf die fortpflanzungsfaulen, in sich ruhenden Flamingos, die in Afrika giftige Sodabrühenseen auf- und siebend durchsuchen und jetzt, auffliegend, kurz salutieren und sich dann, »auf rosa Stielen leicht gedreht« (Rilke), erneut was von einer Welt nach den Menschen erzählen – es ist eine Wonne, eine weiche und wundersame.

Soviel ist evident: Lift, Rolltreppe, Paternoster – benötigen sie nicht. Manche Vögel spazieren an Baumstämmen hinauf und hinunter, trippelnd, tänzelnd. Newton? Wer ist das? Gravitation? Drauf gepfiffen. Als Kinder Adler im Nürnberger Zoo zu betrachten war schmerzlich. Wie es uns dagegen ergriff, als wir auf der Frankenhöhe, auf einem Hochsitz am Rande eines Fischweihers in einer Fichtenschonung hokkend, zum erstenmal gewahrten, wie im Morgenzwielicht ein – damals ausgesprochen seltener – Graureiher heranschwebte, herabsank, sich aufpflanzte und zu husten und zu bellen begann.

Unweit des Dorfes hausten Waldohreulen, im Wörlerswald. Mit dem Rad machten wir uns auf, um diese fiederigen Statuen zu bestaunen.

Oder wir zogen durch die Flur. Die Feldlerchen fuhren Fahrstuhl, die Kiebitze schwankten und tollten herum. Schnäpper, Schwirle und Spötter, gab's die noch? Jedenfalls schien die Natur noch üppig zu sein, Anfang der achtziger Jahre.

Oder auf dem und rund ums Ijsselmeer: Wasservögel, wohin man glotzte, wenngleich ziemlich weit weg, und immer mal wieder ein Greifvogel. Die Ferngläser waren in den Schulferien das wichtigste Utensil, noch vor dem Kassettenrekorder.

Oder wir labten uns – wir lebten in Brunssum in den Niederlanden – an den abendlichen Pfeif- und Flötduetten, die Vater und eine an der Flachdachkante plazierte Singdrossel aufführten. Es war komisch, komisch und schön.

Allein, in jüngster Zeit war vermehrt Erschütterndes aus der Welt der Vögel zu vernehmen. Im Deutschlandradio Kultur hörte man von »fiesen Enten«, in der *taz* vertrat ein Ornithologe die These, unsere gefiederten Zeitgenossen seien »Opportunisten«, *Spiegel Online* titelte: »Futterdiebstahl unter Vögeln – Die Superbetrüger aus der Kalahari«. Der Trauerdrongo, ein südlich der Sahara weitverbreiteter Sperlingsvogel, sei ein perfider Fälscher, hieß es da im näheren. Trauerdrongos ahmen in vielerlei Varianten Notsignale der Erdmännchen nach, die Gehörnten fliehen in Panik, und die Drongospongos bedienen sich. Von Ergötzlichkeit ist da wenig zu sehen.

Gönnt man sich einen zweiten, einen dritten, einen hundertsten Blick, so wird die Mängelliste länger und länger. Zahllose Vögel sind Streitbolzen, etwa die Bleßhühner und die fauchenden und kullernden Birkhähne. Die Falkenraubmöwe, schreibt Arnulf Conradi, sei ein »Pirat«, der andere Meeresvögel »so lange verfolgt und behelligt, bis sie ihre Beute herauswürgen«, und wenn sie in der Tundra niste, »ernährt [sie] sich auch nicht viel redlicher von kleinen Nagern und den Eiern anderer Vögel«.

Möwen sind mörderische Mundräuber, die, ohne mit der Achsel zu zucken, auch Artgenossen anrempeln und unter gellendem, sägendem Geschrei wutentbrannt niederdrücken. Selbst hilflose Junge, die ihr Nest nicht wiederfinden, werden »angegriffen und mit spitzen Schnäbeln auf den Kopf geschlagen. Bald ist dieser blutig. Die wenigsten Jungen überleben solche Verletzungen. [...] Würde es nicht reichen, daß fremde Junge einfach abgewiesen werden, ohne nach ihnen zu schlagen und ihnen Verletzungen zuzufügen, die zum Tod führen?« mokierte sich jüngst der Evolutionsbiologe Josef Reichholf zu Recht.

Möwen sind grundsätzlich futterneidische, skrupellose, hundsgemeine, vielleicht fluchwürdige Tiere, falsche Luder sind sie auf jeden Fall. Man möchte den Wind abschaffen, um den miesen Möwen, die unterdessen selbst in der Nähe des Frankfurter Hauptbahnhofs eine Kolonie gebildet haben, Einhalt zu gebieten.

Zwischen den Möwenarten muß man nicht differenzieren, sie sind allesamt inakzeptabel. In von Möwen heimgesuchten Gefilden wütet der Bellum omnium contra omnes, der Krieg aller gegen alle. Im Januar 2014 griffen Möwen die weißen Tauben an, die der Papst über dem Petersdom aufsteigen ließ, *Spiegel Online* sprach von einer »Art Rassismus gegen weiße Tiere«. Wir selbst waren Zeugen, wie eine Möwe – notabene der Schimpanse unter den Vögeln – im März 2015 mitten auf dem belebten Old Eldon Square in Newcastle eine Taube in Stücke riß. Und im August desselben Jahres meldete die *Sunday Times*: »Möwengangs lernen neue Tricks, [um] Ihren Strandimbiß zu klauen«.

»Sie fressen alles außer Zitronen und Tabascosauce«, erzählte eines der Mundraubopfer. Ein anderer Urlauber, er weilte in einem der Seebäder im Südwesten Englands, berichtete:»Das Schlimmste, was ich gesehen habe, war eine Möwe, die sich auf dem Kopf einer alten Dame niederließ, die einen Hot dog hatte. Die Frau erschrak sich, ließ den Hot dog fallen, und die Möwe schnappte sich ihn.«

Nicht genug – »mit ihren harten Schnäbeln hackten Möwen dort bereits eine Schildkröte, ein Chihuahua-Hündchen und einen Yorkshire-Terrier zu Tode« (AFP). »Wir haben ein Problem. Ich denke, wir müssen eine ausführliche Debatte darüber führen«, sagte Premierminister David Cameron.

Seine politischen Kumpane jenseits des Atlantiks führen derweil an der Dachsammer neurobiologische Experimente durch. Im Pentagon interessiert man sich dafür, warum der zierliche Vogel tagelang fliegen kann, ohne schlafen zu müssen. Ziel sei es, »Strategien für Soldaten abzuleiten, die zwei Wochen im Einsatz wach bleiben sollen. [...] Daran wird die Logik von politischen Institutionen ersichtlich, die ältere zyklische Modelle der menschlichen Existenz abschaffen möchten zugunsten eines Lebensmodells, das kompatibel ist mit dem Dauereinsatz technologischer Waffensysteme«, erläutert der Kunsttheoretiker Jonathan Crary.

Ja, da wäre es endgültig vorbei mit der Magie der Vögel und der Faszination für diese liebenswerten, paradiesischen Gestalten, die einst die Engel verkörperten.

Richtig: »Himmelkreuzhageldonnerwetter! Wenn ich so weit wegfliegen könnte wie eine Wildgans!« schrieb Rosa Luxemburg aus dem Frauengefängnis. Verstehen wir. Aber müssen Sehnsucht und Empathie, Andacht und Hingabe nicht spätestens dort ihre Grenzen finden, wo uns die Vögel, ob willentlich, ob unwillentlich, verhöhnen und düpieren? Warum läßt der Wanderfalke, über den der englische Vogelkundler J. A. Baker vermutlich das schönste, eindrücklichste aller Vogelbücher geschrieben hat, warum läßt er, sitzt man geduldig und ihm wohlgesinnt mit einer Palette Spezi auf der Kölner Domplatte, stundenlang auf sich warten? »Was mag der Extrembergsteiger von seiner Leistung halten, wenn er einen Achttausender des Himalajas erfolgreich bestiegen hat und in dieser Höhe Geier oder Gänse fliegen sieht?« (Reichholf)

Jesusmariaundphoenix, da hat es sich mit der Freude am Vogel! Da kann man »den gemächlichen Reiz des Beobachtens, das Beiläufige, Geduldige und geradezu Langsame« (Conradi) in die Tonne kippen.

Und die übersteigerte Reiselust vieler Vogelarten – heißt es nicht bei Blaise Pascal, »alles Unglück in der Welt kommt daher, daß man nicht versteht, ruhig in einem Zimmer zu sein«? Sollten sich »die Vögel des Himmels« (Friedrich Wilhelm Joseph Schelling) nicht bitte wenigstens diesbezüglich mal am Riemen reißen und in Bescheidenheit üben?

Im Gegenteil, bei Aristophanes soll mit Hilfe der Vögel gar ein neuer Staat zusammengezimmert werden, ja ergreifen dieselben die Macht und murksen an ihrem Wolkenkuckucksheimgemeinwesen herum. Walter Muschg hat knapp zweieinhalbtausend Jahre später dessenungeachtet den »Vogelstaat« der ziehenden Arten, der »Lüftetrinker und Ferneüberwinder«, besungen, einen Staat, in dem »der einzelne nichts ist«.

In dem der einzelne nichts ist – das ist er, der feuchte Traum der Überwacher und Unterdrücker.

In den Nestern der Stadtvögel gedeihen Kleidermotten. Muß man sich das bieten lassen?

Eine Vielzahl von Vögeln verhöhnt andere Vögel. Der ungelenk um sich tretende, Schlangen auspeitschende Sekretär, der bedächtige, »menschenhafte« (Richard Gerlach) Schuhschnabel, die grotesk bemalten, behosten, derben Nashornvögel und der Hammerkopf, dieser Trampel, dürften eine Menge ein- und wegzustecken haben. Auf Solidarität hoffen hier nur Narren.

Das Männchen des Rhinozeroshornvogels mauert sein Weib in der Bruthöhle ein. Wen läßt das nicht ans Mittelalter, an Minnesang, an Keuschheitsgürtel und ähnliches denken?

Andererseits kehren sich nicht nur unter Odinshühnchen, die zu den Wassertretern zählen, die Geschlechterrollen um – ein Mißstand. Männliche Rohrammern zum Beispiel machen das allerdings wiederum durch supraterritoriale Promiskuität wett. »Skandalöse Verhältnisse im Ried« (Tait/Tayler) sind der Normalzustand.

Die gemeine Geschlechtsheteronomie zeigt sich bei Vögeln im Dualismus von chauvinistischem, strahlendem Prachtgefieder und Schlicht- oder Weibchenkleid, das lediglich eine Art Grundausstattung und somit Zeugnis der stiefmütterlichen Behandlung durch die Natur ist. Allein, letzteres diene der Tarnung beim Brüten – so sagt man (sogenannte Trutzfärbung). Es mache »wohl weniger aus, wenn sie [die

Männchen] in den Fängen von Falken und Eulen enden« (Gerlach), womit schließlich doch die Frauen stark bevorzugt würden oder werden.

Das Brüten, das dem Hinaustreten in die vielbejubelte Vogelfreiheit vorausgeht, diese »freiwillige Gefangenschaft, die Bewegungslosigkeit des beweglichsten aller Wesen«, sei ein Vorgang inniglichen Kümmerns und Behütens, Michelet erkennt in der Brutpflege tatsächlich »den ersten Schimmer von Moral«. Ist das nicht ein starkes Stück Vogelüberhöhung? Und der Vogel sei als das »freieste Wesen« überdies »das Lieblingskind der Liebe«? Sind hier nicht sämtliche Maßstäbe verrückt? Man weiß doch ohnehin, daß das »Gefühl von Vogel-Freiheit, Vogel-Umblick, Vogel-Übermut« – angeblich ein »feines Licht- und Sonnenglück« (Nietzsche: *Menschliches, Allzumenschliches*) – zu den allergrößten Überschätzungen führen kann.

Ornithophile und Ornithomane verweisen darauf, daß sich viele Verhaltensweisen von Menschen und Vögeln ähneln (turteln wie die Tauben, gackern wie die Hühner, ein komischer Kauz sein und so fort). Unbestreitbar ist, daß die Vögel die warmblütigsten Tiere sind, obwohl sie von den eiskalten Sauriern abstammen (ein Treppenwitz der Evolution?), und Warmblüter sind auch wir. Reichholf führt aus: »Um ihre Fähigkeiten und Leistungen zu erreichen oder zu übertreffen, brauchten wir Menschen Technik; sehr viel Technik und sehr viel Energie. Genau darin, im Umsatz von Energie, in der Aufwendigkeit des Lebens, ähneln wir den Vögeln besonders.«

Ähneln, im Umkehrschluß, die Vögel uns besonders?

Manch ein Ethologe oder Vogelhermeneut spricht ihnen die Fähigkeit zur Selbstwahrnehmung, Zeitbewußtsein und psychische Dispositionen zu. Sie hätten ein Gefühl für Lebensqualität, empfänden Zärtlichkeit, Angst, Haß, Trauer, Freude, Eifersucht, Wut (dabei wedeln sie nicht mit dem Schwanz, noch findet sich bei Vögeln eine Gesichtsmimik!), und sprechen könnten sie obendrein. Als Beleg für letzteres wird immerfort der drollig plappernde Papagei Alex der Kommunikationswissenschaftlerin Irene Pepperberg hervorgekramt (oder Dr. Doolittles weiser Papagei Polynesia). Von Ehestreitigkeiten zwischen Papageien ist dann keine Rede. Die sich wie Höflinge pudernden Vögel schimpfen, krächzen, meckern und mischen sich in allerlei mensch-

JOHANN
FRIEDRICH
NAUMANN

ALFRED
EDMUND
BREHM

liche Obliegenheiten ein, stören beim Skifahren und beim Kaffeetrinken, plündern Salztröge und Lehmkuhlen, strotzen vor Abenteuer- und Actionlust, sind über Gebühr am Uz interessiert und seien »wahre Umweltingenieure« (irgendein ZDF-Film).

Nun glauben heutige Ornithologen und Verhaltensforscher, sie hätten in all ihren fett alimentierten Instituten und bei all ihren endlos redundanten Untersuchungen und Experimenten und mit all ihren auf Großcomputern ratternden Programmen bis dahin Unbekanntes enthüllt und Unerklärliches erhellt. Außer Fachblättchen und Forschungsanträgen lesen sie halt nichts, Friedrich Engels' *Dialektik der Natur* schon gar nicht. Ebendort heißt es: »Die Mundorgane der Vögel sind sicher so verschieden wie nur möglich von denen des Menschen, und doch sind die Vögel die einzigen Tiere, die sprechen lernen; und der Vogel mit der abscheulichsten Stimme, der Papagei, spricht am besten. Man sage nicht, er verstehe nicht, was er spricht. Allerdings wird er aus reinem Vergnügen am Sprechen und an der Gesellschaft von Menschen stundenlang seinen ganzen Wortreichtum plappernd wiederholen. Aber soweit sein Vorstellungskreis reicht, soweit kann er auch verstehen lernen, was er sagt. Man lehre einen Papagei Schimpfwörter, so daß er eine Vorstellung von ihrer Bedeutung bekommt (ein Hauptvergnügen aus heißen Ländern zurücksegelnder Matrosen); man reize ihn, und man wird bald finden, daß er seine Schimpfwörter ebenso richtig zu verwerten weiß wie eine Berliner Gemüsehökerin. Ebenso beim Betteln um Leckereien« – und seien es flüssige. Denn der Papagei, »er wird noch ausgelassener, wenn er Wein getrunken hat« (Aristoteles).

Der Biologe und Kolumnist Cord Riechelmann reiht sich in die Phalanx der bedingungslosen Papageienpanegyriker ein. Im Tierpark hat er die Beobachtung gemacht, daß Graupapageien »Wünsche deutlich äußern und so das Verhalten ihrer Betreuer ›bewußt‹ kommunikativ beeinflussen«. Zoobesucher werden hingegen ganz plan veräppelt: »Einer imitiert die Geräusche eines Steinwurfes in eine Wassertonne. Mit in die Länge gezogenem leichten Flugzischen des Steins. Daß sich alle Besucher mit angedeuteter Duckbewegung dabei umdrehen, registriert der Vogel mit papageienmäßig schräggehaltenem Kopf. Er quittiert es mit einer gurgelnden, an im Wasser aufsteigende Luftblasen erinnernden Lautfolge und kratzt sich ganz ruhig am Hinterkopf.«

Wählerischer als wählerisch seien diese Papageien, delektiert sich Riechelmann an deren kaum von Achtung vor der Mitwelt zeugenden Interaktionsauftritten. Ein – naturgemäß besonders narzißtisches – Exemplar hebt er beispielhaft hervor. Dieser *Psittacus erithacus* »promeniert in sein Häuschen – wo er entweder einen metallenen Futternapf auf den Boden wirft oder nur dieses Geräusch imitiert«.

Uns erinnert ein solches Gehabe eher an eine ausnehmend darstellungssüchtige, ziellos futternapffixierte, außer zum Fressen zu nichts zu gebrauchende, immerzu lärmende, nölende Frankfurter Hauskatze, die vollkommen zu Recht den Bei- und Strafnamen »Wohnungspräsident« trägt; den man genausogut dem einen oder anderen Wellensittich verpassen müßte. Denn Wellensittiche verwenden wie alle Papageier oder Papageien den Schnabel beim Herumkraxeln als dritten Fuß. Dieser scheußliche Mehrzweckschnabel »taugt ebenso«, darauf stupst uns Reichholf gerade rechtzeitig, »zum Zerreißen von Papier, von Bilderrahmen und anderem, was der Sittich eigentlich nicht tun soll. Dafür beknabbert er zart (›liebevoll‹) das Ohrläppchen und quatscht uns etwas ins Ohr«, genau, genau, genau, »so daß ihm seine Untaten mit dem Schnabel« – Untaten! – »wieder verziehen werden«.

Und das ist der Fehler, der Fehler im System.

Gleichviel, Riechelmann leitet aus der noetischen Komplexität, die er den Graupapageien andichtet, auch noch eine auf Lernprozessen und sprachlichen Akten beruhende Sozialstrukturreflexionspraxis (oder wie so was genannt wird) ab: »Auch die allgemeine Kommunikation innerhalb des Schwarms wird durch Rufe verschiedenster Tonhöhe und Klangfarbe geregelt. Fliegende und in Bäumen sitzende Graupapageien sind immer laut und reden permanent durcheinander.« Was eine Weltbelästigung! Weiter: »Die Bedeutung und richtige Anwendung der meisten Laute ist [richtig wäre: sind] nicht angeboren und muß [müssen] von den Jungvögeln gelernt werden. Wobei die mehr als sechzig Jahre alt werdenden Vögel wahrscheinlich ihr ganzes Leben – wenn die ›Lernmaschine‹ [besser wäre: Lärmmaschine] einmal angeworfen ist – dazulernen können.«

Was zuviel ist, lieber Tierfreund, ist wirklich zuviel.

Ebenso reitet der Verhaltensbiologe Birmelin auf derlei schon allzu energisch herum und stimmt unverdrossen das Hohelied auf die

Freundschaft zwischen Mensch und Vogel, gewissermaßen auf die Gleichberechtigung an, und spätestens an diesem Punkt muß man wohl deutlich strenger als die Myriaden von Vogellobbyisten und -fans sein, will man nicht die exquisite Stellung des Menschen im Naturgeflecht leichtfertig aufs Spiel setzen.

Nicht umsonst betrachtete man Tiere im allgemeinen bis vor kurzem als »Instinktroboter« (Birmelin), im Sinne Descartes', der verfügt hatte, sie seien nichts weiter denn lebendige Maschinen, die Vögel demzufolge besonders getunte »Reflexmaschinen« (Oskar Heinroth), langsam angehen lassen es die Windhunde nämlich nicht mal an Feiertagen, ausgenommen die Eulen und ein paar andere. Freilich, Aristoteles hatte geunkt, bei Tieren fänden sich »Spuren seelischer Gesinnung«, Heinroth schloß sich ihm an: »Das, was wir Gemüt nennen, ist bei Vögeln, die eine ähnliche Geselligkeit und Brutpflege wie der Mensch haben, mindestens ebenso entwickelt.« Mindestens? »Manche von ihnen lieben ihre Jungen und tun alles für sie, andere gar nicht«, so jedenfalls Aristoteles, und »die Hänflinge leben kümmerlich« und grämen sich darob, und der Regenpfeifer »läuft gut und fliegt nicht schlecht« und ist's somit zufrieden, während der Adler und der »gutartige« Kondor ausschlafen und so lange warten, »bis der Markt sich füllt«, so also stehe es grob mit den Vögeln.

Exakt besehen insofern: allerhöchstens Spuren von Seele, höchstens geringste Ansätze von Gesinnung. Wo hätte aus evolutorisch-phylogenetischer Perspektive auch mehr herkommen sollen?

Moderne Vögel gibt es seit rund hundertdreißig Millionen Jahren, seit der Unterkreidezeit – sicher ein Pfund. Aber ein ehrliches Pfund?

Laut dem Fachmagazin *Nature Communications* wurden 2014 im Nordosten Chinas zwei neue fossile Exemplare der Ornithuromorpha ausgegraben. Der Archaeopteryx aus den Solnhofener Plattenkalken hat zwar zwanzig Millionen Jahre mehr auf dem Buckel, ist jedoch strenggenommen kein Vogel, sondern ein Archodino.

Der Archaeopteryx besaß noch Zähne. Aus seinen – vermutlich – Gleitfedern wurden Schlagfedern. Ob es das gebraucht hat – umstritten. Konturfedern? Eine schöne Sache. Verleiten jedoch zur Übertreibung. Und das Skelett verlor an Gewicht, die Knochen wurden hohl.

Schwer wiegt, das ist unabweislich, daß die ungefähr elftausend

Vogelarten, die heute unseren Planeten bevölkern, samt und sonders Nachfahren eines »riesigen Terrorvogels« sind, eines »Terrorvogels mit Zähnen, doppelt so groß wie der Mensch« (Deutschlandfunk: *Wissenschaft im Brennpunkt*, 1. Februar 2015).

Eine Ahnung davon, was dieser Unhold anrichtete, vermittelt uns der im Norden Südamerikas hausende Hoatzin (oder Stinkvogel), ein halber Wiederkäuer, »die Antilope oder das Pferd der Vogelwelt« (David Attenborough). Die Jungvögel drohen ihrer Umgebung mit krallenbewehrten Flügeln, und das sollte uns aufmerken lassen und für uns Anlaß genug sein, vor den Vögeln auf der Hut zu sein und ihnen bei Ungebärdigkeiten und Ungebührlichkeiten gegebenenfalls die Ohren langzuziehen.

Zirka vierzig rezente Arten können nicht fliegen, etwa die schwanzlosen, lichtscheuen *Ratiten* (aka Kiwis) ohne Bürzeldrüse und mit Federn ohne Haken und Ösen, einige Rallen, die große Dampfschiffente und der Kakapo (ein Papagei, ein neuseeländischer!). Die allermeisten anderen Vögel können es natürlich, sind dafür aber bisweilen Schrei- und Schnurrvögel oder sogar »wilde Wasser-Zug-Strich-Raub-Stoßvögel« (Rabelais).

Bei den Kasuaren, diesen ungeschlacht-prähistorischen Bauern, sieht's noch ärger aus. Sie teilen aus Prinzip nicht, die herrischen Weibchen unterjochen die dämlackigen »unterwürfigen Männchen« und verdonnern sie zu Brut und Aufzucht, und alle zusammen jagen sie auf »Beinen wie lebenden Kettensägen« Frauen, die ihr Baby im Kinderwagen durch die Straßen schieben (siehe das aufrüttelnde Dokument *Kasuare – Australiens schräge Vögel*, ZDF 2009).

Solch mißratenen, schlechterzogenen Vögeln müssen ohne Umschweife etwelche Vögel oder wahlweise die Instrumente gezeigt werden.

Weiteres Belastungsmaterial liefert Birmelin. Putenmütter, die schlecht oder überhaupt nicht hören, drehen ihren Küken nach dem Schlüpfen den Hals um, und die aviäre Gesamtbilanz ist – Michelet muß als widerlegt gelten – nicht minder trübe: »Fast alle Vogeleltern sehen der Geburt ihrer Küken lediglich zu. Sie denken nicht daran, ihnen zu helfen. Auch dann nicht, wenn das Küken zu schwach ist, die harte Eischale zu sprengen.«

Ausnehmen von jeglicher Kritik wollen wir hingegen den Quetzal, dieses Symbol der Freiheit. Vielleicht geht er gerade endgültig dahin, weil seine letzten Lebensräume verdampfen. Desgleichen nicht schelten mögen wir den Papageientaucher. Denn aus gutangetrunkenen Kreisen ist zu hören, er sei »außerordentlich tolerant« (*Schottland – Herbe Schönheit am Atlantik,* NDR 2011). Elias Canetti wirft indes im Falle des Tukans die Frage auf: »Diese ungeheuren Schnäbel – wozu? [...] Man sieht sie vor sich, wie sie eine Beere *hochwerfen* – um sie dann durch die ganze Länge dieses Schnabels aufzunehmen. Wie kommt es, daß sie nicht verhungert sind? Wie ist ihnen, wenn sie mit diesen Schnäbeln gegeneinander schlagen? Vielleicht spotten sie so der Darwinisten und sind zu keinem anderen Zweck da.«

Und das kann man ihnen, den Schnäbeln, den nesträuberischen Tukanvögeln, schwerlich durchgehen lassen, das gesamte System der algorithmischen Aufklärung durch »Supercomputer« (*FAZ,* 19. Dezember 2014) und das Avian Phylogenomics Consortium wären ja hinfällig und im Eimer, all die Forschungsgelder wären für den Arsch.

Vögel sind natürlich leicht zu erkennen: zwo Beine, Federn (aus Keratin), Flügel, Schnabel, fertig. »Auf eigenen Beinen und Flügeln sind sie die Besten in der gesamten Tierwelt«, rühmt sie Reichholf, und Peter Berthold versteigt sich dazu, die Vögel als »die attraktivste Gruppe von Lebewesen ganz allgemein« zu bezeichnen.

Sie sind weit mehr Augen- als Ohrentiere. Riechen wollen sie so gut wie gar nicht. Weil sie sich und alles um sich herum nicht riechen können? Und weil sie auf niemanden hören wollen? Auf uns gleich gar nicht?

Ist die Erfolgsgeschichte der Vögel nicht eine ungeheuerliche? Eine furchteinflößende? Maximal fünfzehn Millionen Jahre benötigten sie, um die heute kurrente Zahl der Arten auszubilden. In den darauffolgenden Abermillionen von Jahren haben sie kaum merklich ihre Bestrebungen vervollkommnet, das Allgemeinleben auf diesem unserem Gestirn zu manipulieren und zu unterminieren. Will man denn dies nicht sehen?

»Laß die mal machen« – das kann es nicht sein, das darf nicht Lehrmeinung werden, dergestalt, es gehe niemanden etwas an, was die Vögel so anstellen (Nullhypothese). Indifferenz, postmoderne, ist das Gift der Gegenwart, der Anfang der Entpolitisierung, nicht zuletzt hinsichtlich der Themen Vögel und Vogelwelt, die der Öffentlichkeit wie kaum zwei andere unter den Nägeln brennen sollten.

Es gilt mithin, die Intellektual- und die ethische Verfaßtheit des Vogelkosmos insgesamt sowie spezifischer Erscheinungen herauszuarbeiten, ja herauszukitzeln. Hierbei darf man weder vor Ächtung noch vor Achtung, weder vor Nutzeinschätzung noch vor Grundloswertschätzung den Schwanz einziehen. Sapere aude. Mut zur Meinung. Vogel, gib acht! Vorsicht, Vögel! Obacht, Odinshühnchen! Hab acht, Habicht!

Es war kein Geringerer als Alfred Brehm, der in seinem epochalen Buch *Tierleben* die Lebensferne, die Distanziertheit, die Nüchternheit vieler naturwissenschaftlicher Unternehmungen beanstandete (als hätte ihm Rembrandts allegorisches Gemälde »Die Anatomie des Dr. Tulp« vor Augen gestanden!). »Unser reiches Schriftthum besitzt viele thierkundliche Werke von anerkannter Trefflichkeit, aber wenige, in denen die Lebenskunde der Thiere ausführlich behandelt ist«, schrieb er im Vorwort. »Man begnügt sich, zumal in den oberen Klassen, mit einer möglichst sorgfältigen Beschreibung des äußeren und inneren Thierleibes, ja, man gibt sich zuweilen den Anschein, als halte man es für unvereinbar mit der Wissenschaftlichkeit, dem Leben und Treiben der Thiere mehr Zeit und Raum zu gönnen als erforderlich, um zu beweisen, daß der in Rede stehende Gegenstand ein lebendiges, das heißt nicht bloß ein fühlendes und bewegungsfähiges, sondern auch ein handelndes und wirkendes Wesen ist. [...] Unsere Meister der Thierkunde zieren die Hochschulen oder wirken an den öffentlichen Sammlungen. Hier haben sie eine für die Zergliederungs- und Systemkunde verlockende Menge von Stoff zur Verfügung, und wenn sie diesen Stoff wirklich bewältigen wollen, bleibt ihnen zur Beobachtung des Lebens der Thiere keine Zeit.«

Ob ein Vogel Nachsicht erbeten oder erbitten kann oder der Abstrafung anheimzufallen habe, weil er beispielsweise allzu viele Freiheiten genießt oder allen Anstand fahrenläßt, es erschließt sich aus seinem Handeln und seinem Wirken, nicht aus seiner molekularen und anatomischen Zusammensetzung. Moleküle und Knochen und Innereien vermögen weder anständig noch unanständig zu sein. Das wird von heutigen Wissenschaftlern vergessen oder verdrängt. Um so dringlicher erscheint eine transzendentalbiologische Kritik der Vögel, die an Hand geistig-physiognomischer Fallstudien und an Hand von Porträts der wichtigsten, wuchtigsten und winzigsten Arten für Übersicht sorgt und Bilanz zieht; eine kritische Bestandsaufnahme, die mit klaren Urteilen nicht spart und dort, wo es angebracht und gefordert ist, Remedur schafft; und die sich demzufolge bewußt in die Tradition der *Kritik der praktischen Vernunft*, der *Kritik der ornithologischen Ökonomie* und der *Kritik der politischen Ornithologie* stellt.

Das schließt selbstredend ein, dem sinn- und zwecklosen Eifer des bloßen Anguckens und Katalogisierens von Vögeln entgegenzutreten. »Man könnte eher von Vogelbenennen als von Vogelbeobachten sprechen«, wandte James Gorman 2002 in der *New York Times* ein. »Je mehr Namen, je feiner die Unterscheidungen sind, die getroffen werden, desto besser.« Auch diese Einsicht ist eine gut abgehangene. Bereits Hegel beklagte die trostlose Spitzfindigkeit eines auf unreflektiertes sogenanntes Expertentum heruntergekommenen, expandierenden, gegenüber der Sache selbst blinden, begriffslosen Wissenschaftsgewurstels: »In der Wissenschaft ist an die Stelle von spitzfindigen Gedanken spitzfindiges Sehen getreten; ein Käfer, Vogelarten werden so spitzfindig unterschieden als sonst Begriffe und Gedanken. Ob eine Vogelart rote oder grüne Farbe, einen mehr so geformten Schwanz hat usf., – solche Spitzfindigkeiten finden sich leichter als die Unterschiede des Gedankens.«

So kann es in diesem Bestiarium, das sich der modernen und falschen (!) Spitzfindigkeit und Abgeklärtheit zu widersetzen sucht, nicht ausbleiben, »die herzliche Freude am Gegenstand«, am »gefiederten Gevögel« (Gottfried Stein), hie und da gehörig zu trüben und weidlich zu durchkreuzen; oder immerhin zu deckeln und zurechtzudengeln. Denn es langt nicht, sich auf den kindlich-fröhlichen Standpunkt zurückzuziehen, einfach jemand zu sein, der eben mal ein Futterhäuschen aufstellt und »den Vögeln ausstreut, ohne sie genauer anzusehn und auf ihre Würdigkeit zu prüfen« (Nietzsche).

Noch einmal: Mit Gleichgültigkeit ist in der Causa Vogel kein Blumentopf zu gewinnen. »Mir gilt die Eule was der Pfau, / Ich bin für niemand eingenommen«, wand sich Christoph Martin Wieland in seinen

Comischen Erzählungen heraus, so geht es nicht. So läuft das nicht. Nein, als Leitfaden mögen uns – neben anderem – diese Worte des amerikanischen Bühnenstars Jack Handy dienen:»Ich mag die kleinen Vögel nicht. Sie hopsen so fröhlich vor meinem Fenster herum und sehen so unschuldig aus. Aber ich weiß, daß sie insgeheim jede meiner Bewegungen beobachten und vorhaben, mir eine große Eisenstange über den Kopf zu hauen und mir meinen Schuh zu klauen.«

Apropos: Kritik der Vögel – das kann, so leid es uns tut, auch ein sachtes Tatzeln sein, das könnte sogar bedeuten,»konstruktive Kritik« (karrierebibel.de) zu üben, um, wer weiß, die Aufstiegschancen der einen oder anderen Art am Ende zu verbessern.

Warten wir's ab. Und gehen wir ins Detail, ja geradewegs in medias res.

\

TAUBEN

Was ist nur aus den Tauben geworden? Schon in der Antike standen sie für Liebesfähigkeit, Liebreiz und Idylle; die Taube brachte Noah die Kunde von der zurückweichenden Flut; durch eine Taube ist der Heilige Geist auf die Christen und der Pazifismus über die Menschheit gekommen; in Kirchen und Kunsttempeln, mit Bild und Wort wurden sie gepriesen, jene Eigenschaften der Taube, die der Menschheit zum Vorbild dienen sollten: Sanftmut, Treue, Friedfertigkeit, Scheu und Innigkeit.

Spätestens in der Moderne ging diese glückliche Beziehung in die Brüche. Zwar wurde der Vogel über die Jahrhunderte ein immer engerer Begleiter des Tauben nicht nur verzehrenden (das älteste überlieferte Rezept stammt aus dem Kochbuch des Apicius), sondern auch züchtenden Menschen. Als dessen Brieftransporteur schwang sich die Taube zu staunenswerten Orientierungs- und Energieleistungen auf. Doch ging hier wohl, wie bereits Theodor Lessing in den zwanziger Jahren im *Prager Tagblatt* bemerkte, »Erlernfähigkeit und Drillbarkeit«, ja »Gelehrsamkeit stupender Art« mit »elementarer Idiotie Hand in Hand«.

Die törichte Lernfähigkeit der Taube bekam auch dem Menschen nicht. Eine Kritik der ornithologischen Ökonomie hat zu Recht daran erinnert, daß die seit dem 19. Jahrhundert auch in der Arbeiterschaft um sich greifende Brieftaubenzucht nicht nur der Verkleinbürgerlichung und politischen Narkotisierung der Proletarier diente. Sie hat zudem darauf hingewiesen, welch bittere Travestie darin steckte. Denn in der Dressur der Taube spielte der Arbeiter die eigene Zurichtung im kapitalistischen Fabriksystem am tierischen Objekt nach.

Wen wundert's, daß die Taube auch am Ende des langen 19. Jahrhunderts für nichts Gutes gut war. Im Ersten Weltkrieg haben sich Brieftaubengeschwader so folgsam und stupid in den Dienst des militärischen Nachrichtenwesens und der Schlachtenplanung gestellt, daß ihnen Orden verliehen und Denkmäler errichtet wurden. Noch in der zweiten Hälfte des vergangenen Jahrhunderts hielt man sich in den europäischen Streitkräften »selbstreproduzierende Kleinflugkörper«, die im Ernstfall sensible Informationen übermitteln oder Sprengsätze plazieren sollten. Hätte sich die Nachrichten- und Drohnentechnik nicht weiterentwickelt, würde der Weltfrieden vermutlich noch immer mit taubengrauen Bataillonen und geflügelten Todesschwadronen verteidigt.

Im zivilen Bereich verlief die Entwicklung keineswegs günstiger. Wer heute von Tauben spricht, meint meist nur noch jene Stadtbewohner, die einem allerorten vor die Füße laufen, im Nacken sitzen, auf die Hutkrempe kacken oder mit milbenverklebten Federn über den Kopf streichen. Sanftmut ade, Innigkeit am Arsch – die einstigen Tugenden der Taube taugen den heutigen Stadttauben gar nichts mehr. Die Tauben der Moderne sind, wie Theodor Lessing weiter notierte, »große Ichlinge«, »Selbstlinge« und »Neidbolde«, »Schmutzfinken«, »verbuhlt«, »mißgünstig« und dazu als »Dummköpfe« unübertroffen. Es ist ethisch bedenklich und ästhetisch eine Zumutung.

Zwar ist die Vielfalt der Federfarben und Gefiedermuster unter den Stadttauben beachtlich und gewiß von großem Interesse für Geflügelzüchter, Populationsgenetiker und andere sinistre Gestalten, aber Schönheit entsteht dadurch nicht. Was hilft ein auffallend gemustertes Kleid, wenn es an allem anderen mangelt? Das beständige Gurren, Gorren und Glucksen, das gemütlose Herumhocken auf verkoteten Flächen, das permanente Kieken, Picken, Hacken und Schnappen nach allem, was eßbar erscheint, der Fanatismus, mit dem sie noch hinter den armseligsten Krumen der Wohlstandsgesellschaft, Fastfoodfritten und Preßfleischbröseln, herjagen, die mal kriecherische, mal dummdreiste Haltung, die sinn- und verstandeslosen Massenflüge, die schwadenhaften Schwärme, die Blicke aus tausend toten Augen, das ebenso indiskrete wie indifferente Kopulieren auf Bahnsteigen, unter Bistrotischen, in Kirchen und Fußgängerzonen – das alles kann dem sensiblen Beobachter schwer zusetzen. In der Kunst – von Süskind über Haneke bis zu *Dr. House* – hat die Taube denn auch einen Bedeutungswandel durchgemacht: Sie steht nun auch für das Beunruhigende, für Auflösung, Verwahrlosung und Krankheit. Reagierte man einst mit Freuden auf das Erscheinen dieses Vogels, so macht man jetzt das Fenster zu oder hat tunlichst für Schutznetze und Abwehrspikes gesorgt. »Leben kann ein Mensch nicht mehr, wo eine Taube wohnt.« (Patrick Süskind)

Das »geflügelte Wort« (Wolfgang Koeppen) von den »Ratten der Lüfte« ist in vielem richtig und doch in manchem falsch. Denn Schlauheit und Gerissenheit zeichnen die Stadttauben kaum aus, wohl aber unschlagbarer Opportunismus. Sie sind Vertreter des Maximalismus: permanente Defäkation, ununterbrochene Reproduktion und kontinuierliche Konsumtion, größte Indifferenz, tausendprozentige Penetranz, angsteinflößende Anpassungsbereitschaft. Insofern stehen sie unseren Innenstädten eigentlich recht gut zu Gesicht, den Shoppingzentren, Touristenhotspots und Mülleimerarchitekturen. Dort kommt der Taube wenigstens eine gewisse Bedeutung zu, als biologisches Menetekel und Wappentier der aktuellen Geiz- und Giergesellschaft. *Wenn* etwas Positives an den Stadttauben sein sollte, dann, daß sie den Wanderfalken nähren – oder kleinen Kindern zum Spielen dienen, die in den vor ihnen auffliegenden Vögeln einen großen Spaß sehen und einen ersten Fingerzeig darauf, daß sie etwas bewegen können in dieser Welt.

Aber man sollte ja nicht ungerecht werden und alle Hoffnung fahrenlassen. Wie Reinhard Westermann in seiner Studie »Columbidae – Vögel zwischen Verklärung und Verdammung« vor Jahren angemahnt hat, dürfen wir die Vielgestaltigkeit und verschiedenen Möglichkeiten der Taubenexistenz nicht aus dem Blick verlieren. Geht man an die Ränder der Innenstädte, in die Vororte, Dörfer, Richtung Feld und Wald, dann trifft man tatsächlich auf Exemplare, die einen zweifeln lassen, ob sie noch zur selben Familie gehören wie die Stadttauben: die Ringel- und die Türkentauben. Schon Johann Friedrich Naumann hat im 19. Jahrhundert die »angenehme« Gestalt der Ringeltaube positiv hervorgehoben: »die sanft ineinander übergehenden Farben, mit dem abstechenden Weiß in dem herrschenden Mohnblau, der schön gefärbte Schnabel, die lebhaften Augensterne und die schön roten Füße«, ein »recht liebliches Bild, ob es gleich durch keine Prachtfarben gehoben wird«, akzentuiert immerhin durch den »aus Meergrün oder nur blassem Grasgrün in Purpurfarbe schillernden Glanz« der Halsseiten, ein metallisches Schimmern, das gegenüber anderen Arten gleichwohl matter, stärker zurückgenommen erscheine. Was hätte Naumann nur über die Türkentaube geschrieben, die seit der Mitte des 20. Jahrhunderts von Asien über Südosteuropa in die Mitte und den Norden unseres Kontinents eingewandert ist und unzweifelhaft noch angenehmer ausschaut? Sie ist ganz offenbar ein feiner, ein ganz feiner Vogel: schmaler als die Ringeltaube, mit samtweicher Kopf- und Rückenform, ein überwiegend beigebraunes Gefieder, das mit Muschel- und Nebelgrau leicht abgedeckt ist, Flanken und Bauch heller getönt, unter den Flügeln lichte Flecken, das dunkle, rötliche Auge ebenso weiß abgesetzt wie der charakteristische, mit schwarzem Pinselstrich gemalte Nackenreif, ein halbmondförmiges Schmuckstück, nicht zu vergleichen mit dem Bling-bling der städtischen Verwandten.

Auch Ringel- wie Türkentaube sind Kulturfolger und geübt, sich auf die Veränderungen ihrer Umwelt einzustellen; sie haben dabei aber Haltung bewahrt, Zurückhaltung zumal. Sie wahren einen gewissen Abstand zum Menschen, sind vorsichtig und machen sich nicht gemein. Sie fressen keine Preßfleischbrösel. Und ihr Ruf, das Rucksen, das »Ruhguh« und »Gu-guu-gu«, klingt, um nochmals Lessing zu zitieren, wie »Du-du«. Und nicht nach dem »Icke-icke« der »Kulturtauben von heute«.

Für den Stadttaubengeschädigten sind das fast schon heilsame Bilder – das traute, trauliche, kaum jemals tranige oder treudoofe Zusammensitzen zweier Türkentauben im Geäst; oder eine Ringeltaube, die sich auf einem Kaminsims im Abendlicht sonnt, den Bauch vergoldet und die Beine wärmt; wenn im Sommer Familien und kleine Gesellschaften von Ringeltauben ebenso unaufgeregt wie in sich versunken Sämereien von Feldern und Wiesen klauben oder Türkentauben in friedlicher Koexistenz mit Buchfinken und Meisen die Brosamen vom Tisch der Natur aufsammeln. Wer sich davon nicht milde stimmen läßt, dem ist auch mit einem Rotkehlchen nicht mehr zu helfen.

Doch gleichen Ringel- und Türkentaube gewiß nicht dem Bild, das sich das christliche Abendland lange Zeit von der Taube gemacht hat. Denn sie mischen Tugendhaftigkeit und Schönheit – die um so verdächtiger werden und beklemmender wirken, je makelloser sie erscheinen – mit Unbeholfenheit und Trotteligkeit. Wer sie laufen sieht, denkt zuweilen an dickliche Damen in unbequemen Schuhen oder die linkischen Bewegungen pubertierender Jungen. Manchmal fallen Täuberiche von zu dünn geratenen Ästen, und immer wieder gibt es Ringeltauben, die beim Sonnen vom Sims kippen und in den Kamin stürzen. Und doch fallen sie nicht nur durch Slapstickeinlagen aus der Rolle. Wer einmal das Flapp-flapp einer auffliegenden Ringeltaube hört, der schaue hoch: wie sie mit wenigen Schlägen steil aufsteigt, kurz in der Atmosphäre stehenzubleiben scheint und dann lässig wieder hinabgleitet, wie sie zwischen den Dächern hindurchkurvt oder mit erstaunlicher Athletik übers Land davonzieht, ihr Flug nicht nur Fluchtbewegung, Aufschrecken vor Mensch und Tier, sondern variantenreich, kräftig, spielerisch.

Was ist also aus den Tauben geworden?

Verschiedenes.

HARPYIE, HABICHT UND ANVERWANDTE

Es erfordert ein gerüttelt Maß an Zeit und lange Wege, bis man sie in freier Natur zu Gesicht bekommen kann. Die Reise zu ihr ist eine Reise in eine fast verschlossene, geheimnisvolle Welt, ins Herz der »Wildernis« (J. M. Coetzee), in den tiefsten Urwald, in dessen entlegensten Wipfeln sie thront, einer der stärksten und mächtigsten Greifvögel der Welt.

Sie ist eine respekteinflößende Kreatur: *Harpyia harpyia*, auch bekannt als *Harpyia destructor*, *ferox* und *maxima*. Grimmig und imponierend. Mehrere Kilo schwer, einen Meter lang, kompakt und muskulös gebaut. Über der weißen Brust liegt ein dunkler, grauschwarzer Kragen, und auch das Rücken-, Flügel- und Schwanzgefieder sind von dieser dunklen, lichtverschluckenden Farbe, während an Hals und Kopf ein helleres Grau dominiert, das aber gleichfalls stumpf, undurchdringlich, opak wirkt.

Am Hinterkopf trägt die Harpyie große Federn, die, zur Haube aufgestellt, die Massivität des Kopfes noch betonen. Die an sich helle Iris wirkt meist verschattet, der gewaltige Schnabel düster. Aus den schwarzweißgestreiften Hosen ragen kräftige, breite Läufe heraus, in einem hellen, stechenden Gelb, signalfarbengleich. Zu Recht. Denn man mag sich kaum ausdenken, was passiert, wenn diese Zehen zupacken, sich um den Fang schließen und die kraftstrotzenden Krallen sich in die Beute rammen.

Der Harpyienadler hat die Vorstellungskraft des Menschen schon immer beschäftigt. Unter den Indianern der mittel- und südamerikanischen Urwälder, die seinen Lebensraum teilten, soll er »seit altersgrauer Zeit« (Brehm) hohe Achtung erfahren und Schrecken verbreitet haben. Auch die Geschichten und Erzählungen, die Amerikareisende später mit nach Europa brachten, besangen die unheimliche Kraft der *Harpyia destructor*, die Wildheit, Stärke, den Mut und die Verwegenheit dieses Raubvogels. Kein Wunder, daß er seinen Namen von den ebenso schönen wie furchterregenden Fabelwesen aus der griechischen Mythologie erhielt, jenen grausamen, unbezwingbar erscheinenden Luftgestalten, die ausgesandt wurden von zürnenden Göttern zur Jagd und Peinigung ihrer Opfer.

In »Brehms Tierleben« kann man nachlesen, welche Aura noch jenen Harpyien zugeschrieben wurde, die man aus sicherer Entfernung in den Zoologischen Gärten beäugen konnte: »Die leichtsinnigen Besucher des Londoner Thiergartens fühlten eine gewisse Bangigkeit bei Ansicht einer erwachsenen Harpyie und vergaßen die Neckereien, welche sie sich, durch Eisengitter geschützt, wohl selbst mit Tigern erlaubten. Der aufrecht sitzende und wie eine Bildsäule unbewegliche Vogel schreckte durch das starrende und drohende, von Kühnheit und stillem Grimme glänzende Auge selbst den Muthigsten. Er schien jeder Anwandlung von Furcht unzugänglich und gegen alles umher mit gleicher Verachtung erfüllt zu sein, bot aber ein fürchterliches Schauspiel dar, wenn er, durch den Anblick eines ihm überlassenen Thieres aufgestachelt, aus der regungslosen Ruhe auf einmal in die heftigste Bewegung überging. Mit Wuth stürzte er sich auf sein Opfer, und niemals dauerte der Kampf länger als einige Augenblicke«; ein erster, »dem Hinterkopfe ertheilter Schlag der langen Fänge betäubte« die Beute, und »ein zweiter, die Seiten zerreißender, das Herz verletzender Hieb war gemeiniglich tödtlich«.

Wen wundert's da, wenn sich selbst Alfred Brehm erleichtert zeigte, daß derartige »Scheusale« nicht die »Auenwälder in Leipzigs Umgebung« bevölkerten. Auch heute noch zählt man die Harpyie zu den absolut gefährlichsten Tieren der Welt, zu jenen »Deadly Sixty«, denen man sich am besten nur mit einem Team hartgesottener Abenteurer (und den Eingreiftruppen der BBC) nähert. Sie ist eines dieser Tiere, die man als kleiner Junge gerade deswegen anziehend findet, angstmachend, aber auch furchteinflößend, machtvoll, stark, in gewisser Weise unantastbar wirkend, wie Tiger, Weißhai, Orca, Kobra, Grizzly.

Die hiesige Tier- oder Vogelwelt kennt solche Monstren nicht, doch hat auch sie dem Heranwachsenden faszinierende Ungeheuer zu bieten. Man muß nicht in ferne Länder reisen, um die schreckliche Schönheit der Greifvögel zu bewundern, etwa die des Habichts, der, obgleich viel kleiner, mit seiner athletischen Statur und Kompaktheit manches von der Harpyie hat. Ein wendiger, zupackender Jäger, der mit seinem kantigen Schädel, der gelbleuchtenden Iris und dem scharfen, kühlen Blick noch stärker Eindruck macht als der manchmal allzu lässig wirkende Bussard oder die ein bißchen zu schöngeistig auftretenden Falken, ein Greif, der zwar den Menschen nicht in Schreckstarre versetzt, sich aber auf dem Land, in Dörfern, Fluren und Wäldern, einen beträchtlichen Ruf erarbeitet hat. Auch des Habichts kleinerer Bruder, der Sperber, ein unerschrockener, beeindruckend behender Räuber, nach Naumann eine Art Harpyie im Westentaschenformat, kann ohne weiteres zu den Deadly Thirty Mitteleuropas, mindestens Deutschlands gezählt werden.

Man kann sich im nachhinein allerdings nur wundern, daß dies jahrzehntelang einfach hingenommen wurde. Dem kleinen Jungen kann nachgesehen werden, wenn er Harpyie, Habicht und Genossen idealisierte, daß er Gefährlichkeit faszinierend fand und sich an der in ihr liegenden Brutalität nicht störte. Wir Erwachsenen jedoch, die wir uns für humanitäre Standards und zivile Umgangsformen interessieren, wir, die wir erkannt haben, daß gewisse Grundregeln für ein gedeihliches Zusammenleben der Kreaturen unerläßlich sind, können dem nicht einfach weiter zusehen. Wir wissen, daß die Harpyie nicht begreift, wer ihre »Beute«, die Opfer ihres Tuns, aus dem Blick verliert. Vermag man eine *Harpyia destructor* zu verehren, sobald man sich vor Augen führt, wie einer dieser Vögel seine Fänge in ein wehrloses, vor Angst schreiendes Tier schlägt, sobald man sich die Panik der Totenkopfäffchen ausmalt oder das »klägliche Geschrei« (Brehm) der Kapuzineraffen im Ohr hat? Denn die Harpyie tötet ja nicht irgendwen. Um ihre »Raublust« zu befriedigen, vergreift sie sich nicht nur an verschiedenen Affenarten, an Agutis und Bodenvögeln, sondern auch an Baumstachelschweinen und Papageien, ja sogar an Nasenbären und Faultieren, mithin den friedlichsten, unschuldigsten, freundlichsten und verletzlichsten, ja knuffigsten Tieren im Erdenrund.

Auch daß der Habicht die gutmütige Taube, wehrlose Rebhuhnfamilien oder kleine, noch flaumige Häschen auf seinen Speisezettel setzt, tut nicht not, ganz zu schweigen vom Sperber, vom Finkenhabicht, Schwalben- und Sperlingsstößer, der, so Brehm, als der »fürchterlich-

ste Feind aller kleinen Vögel« gelten muß. Aus dem Verborgenen, dem Halbdunkel des Waldes, taucht er plötzlich auf, um seine arglose Beute niederzumetzeln. Mit ebensoviel »Dreistigkeit« wie »Geistesgegenwart«, »List und Verschlagenheit« überrumpelt er seine Opfer selbst in der Nähe menschlicher Siedlungen – »das treue Bild eines strolchenden Diebes oder Wegelagerers« (Brehm). Man hört sogar von regelrechten Massenmorden an Futterstellen, bei denen sich der üble Sprinz hinterrücks über die vom Menschen herbeigerufenen Singvögel hergemacht hat. Ein Sperberpaar wird im Laufe des Jahres sicher Hunderte, wenn nicht Tausende von Sängern, Piepern, Schnäppern, Stelzen, Spatzen und sonstigen Piepmätzen erbeuten und verzehren. Und wozu? Um noch mehr Sperber hervorzubringen. Noch mehr »Strauchdiebe« (Brehm), die unsere gefiederten Freunde verfolgen, noch mehr dieser gierigen Räuber, die unsere Vogelhäuschen belauern und unsere Gärten verheeren. Noch mehr und noch mehr.

Diese Mißstände haben schon die Gründerväter der Vogelexegese, die Herren Brehm, Naumann und Wilhelm Schuster, mit gebotener Deutlichkeit benannt. Obgleich den Vögeln grundsätzlich zugetan, haben sie darauf hingewiesen, daß Habicht wie Sperber zu unverantwortlichem »Strauchrittertum« neigen, charakterisiert vor allem durch ihre »Mordgier und List«, angetrieben von »Raubsucht und Freßgier«, »furchtbare Feinde aller Thiere, welche sie bezwingen können«, und noch in Gefangenschaft »unausstehliche Geschöpfe. Ihre […] Unverträglichkeit, ihre Mordlust erschweren die Haltung und verwehren ein Zusammensperren mit anderen Vögeln gänzlich. Sie werden um so verhaßter, je genauer man sie kennenlernt.« (Brehm)

Auch unter anderen Greifvögeln konnten Brehm & Co. eine bedenkliche und problematische Neigung zu Grausamkeit und Schädlichkeit feststellen – bei den Eulen und nicht zuletzt beim Uhu, der selbst unter menschlicher Obhut selten zur »Sanftmut« neige, »Bosheit« und »Widersetzlichkeit« zeige (Naumann), »ärgerlich und wüthend« bleibe und sich unverdrossen mitleidlos gebärde: »Schwächere Vögel fällt er mörderisch an, erwürgt sie und frißt sie dann mit größter Gemüthsruhe auf.« (Brehm)

Zwar glaubte Alfred Brehm noch, für manche der Beutejäger »ein gutes Wort« einlegen zu müssen, etwa für die Falken, denen er »Adel der Gesinnung«, »Ritterlichkeit« im Kampf Tier gegen Tier sowie den Menschen erfreuende Schönheit, Mut und Kraft zusprach. Schon Naumann hatte am *Falco peregrinus* neben Gewandtheit und Kühnheit dessen Zähmbarkeit, »Gelehrigkeit« und »Folgsamkeit« gewürdigt. Doch läßt sich auch in Sachen Wanderfalke, Turmfalke oder Merlin kaum leugnen, daß jedes einzelne Exemplar Jahr für Jahr zahllose unschuldige Kreaturen zu Tode bringt. Kaum besser als der Sperber dürften Baum- und Eleonorenfalk sein, die sich in der Zeit des Vogelzuges auf die Verfolgung und Erbeutung jener Singvögel spezialisiert haben, die, vom langen Fliegen erschöpft, wehrlos zu Boden sinken – eine Verhaltensweise, die jeder, der nur ein wenig Mitgefühl hegt, nicht anders als perfide nennen kann.

Der Body Count der Habichtartigen, Falkenartigen und Eulen war seit jeher ein Problem. Bloß hat man in den vergangenen Jahrzehnten den Blick dafür verloren und das Verhalten dieser Räuber zu erklären, zu beschönigen oder zu rechtfertigen versucht. Man hat gesagt, ihr Treiben sei Teil der Gesetze und Kreisläufe der Natur, man hat den Greifvögeln zugestanden, durch die Beseitigung schwacher und kranker Tiere sanitätspolizeiliche Aufgaben wahrzunehmen oder wenigstens andere Schädlinge wie Raben, Häher und Krähen, Mäuse und Kopfläuse kleinzuhalten. Man hat ihnen Unrechtsbewußtsein abgesprochen oder Gleichberechtigung in Aussicht gestellt.

Ob ökologische Apologie oder sozialdarwinistischer Zynismus, falschverstandenes Gutmenschentum oder juristische Haarspaltereien – sie haben uns den Blick verstellt für das Wesentliche: das unermeßliche Leid und den sinnlosen Schmerz, die das Greifvogelwesen über die Tiere, über die Vogelwelt und vor allem die Hilfsbedürftigsten unter ihnen, unsere Singvögel, gebracht hat. Aus der Sicht einer konsequenten Tierethik muß unser Anspruch doch sein, dieses Leid künftighin zu verhindern, Bedrohungen und Qualen einzudämmen und zu vermindern, ja, das Leiden unserer Mitgeschöpfe zu beenden. Und was kann das anderes bedeuten, als daß wir den Sperber davon abhalten, tagtäglich Meisen, Finken oder Ammern zu schlagen? Was kann es anderes bedeuten, als daß wir die unschuldigen Opfer, welche die Existenz jedes Habichts fordert, nicht mehr tolerieren?

Wir können dem Treiben von Harpyie und Uhu, dem Treiben der

Falken und der Milane keinesfalls tatenlos zusehen. Wir sollten die Greifvögel wieder als das bezeichnen, was sie sind: Raubvögel. Und wir sollten deutlich machen, daß wir »Raublust« und »Mordgier« nicht mehr achselzuckend hinnehmen werden.

Man muß die sicher nicht überall populäre Wahrheit aussprechen: Ohne die »rücksichtslose Verfolgung« der »schädlichen Vögel« (Brehm), ohne die Jagd auf diese Ungeheuer, Affenmörder, Hasentöter und Singvogelschlächter wird es nicht gehen. Das ist eine jahrtausendealte Tradition, die zu Unrecht in Verruf geraten ist und die aufzukündigen nur als »Frevel an der übrigen Thierwelt« (Brehm) gewertet werden kann. Schon die Indianer haben der Harpyie tüchtig zugesetzt, um bedrohten Kreaturen zu Hilfe zu eilen, und nichts anderes ist seit jeher Grundgedanke der mitteleuropäischen Jagd. Über Jahrhunderte haben Waidmänner, Jägersleut' und Hegekräfte den Räubern Paroli geboten, sich in den Dienst des Greifvogelschießens gestellt, die Wälder von »Raubzeug« gesäubert und unsere Natur in sinnvoller und tiermoralisch einwandfreier Weise befriedet.

Vieles wurde dabei auch im mediterranen Raum geleistet, wo man heute noch sehen kann, was eine entschiedene, von Humanitätsduselei nicht angekränkelte Haltung zu bewirken vermag. Malta, wo man seit jeher Greife, Falken und angegliederte Fakultäten ohne viel Federlesens unter die Flinte genommen hat, ist das erste Land in Europa, in dem keiner dieser Schufte mehr zu brüten wagt – ein Vorbild für den weiteren Kampf!

Man mag bedauern, daß die maltesische Jägerschaft auch mit unseren Singvögeln nicht zimperlich umgeht. Die Dezimierung der über die Insel hinwegstreichenden Zugvögel hat aber auch ein Gutes. Denn sie entzieht den Räubern eine wesentliche Nahrungsgrundlage und hilft, ihrem Treiben ein für allemal ein Ende zu setzen. So gesehen ist auch die gewiß bedauerliche Abholzung der südamerikanischen Regenwälder so falsch nicht. Wie könnte besser gewährleistet werden, daß die Harpyie fürder kein Land mehr sieht?

Denn die Harpyie muß weichen, soviel steht fest. Sie muß weichen, damit Affenbabys und Faultiere wieder gemächlich und arglos in den Bäumen schaukeln können. Der Habicht muß vertilgt werden, wenn wir den wertvolleren Bewohnern unserer Fluren eine sichere Zukunft bieten wollen. Wer auch nur ein Gran Gefühl für Amsel, Drossel oder Fink hat, spürt instinktiv, daß es ohne die Vernichtung des Sperbers nicht hinhaut.

Es kann keinen Zweifel daran geben, daß der Uhu ausgerottet werden muß. Nicht auf Schonung hoffen sollten auch die Bussarde, Milane und Weihen. Denn wer nicht zu Einsicht und Umkehr bereit ist, hat jede Nachsicht verwirkt. Und so dürfen auch der Gaukler, der Kaiseroder Kronenadler, die Sumpfweihe und ganz sicher der Habichtsadler keinen Platz mehr in unseren Bestimmungsbüchern beanspruchen.

Erst wenn das große Werk der Vertilgung vollendet ist, erst wenn die »Krummklauigen« (Aristoteles), die Räuber, »Wütheriche« und Mordbuben vom Erdboden verschwunden sind, erst dann werden unsere Mitgeschöpfe wieder in Ruhe und Frieden leben können. Erst wenn ihre Erzfeinde das Weite gesucht haben, werden unsere liebsten und empfindsamsten Begleiter, die Singvögel, wieder in guter Hoffnung ihre Jungen aufziehen. Erst dann wird der Fink ohne Unbehagen im Baumwipfel sitzen, erst dann wird das Rotkehlchen endlich wieder unbeschwert zum Morgen singen, nur dann wird die Amsel uns frohen Mutes ihr Abendlied vortragen und die Meise wieder angstfrei zum Futterhaus eilen.

Allerdings: Hat eigentlich schon jemand darüber nachgedacht, was sich in der Raupe regt, die von der Kohlmeise gegriffen, passend gemacht und in die Schlünde ihres Nachwuchses gestopft wird? Und die Amsel? Ist sie nicht tatsächlich, wie J. A. Baker bemerkt hat, eine »kaltäugige Drossel«, ein »drollig hüpfender Fleischfresser aus dem Vorgarten, der Würmer aufspießt und Schnecken totschlägt«?

Wir werden auch sie im Auge behalten müssen.

DIE HECKENBRAUNELLE

Sie hat auch unter Ornis und Birdern keine echte Lobby, niemand führt nach einem langen Tag der Vogelbeobachtung anregende Kamingespräche über Brutbiologie, Speiseplan und Freizeitverhalten der *Prunella modularis*. In der Kulturgeschichte hat sie kaum Spuren hinterlassen, und selbst die dubiosesten Inselstaaten und entlegensten Landgemeinden greifen beim Wappentier eher zu Fröschen und Eidechsen als zur Heckenbraunelle.

In der abendländischen Kunst? Mag sein, daß auf dem einen oder anderen Stilleben unter einem Haufen von Reihern, Schwänen, Gänsen, Enten, Ammern und Finken eine Braunelle liegt, aber recht Genaues weiß man nicht. Die Forschung hat sich dieses Themas nicht gerade angenommen.

Obgleich sie zu den verbreiteten Vögeln Mitteleuropas zählt, also durch Seltenheit nicht zu glänzen vermag, ist die Heckenbraunelle den meisten Menschen doch so bekannt wie der Bittere Lärchenbaumschwamm oder die Gefleckte Schnarrschrecke. Sicher tut sie vieles, was Vögel so tun – fressen, sich paaren, brüten, auch fliegen und auf Ästen sitzen, durchaus –, aber sie tut dies reichlich unauffällig. Wie man hört, ist die Zahl der gelegten Eier durchschnittlich; als Teilzieher scheint sie Bestleistungen beim Vogelflug tunlichst zu vermeiden, und das Gesamtverhalten ist, nicht nur aus Angst vor der Katz', zurückhaltend. In den Bestimmungsbüchern wird sie meist als verhuschte, sich im Halbdunkel herumdrückende Kreatur beschrieben, mehr Maus denn Vogel, und wenn sie der Volksmund Graukehlchen, Strauchmücke, Bleikehle, Heckenflüevogel, Zaunschleicher oder Strohkratzer genannt hat, wundert das einen nicht.

Die Heckenbraunelle zählt zu jenen doch allzu zahlreichen Vögeln, die bevorzugt im Gestrüpp rumhocken und kaum etwas von sich sehen lassen. Anders als die Genossen Grasmücken aber, die Laubsänger, Rohrsänger oder Spötter, die singend, pfeifend, mit Flötentönen, Trillern und formidablem Geschnarre aus dem Unterholz hervortreten, sich mit Gesang und voller Stimme über ihre Heckensitzerexistenz erheben und uns schon einmal Maulaffen feilhaltend vor einem singenden Dornbusch innehalten lassen, sieht sich die Braunelle nur zu einem zwar passablen, doch im ganzen eher bescheidenen, etwas blaß wirkenden Gesang in der Lage. »Zizwitschiziziwötschitschi«, whatever.

Einen gewissen Ruf hat sie sich zwar als gerngesehener Wirtsvogel des Kuckucks erworben, als vom Kuckuck gerngesehener Bruthelfer und Nahrungsmittellieferant. Aber auch diese Bereitschaft, zum großen Ganzen beizutragen, hat der Braunelle nicht Anerkennung oder Wertschätzung eingetragen, sondern die Mutmaßung des britischen Ornithologen Nick Davies, sie sei unter den ohnehin nicht allzu schlauen Singvögeln der größte »Vollidiot«.

In dieser Welt ist die Heckenbraunelle wohl einfach zu gering. Und doch: Wenn sich der Brunnelert mal auf eine Baumspitze wagt, wenn einem zufällig eine Praunelle vor die Füße hüpft und einen kurzen Blick vergönnt, dann kann man Schönheit und Anmut gewahren: die schmächtige Gestalt, die feinen, stets etwas nervös scheinenden Bewegungen, die apart gemusterte, in Ockertönen und Kohlebraun gepinselte Rückenpartie, die flaumige Farbigkeit der Flanken und die scharfe Maserung der Schwingen, das Bauchgefieder in Facetten von Blau-, Stein- und Eisengrau, die sich bis zu Kehle und Stirn hochziehen, darunter die wiederum braunen Augen, ein mal vorsichtiger, mal schüchterner Blick.

Die Heckenbraunelle, soviel steht fest, ist: kein Idiot. Und sie trägt eines der geschmackvollsten Kleider der hiesigen Vogelwelt, ja der Weltvogelwelt, überzeugend in seiner Schlichtheit und doch von einer Raffinesse, die genauere Beschreibung verdiente, was uns allerdings verwehrt ist, denn er ist ja gleich schon wieder weg, der Heckenflüchter, hineingezwängt ins Geäst, im Kraut verschwunden, hat sich in die Büsche geschlagen, ist von der Bühne getreten, abgetaucht, immer in Bodennähe, nahe der Grasnarbe, unter dem Radar.

Man mag dies als unkooperativ kritisieren – und sollte es dennoch ästimieren. Denn wer die Heckenbraunelle gesehen hat, hat den Wert des Flüchtigen, die Kostbarkeit des Unscheinbaren erkannt, der hat einen Moment erlebt, der erst im Verschwinden entsteht, er hat das Unverfügbare gesehen.

Es gibt Abenteurer und Extremisten, die widmen ihre Existenz der Suche nach dem perfekten Augenblick, der größten Sensation, den seltensten Tieren. Manche setzen alles daran, den phantastisch gefärbten Satyrtragopan im Himalaja aufzuspüren (Mark Cocker). Andere reisen dorthin, um dem letzten Schneeleoparden in die smaragdgrünen Augen zu blicken. Und so er dann auftaucht, nach Wochen erfolgloser Helikopterflüge, angespannten Wartens, Ansitzens und Spähens durchs Teleobjektiv, drei Sekunden lang, bevor er erneut hinter Geröllhaufen verschwindet, dann – wechselt man gerade den Kameraakku.

Wir, die wir so weit nicht gehen wollen und derartiges keineswegs erleben möchten, haben zumindest die Heckenbraunelle. Sie ist: der Schneeleopard des kleinen Mannes.

DER KORMORAN

Ein erledigter Fall ist der Kormoran nicht, au contraire. Quicklebendig ist er, mit Tendenz zur Ubiquität.

Der See- oder Meerrabe (Kormoran kommt von *Corvus marinus* = Meerrabe), manche nennen ihn Feuchtarsch, legt, gemessen an seiner Körpergröße, winzige, unschöne Eier, obwohl er, einer unverantwortlichen Völlerei frönend, ununterbrochen Fisch in sich hineinschaufelt und sich dergestalt mit gewaltigen Portionen vorzüglichen Proteins versorgt. Bereits Naumann staunte nicht schlecht über die feuerwehrschlauchweite und schauderhaft elastische Speiseröhre des Ruderfüßers und seinen sandsackartigen Magen respektive »Speisebehälter«. Daraus deduzierte er: »Er verdaut schneller, als er frißt.«

Brehm, ein anderer vorurteilsfreier Forscher und bewährter Mann, traute seinen Augen kaum: »Wenn die Alten im Neste ankommen, haben sie gewöhnlich Schlund und Magen zum Platzen voll und würgen auf dem Nestrande manchmal mehrere Dutzend kleine Fische aus; viele von diesen fallen über den Nestrand herunter: Kein Kormoran aber gibt sich die Mühe, sie aufzulesen.«

Dies widerspricht allen Überlegungen zur Sparsamkeit und Weisheit in der gütigen und gedeihlichen Schöpfung. Des Kormorans Getue erinnert frappant an die obszönen Vorstellungen des französischen sogenannten Philosophen Georges Bataille über die Verausgabung und Verschwendung materieller Güter und den damit einhergehenden, wünschenswerten (sic!) totalsten moralischen Verfall.

»Ihre Gefräßigkeit übersteigt unsere Begriffe: die einzelne Scharbe nimmt viel mehr an Nahrung zu sich als ein Mensch; sie frißt, wenn sie etwas haben kann, so viel wie ein Pelikan«, ärgerte sich Brehm des weiteren. Und seine Studien am lebenden Objekt – eines Konrad Lorenz würdig! – belegten es nochmals in eklatanter Manier: »Ich habe einem gefangenen Kormorane so viele Fische gereicht, wie er anneh-

men wollte, und gefunden, daß er am Morgen sechsundzwanzig, in den Nachmittagsstunden aber wiederum siebzehn durchschnittlich zwanzig Centimeter lange Plötzen verschlang. Die Fische füllten anfänglich nicht allein den Magen vollständig, sondern dehnten auch die Speiseröhre unförmlich aus, ragten zum Theile sogar aus dem Schlunde hervor, wurden aber so rasch verdaut, daß Schlund und Speiseröhre binnen zwei Stunden bereits geleert waren.«

Und, um den Braten endgültig fettzumachen, gewahrte er, wie Scharben (Kormorane) auf »die hin- und herziehenden Schwalben lauerten, einen günstigen Augenblick wahrnahmen, den Hals vorschnellten und die arglose Schwalbe, ehe sie ausweichen konnte, packten, mit einem kräftigen Bisse tödteten und verschlangen«. Haste Töne!

Dabei will das gargantueske Gebaren nicht recht zum Äußeren des Wasserraben passen, zum schlanken Gesamtbild, vor allem im Kraftfluge, mit den vierzehn langen Steuerfedern und dem leicht geknickten Hals und etwas angehobenen Kopf. Günstig hinzu treten das opalisierende, geradezu glänzend bronzebraun-schwarze, in der Hochzeitsvariante farblich noch üppigere Gefieder, die vanillefarben-gelbe Gesichts- und Kehlhaut und die herrlich teichgrünen Augen.

Man lasse sich aber speziell vom Smaragdglanz der letzteren nicht blenden. »Das Auge«, korrigiert uns Naumann, »hat einen tückischen Blick wie Marderaugen, wozu ihre Färbung auch beiträgt.« An seiner Grammatik hätte dieser Naumann, der insgesamt recht gut und flott schrieb, zwar noch ein wenig feilen können, das hindert uns jedoch nicht daran, ihm weiter zuzuhören. Denn wenn die Augen, die ferner in einem marderähnlichen Schädel stecken, als Kernartkennzeichen und als Fenster der Seele gelten dürfen, ist daraus zu schließen, daß der Scharb ein ausnehmend unverträglicher Kamerad ist. Und siehe da, Naumann führt wiederholt aus, daß der Kormoran zwar die Gesellschaft anderer Vögel sucht, indes halt nur »aus besonderem Eigennutz«, weshalb uns nicht im geringsten zu verwundern vermag, daß er »in beständigem Streite mit ihnen« liegt, namentlich mit den Reihern, denen der Usurpator, zusammengeschlossen zu »größeren Vereinen«, »lärmende Balgereien« aufzwingt. »Gegen die ebenfalls gut bewaffneten Reiher« habe er »zwar einen schweren Stand«, wisse »zuletzt aber doch den Sieg zu erzwingen«.

Wir müssen den unverrückbaren Tatsachen ins finstere Auge sehen. Der Kormoran »scheint immer düster gelaunt, ist hämisch gegen andere Geschöpfe«, und »er scheint immer trübe gelaunt und heimtückisch nur darauf zu lauern, jedem sich ihm nähernden Geschöpf einen Schnabelhieb zu versetzen«. Alle bestätigen das.

Und mag das Fächern der Flugwerkzeuge an exponiertem Ort, um das nicht wasserfeste Gefieder zu trocknen, einen anmutigen Eindruck hinterlassen; mag die auf den Galapagosinseln hausende Nebenart niedliche, den Pinguinen abgeguckte Balzspaziergänge unternehmen; mag das seetaucherartige Herumschwimmen auf uns gefällig, vielleicht charmant wirken; mögen das Abduschen der Jungen, die zähe Nesthocker sind, und die späteren Wasserspiele mit ihnen unter dem einen oder anderen Blickwinkel reizend sein – an dem Punkt, an dem unsere Untersuchungen zu den »undurchschaubaren Seeraben« und »Seetangvögeln« (Melville: *Moby Dick*) angelangt sind, muß sich die Ornithologie vorbehalt- und rücksichtslos dazu bekennen, keine Scientia amabilis, keine liebenswerte Wissenschaft zu sein. Jetzt muß sie ihren Hang zur Verzärtelung ab- und andere Bandagen anlegen. Hier muß sie hart anpacken, zugreifen und ein wenig hobeln und dort, wo es not tut, auch mal einschreiten und zulangen und dazwischenhauen und reinhauen.

Dem Tauchen gilt des Kormorans ganze Leidenschaft, das Wasser ist sein Element. Er schlüpft, »zwar mit einem kleinen Ruck, aber ohne Geräusch, unter dasselbe und bleibt minutenlang verschwunden, ja, man behauptet, daß er drei bis vier Minuten, ohne Luft zu schöpfen, unten aushalten könne. Er durchstreicht, untergetaucht, das Wasser in allen Richtungen.« (Naumann) In *allen* Richtungen! Unerhört!

Wieder an Land, ist dann alles zu spät. »Baumbrüter lassen Nistbäume durch scharfen Kot verkahlen« (L. Svenssons Feldführer), sie übertünchen die ihnen überlassenen Areale mit ätzenden Exkrementen und zerrütten sie zur Gänze, auch der verfaulenden Fische wegen, welche die Atmosphäre weiträumig verpesten. Jegliche touristische Nutzung der vom Kormoran annektierten und ruinierten Wälder ist auf lange Sicht, womöglich für immer ausgeschlossen.

Naumann gerät angesichts solcher Verhältnisse außer sich, und wer verstünde ihn nicht! »Wenn unter den mit Nestern und Jungen besetzten Bäumen neben jenen auch noch der Gestank faulender Fische, zumal bei schwüler Luft, kaum zu ertragen ist, so belästigen die Jungen auch noch durch den gar oft über das Nest hinausgespritzten weißen Unrat, mit dem bereits die Bäume und zum Teil, was auf dem Boden steht und liegt, weiß gefärbt ist, und verderben damit dem unter ihnen Wandelnden die Kleider.«

»Ein Exemplar seh' ich immer wieder mal«, teilt uns unser Bonner Korrespondent in einer Depesche mit, die uns jüngst erreichte, »wenn ich nach Köln über die Hohenzollernbrücke hereinfahre und aus der Bahn heraus einen Kormoran sitzen sehe, auf einer Eisenstange an der Brücke postiert, über dem Wasser, stolz seinen finsteren Zinken tragend und doch salopp ins Ungefähre blickend, denn was der Kölner da an pennerhafter oder stupid protziger Architektur in Rheinufernähe zusammenbaut und -schiebt und -schustert, kann man ja nicht anschauen, und satt wird man davon auch nicht – und dann, wenn's beliebt, setzt er dem Gevatter Rhein einen Schuß Kot aufs Haupt. Aber wer will solche Individuen?«

Schon Hegel, Verfasser einer meisterlichen Philosophie der Natur, wies bei der Beantwortung der Frage die Richtung. Im Hinblick auf den Kormoran sprach er angewidert von dessen »pissendem Denken« und seiner »faulen Existenz«. Hätte Schopenhauer nicht dauernd damit zu tun gehabt, gegen den Berliner Ex-Kollegen post mortem anzustänkern, und sich ein wenig präziser mit dem Kormoran auseinandergesetzt, hätte er sein Diktum »Die Tiere sind Brüder des Menschen« aus intellektueller Redlichkeit zumindest mit dem Zusatz »cum grano salis« versehen.

Da sich der Kormoran – nach allen unerquicklichen Details, die wir bisher zusammengetragen haben – nicht benehmen kann, muß darüber nachgesonnen werden, wie Abhilfe zu schaffen sei. Ob das hieße, dem sofortigen Feuergewehr- und Schießgewehreinsatz Priorität einzuräumen, bleibe erst einmal dahingestellt, ungeachtet dessen, daß Naumann, ein den Vögeln weiß Gott inniglich verbundener Naturkundschafter, in der Causa Kormoran Saiten aufzieht, die an Deutlichkeit nichts zu wünschen übriglassen. Wir zitieren: »Bei Fischerei-Besitzern und Fischern stehen sie [...] mit vollem Recht im übelsten Verruf, und es ist diesen gar nicht zu verdenken, daß ihr Haß gegen diese gierigen Fischräuber sich so hoch steigert, daß man sie gänzlich vertilgt gesehen wünscht, was auch die erwähnten Metzeleien unter Jungen und Alten bezwecken sollen, es aber nur teilweise thun oder sie aus einer Gegend in die andere vertreiben.«

Unter den genannten Erwerbsgruppen bezeichnet man den Kormoran als »schwarze Pest«, wahlweise als »schwarzen Teufel« oder »Unterwasserterroristen« oder »Gewässergeißel«. Sicher ist, auf Empathie seitens des »Problemvogels« (Ede Stoiber) können sie nicht rechnen. Der Demütigung der Karpfenzüchter in Franken – »Panik im Weiher frustriert die Teichwirte«, *Fränkische Landeszeitung*, 25. März 2015 – und der braven Sportangler an sämtlichen bekannten Flüssen gilt das Trachten des Schad-, ja Schandvogels, und wenn man sich zu einem ehrlichen Standpunkt durchringt, so ist hier doch wirklich einmal kompromißlos Klarfisch zu machen! Im Sinne von Klarschiff machen selbstverständlich, vulgo von: Gefechtsbereitschaft herstellen! »Dampf aufmachen!« (Heino Jaeger) Und so fort! Aber horrido! Und zwar auch hinsichtlich der allgemeinen Naturgerechtigkeit, aus welcher wir die Fische doch wohl nicht ausschließen möchten! Den Kormoran einfach tüchtig auszuschimpfen, das dürfte eben nicht genügen, genausowenig, ihn lediglich anzubrüllen.

Das Problem beginnt ja bereits an seiner Wurzel. Vermutlich von norwegischen Gestaden brach der Kormoran einst, getrieben von reiner Niedertracht, »in mehreren Abteilungen« (Naumann) auf, überrollte Dänemark und fiel anschließend in teutsche Lande ein. Dort entwickelte der invasive Holzer, dieses »eingewanderte Monster« (NABU Schleswig-Holstein; allerdings mit einem Fragezeichen versehen), »höchst merkwürdige Eigentümlichkeiten«. »Wie bei vielen anderen Seevögeln ist es auch bei diesen vorgekommen, daß einzelne tief ins Land Verschlagene die Besinnung verloren und sich einfältig benahmen.« So Naumann.

Beispielsweise führte der Kormoran die Saisonehe ein, ein deutliches Indiz dafür, daß es der unleidliche Inlandsvogel auf Grund fehlender salzhaltiger Luft mit seinen Weibsbildern nicht aushält. Oder er versandte, weil sein »widerliches« (Naumann)* Fernweh nicht län-

---

* Naumann, den wir, der Leser hat es bestimmt gemerkt, achten, war nicht nur ein erstklassiger Ethologe, sondern auch ein ebensolcher Ethnologe. Als Beleg geben

ger durch einen Blick auf den Ozean zu bändigen war, Abkömmlinge, die in nunmehr zuverlässig schmutzigen, muffigen Nestern zu voller Stärke hochgepäppelt worden waren, nach Rumänien und Ungarn, wo die »unsteten Flußnomaden« (ORF; und nicht: -monaden!) unter den Fischvölkern fürchterlichste Massaker anrichteten, um, kräftiger und robuster denn je, in aberwitzigen Mengen zu uns zurückzukehren und hier dasselbe ins Werk zu setzen. Gerhard Polt schätzt die Lage in einem ausgewogenen Bühnenvortrag, der entstand, bevor im Jahr 2014 am Chiemsee ein Kormoran gekreuzigt wurde, grosso modo korrekt ein: »Wenn er bereit ist, als Single, als Einzelvogel am 17. August, daß er sich am Chiemsee hinsetzt und am 18. August wieder fort ist, dann sind wir bereit, von uns aus die Überflugrechte zu gewähren. [...] Aber wer glaubt denn dem Kormoran? Der kummt doch net als Einzelvogel daher! Der kummt ... Der Kormoran, der kommt in Schwadronen! Vierhundert Kormorane pro Kormoran!«

Früher rückte der boshafte Nimmersatt bei übler Laune hauptsächlich der mehr oder weniger eigenen Sippe auf den Pelz. Dann, Brehm erwähnt es, »schwammen« die Streithansel »hinter den großen Verwandten [den Pelikanen] her und zwickten und peinigten sie, bis letztere, vor ihnen flüchtend, eine Straße gebahnt hatten«, durch die dünne Eisschicht auf dem Meer. Heute patrouillieren ihre »Kriegertrupps« (derselbe) etwa auf hiesigen Seen und Teichen, suchen sie systematisch ab, bilden, fündig geworden, eine Phalanx oder einen Halbkreis und treiben die Fischlein in eine Bucht oder ans Ufer. »Das bedeutet für viele Fische den Tod.« (3sat: *nano*)

Können Allgemeinverfügungen wider den Fraßdruck und Kormoranverordnungen Rettungsanker sein? Beziehungsweise die »Superspezies« (*Der Fall Kormoran – Fakten, Meinungen, Konflikte*, Landesfischereiverband Bayern, 2013) zur Räson bringen?

wir folgende Stelle wieder: »Der widerliche Geruch, welcher dem ganzen Vogel und auch seinem Fleische anhängt, wie überhaupt die schlechte Beschaffenheit des letzteren, machen, daß unter den nordischen Völkerschaften, bekanntlich keine Kostverächter, es dennoch nur wenige für eßbar halten. Auch die Eier, welche einen blaßgrünlichgelben Dotter haben und beim Kochen nicht leicht hart werden, findet man ungenießbar; selbst die Grönländer mögen sie nicht.«

Man probiert es mit verölten Eiern und dem Umhacken der Nest-
bäume, mit Ballons und Flatterbändern, mit Beschallung, Diskobe-
leuchtung und Laserlicht, nix hilft auf die Dauer. Konsequenz:»letale
Vergrämung« (Feuer frei). Bitte sehr. Obgleich – man hat beim Kormoran nichts anderes erwartet – das Verfahren gleichfalls seine Tücken
birgt. »Umsonst bedroht jetzt wohl / Des Jägers Scharfblick deinen hohen Flug«, dichtete William Cullen Bryant (»An einen Wasservogel«),
und oft genug geht der gutgemeinte Schuß zwecks »präventiver Stabi-
lisierung der Fischbestände« ins Leere, »weil es gar nicht so einfach ist,
die Freunde zu kriegen« (Prof. Ammer, Vorsitzender des Arbeitskreises
Kormoran).

Der uneinsichtige J. Reichholf hingegen, ein eindeutiger Pro-Kor-
moran-Mann, prangert die angeblichen »Vogelfeinde« an, deren Küm-
mernis betreffs der Fischwelt auf völlig falschen Annahmen über die
obere Bedarfsgrenze des Kormorans (Existenzmetabolismus von fünfhundert Gramm Aal et cetera) beruhe. Sie liege lediglich ungefähr bei
der Hälfte, vielleicht einem Drittel. Und in den *Mitteilungen der Zoologischen Gesellschaft Braunau* zieht er dem Waidmannstum – das sich
in China und Japan ausgerechnet des Kormorans zur Fischjagd bedient! – endgültig den Zahn: »Die durch die Bejagung scheuer werdenden, viel mehr umherfliegenden Kormorane brauchen nämlich weitaus mehr Nahrung als die in Ruhe gelassenen. Eine Steigerung um das
Fünffache muß angenommen werden.«

Wer, in Gottes Namen, soll sich da noch auskennen?! Ist es tatsächlich, wie Reichholf nachzuweisen versucht, eine Lüge, daß der Kormoran ein »fremder Vogel« sei? Sind, wie er in der Zeitschrift *Freiheit für
Tiere* (4/2014) darlegt, Waschbären, Uhus, Habichte und Seeadler hinreichend befähigt, dem Kormoran hie und da einen Nasenstupser oder
einen Denkzettel zu verpassen?

Vorschlag zur Güte: Schulen wir den Kormoran auf Wühl- und
Spitzmäuse um. Hat bei Storch und Reiher ja auch ganz ordentlich
funktioniert. Oder wir treten in Verhandlungen über zwei, drei Veg-
gie-Days pro Woche ein. Man muß doch bloß ernsthaft miteinander
reden, Leute!

DIE NACHTIGALL UND ANDERE

Die Wissenschaft bescheinigt der Nachtigall Virtuosität und ein komplexes Repertoire. Manche Exemplare beherrschen etwa tausend Gesangselemente und bis zu zweihundert verschiedene Strophen (D. Todt), »mit vielen Variationen und Änderungen« (David Rothenberg). (Das ist im Vergleich zur singenden Konkurrenz enorm und entspricht ganz klar zehn von zehn möglichen Wertungspunkten.)

Schön ist das Singen der Nachtigall überdies. Es ist wohl wahr, was Johann Friedrich Naumann einst zu ihr notierte: »Der vortreffliche Gesang [der Nachtigall] […] ist so ausgezeichnet eigen, es herrscht darin eine solche Fülle der Töne, eine so angenehme Abwechselung und eine so hinreißende Harmonie, wie wir sie in keinem anderen Vogelgesange wiederfinden […]. Mit unbeschreiblicher Anmut wechseln in diesem Schlage sanft flötende Strophen mit schmetternden, klagende mit fröhlichen und schmelzende mit wirbelnden; wenn die eine sanft anfängt, nach und nach an Stärke zunimmt und sterbend endigt, so werden in der anderen eine Reihe Noten mit geschmackvoller Härte hastig angeschlagen und in der dritten melancholische Töne mit reinster Flötenstimme sanft in fröhlichere verschmolzen. Die Pausen zwischen den Strophen vermehren die Wirkung dieser bezaubernden Melodien, so wie das in denselben herrschende Tempo trefflich geeignet ist, die Schönheiten derselben recht zu begreifen. Man staunt bald über die Mannigfaltigkeit dieser Zaubertöne, bald über ihre Fülle und außerordentliche Stärke, und wir müssen es als ein halbes Wunder betrachten, wie ein so kleiner Vogel imstande ist, so kräftige Töne hervorzubringen.«

Alfred Brehm, der Naumann ohnehin selten zu widersprechen vermochte, konnte dieser Eloge nur begeistert zustimmen. Er pries die »hochberühmte Nachtigall« als »edle« und »köstliche Sängerin«. Und selbst Wilhelm Schuster von Forstner, der sich angeschickt hatte, die

Vögel Mitteleuropas nach ihrem »wirtschaftlichen Wert (Nutzen und Schaden)« zu taxieren, geriet in unökonomische Verzückung ob der »unbestrittenen Sangesfürstin« und »Königin der Sänger«. Nicht genug loben konnte er ihren »großartigen Reichtum von Strophen«, ihren »Wohllaut«, das »Seelenvolle im Ausdruck« – »wir wissen nicht, was wir mehr bewundern sollen, die Klarheit und Kraft oder die Weichheit und den Schmelz der einzelnen Sätze«. Die Nachtigall verdiene es vor allen anderen, hochgeschätzt zu werden, als »Sängerin der Liebe« und Vox humana, als »die menschliche Stimme« im Vogelreich. »Und in warmer, mondheller Frühlingsnacht, wenn die blühenden Bäume in stiller Pracht und sinnend dastehen, kein Laut, kein Geräusch die feierliche Ruhe stört, dann wirkt der Nachtigallenschlag ungemein erhebend und erbauend.«

Erbauend? Richard Gerlach empfand die Kontraste zwischen strahlenden Akkorden und »beredtem Stillschweigen«, den »Wechsel der Empfindungen«, das »Steigen und Sinken des Tons«, die kunstvollen »Verbindungen und Übergänge«, »Läufe und Triller« eher schon als Rauschmittel: »Die schmelzende Süße in der Stimme der Philomele, der plötzliche Wechsel vom Adagio in ein Allegro, das schluchzende Crescendo, das sanft abschwellende Ritardando – welch eine Hymne der Natur, welch eine Beseelung des Frühlings. Wie ist hier die schönste Zeit des jungen Jahres Freudenschall und Klage geworden. [...] Die Düfte der aufbrechenden Knospen heben sich berauschender aus den Gebüschen.«

Man könnte stundenlang so weitermachen, hat doch der Gesang der Nachtigall nicht nur Vogelkundler deutscher Zunge beeindruckt, erbaut und becirct. Bereits in der altpersischen Dichtung war sie als Liebesbotin und Minnesängerin allgegenwärtig, während sie im Okzident, nicht zuletzt durch den griechischen Mythos von Philomela und Prokne, auch als Schmerzensvogel galt, der den Empfindungen der Liebenden, Verlorenen und Geschändeten mit Sehnsuchtstönen und Trauergesang Ausdruck gab. Schließlich war es die europäische Romantik, die das Bild der Nachtigall als poetischsten aller Sänger, als Dichtervogel prägte: von *Des Knaben Wunderhorn* bis Jules Michelet, von Keats, Arnold und Shelley bis zu Wordsworth oder Coleridge. Wer über Vögel dichtete, sang der Nachtigallen Lob. Und die Komponisten,

Beethoven, Liszt, Strauß, zogen nach. Fast schien es, intensive Wahrnehmung und tiefes Empfinden bedürften der Begleitmusik von *Luscinia megarhynchos*.

Daß die Nachtigall als schöpferischste und wandlungsfähigste Vertreterin, ja einzige Künstlerin des »geflügelten Volkes« (Michelet) gepriesen wurde, daß »alle anderen Vogelstimmen [...] völlig übertönt« sind, wenn sie anhebt, und sich »unsere Aufmerksamkeit [...] ungeteilt« ihr zuwendet (W. Schuster), das blieb anscheinend nicht folgenlos. Bereits Naumann gewann den Eindruck, der Vogel ahne etwas von seiner Bedeutsamkeit: »Im Betragen der Nachtigall zeigt sich ein bedächtiges, ernstes Wesen. Ihre Bewegungen geschehen mit Überlegung und Würde; ihre Stellungen verraten eine Art Stolz, und sie steht durch diese Eigenschaften [...] gewissermaßen über alle einheimischen Sänger erhaben. Ihre Gebärden scheinen auch anzudeuten, als wüßte sie es, daß ihr dieser Vorzug allgemein zuerkannt wird.« Aber selbst wenn die Nachtigall wirklich diese Art von Selbstgewißheit zeigte, wäre sie dafür doch wohl nicht zu schelten. Leistung soll sich lohnen. Und wer so gut singt (zehn von zehn Punkten!), der soll sich dessen nicht schämen müssen.

Indes, man könnt' schon fragen, ob dieser Vogel Naturempfinden und abendländische »Dichtkunst« (Heino Jaeger) derart dominieren sollte. Warum muß meist, so es romantisch, so es poetisch werden soll, die Nachtigall trapsen? Hat der besagte Vogel das Erstzugriffsrecht, wenn es gilt, an unsere Gefühle zu appellieren, die »Seele zu berühren« (vitamassagen.de), ergreifend und symbolisch zu werden?

Schon der Sprosser, der in Ost- und Nordeuropa lebende Zwillingsbruder der Nachtigall, muß zu Unrecht hintanstehen. Einige erlesene Fachleute stufen ihn noch höher ein und halten ihn, auch wegen seiner besonderen Begabung zur Nachahmung anderer Arten, für den »abwechslungsreicheren« (Walter Wüst) und interessanteren Performer, weniger wohlklingend und liebreizend, aber kunst- und reibungsvoll, dunkler im Ton, mit »Tiefe und Kraft« (Ernst Hartert), perkussiv, strukturiert, gelegentlich »bizarr« (Rothenberg). Doch wo werden ihm Kränze geflochten? Warum ward der Sprosser nie bedichtet? Mußte er auf poetische Würdigung verzichten, weil er auf Rügen singt und nicht in Ravenna? Muß er, weil Dostojewski, Tschechow und Genossen lieber Nebelkrähenprosa schrieben, dauerhaft auf einen Platz in der Weltliteratur verzichten?

Die kulturelle Dominanz der »Rossignol philomèle« irritiert auch deswegen, weil die neuere vogelkundliche Literatur und neuere ornithologische Forschungen einiges an Wasser in den Wein der Nachtigallenverehrer gegossen haben.

Etliche sehen die Lerche mindestens gleichauf – nicht nur wegen der lyrischen Qualität ihres Gesangs, sondern auf Grund ihres Variantenreichtums und musikalischen Verständnisses und eines Singfluges, der nicht nur durch Ausdauer und Artistik beeindruckt, sondern ebenso durch eine anspruchsvolle Atemtechnik und eine komplexe Verbindung von Rhythmus und Melodie, Flügelschlag und Stimmführung.

Die Amsel, die bereits Wüst für »phantasievoller« als die Nachtigall hielt, hat in den vergangenen Jahrzehnten als große Melodikerin und unermüdliche Erfinderin neuer Phrasen und Strophen stetig an Reputation gewonnen. Und erst die amerikanischen Spottdrosseln: Sie sind die Begabtesten der Spötter, jener Könner, die fremde Klänge aufgreifen und die Vielfalt der Stimmen der Welt in eine eigene komplexe Komposition einfließen lassen. Sie zählen zu den Vögeln mit der größten gesanglichen Auffassungsgabe und Bandbreite. Dutzende von Geräuschen, Rufen und Vogelstimmen können sie imitieren, frei kombinieren und nach ihren sängerischen Vorlieben transformieren. (Im Grunde: zwölf Punkte von zehn!)

Nun kann sich die Lerche bei genauerer Betrachtung nicht über mangelnde Wertschätzung beschweren; sie belegt seit langem einen guten zweiten Rang in den Dichtercharts. Auch die Amsel hat mehr literarische und musikalische Würdigung erfahren, als man, eingedenk der allgemeinen Nachtigallenverehrung, gemeinhin denkt. Doch was ist mit ihrer nahen Verwandten, der Singdrossel? Wer ihren von einem hohen Ast vorgetragenen Abendgesang hört, den Wechsel von Flöten, Pfeifen, Trillern, Schnalzern, eine Andeutung von Arie, dann metallischer Wirbel, drei Töne eines gefühlvollen Liedes, abgelöst von einem Fanfarenstoß, der kann nicht glauben, daß der Urheberin so gut wie keine Poeme oder symphonische Dichtungen gewidmet sind. (Und wenn Messiaen sie berücksichtigt hat, heißt dies nicht viel, hat er doch selbst die Rohrdommel vertont.) Daß die Spottdrossel mit ihrem »Weberschiffchen des Wohllauts« (Walt Whitman) zuwenig Anerkennung bekomme, beanstandete schon der Naturforscher und Schriftsteller John Burroughs im 19. Jahrhundert. Seitdem erfuhren diese Vögel zwar wachsende Wertschätzung, inzwischen haben sie sogar einen eigenen YouTube-Kanal und viele Fans wie Follower. Aber wer bedichtet sie, preist ihren Namen? Eminem.

Gänzlich vernachlässigt hat der Kulturbetrieb offenbar den Gelbspötter. Doch wenn er zwischen den Blättern hervorsingt, -schwätzt und -pfeift, ergreift es einen binnen kurzem: die kurzen dichten Tonfolgen, die raschen Rhythmuswechsel, die Art, wie aus dem nasalen Gesang immer wieder volle Töne hervorquellen, eine Melodie beginnt, ein bedächtiges Murmeln, eine lyrische Sekunde, beendet von einem harten Schlag, dazu die freudige Verausgabung des Sängers, der Ton, der immer wieder durch Bauch, Kehle und Schnabel fährt, ein Körper voller Klang.

Auch unter den Rohrsängern findet man beeindruckende Spötter. Der Sumpfrohrsänger ist ihr»Meister«, unermüdlich Töne sammelnd, die er zu einem mitreißenden»Gesangsstrom« (Riechelmann) verbindet,»ungeheuer unterhaltsam und vital« (Conradi). Er nimmt nicht nur die Stimmen der europäischen Vogelwelt in sich auf, sondern die Klänge aus seinen Überwinterungsgebieten in Afrika – ein Rohrsänger, der vor lauter Nachahmungsfreude und Zitierlust nur noch selten zurückkommt auf die»ursprüngliche Rohrsängerweise« (H. Löns).

Doch warum mußte ein Hermann Löns es übernehmen, diesem gewitzten und spektakulären, weltoffenen Vogel ein ehrendes Porträt darzureichen? Hätten nicht eher Hölderlin und Heine sich dieses Geschöpfes annehmen sollen? Musil und Mayröcker?

Es gibt jedenfalls einiges nachzuholen. Ein Sonett über die Singdrossel? Eine Ode an den Sprosser? Ein Roman über die Spottdrossel oder konkrete Poesie im Zeichen der Schilfsänger und Rohrschmätzer? Es wäre an der Zeit. Zu befürchten steht jedoch, daß es weiter bei der Nachtigall bleibt, einem Vogel, bei dem man nicht viel falsch machen kann, einem Vogel allerdings, der sich unseren Kulturschaffenden auch auf eine Weise andient, die Epigoniaden geradezu provoziert. Denn»la Rossignol philomèle« reist den urbanen Poeten zu Hunderten in die

Großstädte nach, um ihnen dort ihre Vortrefflichkeit in Erinnerung zu bringen. Und sie gibt ihre Triller und »schmelzenden Strophen« auch dann zum besten, wenn sich andere Vögel längst ihrem verdienten (und zulässigen) Schlaf widmen. Wer den Gesang des Gelbspötters aufzeichnen, den Sumpfrohrsänger hören wollte, müßte halt mal seinen schweren Schädel bei Tagesanbruch erheben, sich zu trüben Teichen und mückenverseuchten Gewässern aufmachen, in die urbanen Außenbezirke und das Dickicht der Vorstädte. Doch unsere Dichter und Kulturschaffenden bevorzugen den lyrisch gestimmten Abendspaziergang, das Nachtleben, die Stadtparks und die Hinterhöfe der Metropole.

Und was hören sie, wenn sie die Weinbar ansteuern, beseelt von einer abendlichen Lesung heimkehren, dem nahegelegenen Friedhof einen besinnlichen Besuch abstatten oder zur Sperrstunde strack aus der Kneipe stürzen? Die Nachtigall. Falls es mal ein Sprosser sein sollte, erkennten sie ihn nicht. Oder er machte gerade eine Nachtigall nach.

MAUERSEGLER

Der Mauersegler? Die Mauersegler?
Die Wahl des Numerus ist überflüssig. Mauersegler existieren nur im Plural.
Es sei denn, man kommt anständig angestochen gegen, weiß der Geier, weiß der Kuckuck, halb zwei aus der Wirtschaft heim, streift die Red-Wings-Treter ab, schlappt durch den langen, mit angenehm alten, grobgearbeiteten Bohlen ausgelegten Flur und durch die mit Büchern zugerümpelte Küche, öffnet die ehrenvoll alte Schiebetür, die zwischen ansehnlich alten Zargen hängt, und läßt sich auf die Bettkante fallen.
Und merkt: Hier stimmt was nicht. Şeltsame Kleckse auf dem Holzboden. Und im Augenwinkel, da, in der unteren rechten Ecke des Fensters, das gen Westen zeigt (ex okzidente Finsternis), ist was. Was noch Schwärzeres als die Nacht ist da. Bewegt sich da. Zittert. Ängstigt sich, entsetzlich.
Aufgestanden, hingetapert – und sofort stocknüchtern gewesen.
Während wir der Schneider Weisse nach etlichen Regeln der Kunst zugesprochen hatten, war Schreckliches passiert. Ein Mauersegler war durch den Spalt des gekippten Fensters geschnellt und hatte den Weg nicht mehr hinausgefunden; hatte sich, vor lauter Furcht panisch hin und her stürzend und vermutlich gegen die Wände und Bücherregale prallend, den Kopf gestoßen und war irgendwann entkräftet und resigniert auf dem Fensterbrett gelandet.
Wo er bebend, lautlos, vibrierend kauerte. Ein Knopf von Lebewesen, der uns anblickte so traurig, wie wir das noch nie gesehen hatten.
Wie ein Stromstoß fuhr die Bestürzung in uns hinein. Wir rannten den Flur hinunter, schalteten den Computer ein und suchten im Netz fiebrig nach »Mauerseglerhilfe«, »Mauersegler Nottelephon« und ähnlichem. Fanden Nummern. Ran ging um die Zeit freilich niemand.

Was tun?

In unserem nicht gar zu zuverlässigen Kopf hatte sich seit Jahren, seit Jahrzehnten festgesetzt, daß man verunglückte Mauersegler nicht anfassen dürfe. Sie würden flugunfähig.

Aus dem Altpapier zogen wir einen Karton, schnitten ihn auf DIN-A4-Größe zurecht und gingen zurück ins Schlafzimmer. Leise und ruhig auf unseren Mauersegler einredend, schoben wir die Pappe vorsichtig unter seine Füße, hoben ihn langsam an und setzten ihn auf dem Boden ab, um das Fenster öffnen zu können. Dann hoben wir ihn mit der Pappe hoch und setzten ihn auf dem Gesims ab. Dritter Stock – das war hoch genug, damit er sich würde fallen lassen und davonfliegen können. Sofern er sich keine Brüche zugezogen hatte.

Doch es passierte nichts. Da hockte er, in der milden Sommernachtluft, zitterte bänglich und schaute und schaute uns an, und wir redeten ihm gut zu, ohne Pause, zehn Minuten, fünfzehn Minuten lang – bis er mit einem Mal die Flügel ausstreckte, mit ihnen zwei-, dreimal auf und ab schlug und dann über die Fenstersimskante abkippte und davonwuschte.

Was für ein Gefühl. Erleichterung. Eine glückspendende Wärme durchfloß uns.

Kurzmitteilungen via Handy sind eine Pest. Über die SMS einer Freundin aus der Nachbarschaft, die genauso wie wir in die Mauersegler vernarrt ist, freuen wir uns dennoch jedes Jahr. »Die Kameraden sind da!« vermeldet sie Anfang Mai, wenn die ersten Abgesandten das frohe Wolkengekleckse durchkreuzen, und sie ist bis heute felsenfest davon überzeugt, daß uns jener Kamerad, dem wir die Freiheit zurückzugeben vermochten, jedesmal grüßte, wenn er mit seinem Team am Balkon vorbeipfeilte, auf dem wir auch in besagtem Sommer regelmäßig zusammensaßen, Bier tranken und wohlgestimmt den übermütigen Flugmanövern zusahen. Alfred Brehm hat es wahrlich schön beschrieben: wie sie »in wilder Hast unter allerlei Schwenkungen dahinstürmen, bald hoch zum Himmel aufsteigen, bald dicht über dem Boden dahinstreifen und damit eine Unterrichtsstunde vor unseren Augen abhalten. [...] Der Flug ist so wundervoll, daß man alle uns unangenehm erscheinenden Eigenschaften des Seglers darüber vergißt und immer und immer wieder mit Entzücken diesem schnellsten Flieger unseres Vaterlandes nachsieht.«

Welche unangenehmen Eigenschaften?

Nein, Mauersegler existieren im Singular, ausschließlich im Singular. »Jeder Mauersegler hat seinen eigenen Kopf, jeder hat sein eigenes Temperament. Der eine ist heißblütig, der andere in sich gekehrt. Der eine hat ständig Schabernack im Sinn, der andere neigt zur Schwermut. Der eine ist verspielt, der andere geht alles geradlinig an. Der eine wird auch mal jähzornig, der andere ist in höchstem Maße sozialorientiert«, sagt die Veterinärin Christiane Haupt, die die Mauerseglerklinik in Frankfurt-Griesheim (siehe mauersegler.com), eine einzigartige Einrichtung, untergebracht in einem gewöhnlichen Mehrfamilienhaus, aufbaute und leitet – ehrenamtlich.

»Hier, Bert zum Beispiel – jeder hat einen Namen –, dem können Sie einen Finger hinhalten. Er ist ausgesprochen zutraulich.« Und umgehend kraxelt er auf den ausgestreckten Zeigefinger und beginnt, an unserer Hand herumzuknabbern. »Daß man Mauersegler nicht anfassen darf, ist Quatsch«, klärt uns Christiane Haupt auf. »Man verletzt ihr Flugkunstgefieder nicht.«

Sogar aus Italien hat man schon verunglückte Alt- oder verwaiste Jungvögel hierhergebracht. Sie werden fachgerecht tierärztlich versorgt und von Fütterungshelfern aufgepäppelt, Gefiederschäden behandelt Christiane Haupt mit der aus der Falknerei bekannten Methode des Schiftens (des Einsetzens von intakten Federn in die Kiele der abgeknickten oder abgebrochenen Federn). Im Trainingsraum, einem komplett ausgepolsterten Zimmer, kräftigen die Genesenen ihre Muskulatur, bis ihre »Wildbahnfähigkeit« wiederhergestellt ist.

Die Individualität der Patienten erschwere die Therapie, erläutert Christiane Haupt. »Und das größte Problem ist: Dauert die Behandlung zu lange, werden Mauersegler depressiv. Ein Mauersegler, der nicht fliegen kann, grämt sich nach einer gewissen Zeit regelrecht zu Tode.«

Die Vorzüge großer Städte: Bibliotheken, öffentlicher Nahverkehr, unbehelligt bleiben zu können – Mauersegler.

Die Terra firma, die Grundlage unserer Existenz, lachen sie aus. Sobald sie flugbar sind, erobern sie den bestirnten Himmel über uns, doch untertan machen sie sich ihn nicht, obwohl sie ihn zerschneiden und mit Kurven und Vektoren vollkritzeln. Denn: Plumpe, zerstörerische Kondensstreifen hinterlassen Mauersegler unseres Wissens nicht. Ein Mauersegler, der das zwanzigste Lebensjahr erreicht, hat mehrere Millionen Kilometer zurückgelegt. Aus je zehn Primaries (Handschwingen) und sieben Secondaries (Armschwingen) bestehen die unvergleichlich langgezogenen, sichelförmigen, den Schlag- wie den Segelflug gleichermaßen begünstigenden Flügel, die es den, so Karl Kraus doch ein bißchen zu feierlich und geradezu anbiedernd, »freien Gottesgeschöpfen« (*Die Fackel* 6/1928) erlauben, den ganzen Tag gänzlich »unbekümmert« *(Rettet die Vögel)*, ja wurschtig im reißenden Flug über unseren mediokren Köpfen hin und her zu zischen und dabei das Luftplankton gezielt abzufischen (und zu Futterbällchen zusammenzufügen, ja geradewegs zusammenzupressen) und die Himmelsglokke mit schrillen Kontaktkreischrufen zu füllen, die sie sogleich wieder ausschüttet und auf uns herabrieseln läßt.

»Hoch über das Getümmel erhaben und ungebunden, treibt er [der Mauersegler] dort oben seine Geschäfte, wie wenn er in einer ganz menschenleeren, öden Gegend wohnte«, schrieb Naumann. Wir, seine gelehrigen Eleven, wüßten nicht zu entscheiden, ob er dem Mauersegler diese seine spezielle Lebensweise im positiven Sinne neidete oder ob er ihn demzufolge mit einem Verweis zu belegen beabsichtigte. Gleichwie, mag man die, je nach Sicht auf die Dinge der Welt, fidel oder aufdringlich zur Schau gestellte Menschenferne des windigen Gesellen beschwerten Gemüts goutieren oder als schwerwiegendes Ärgernis betrachten, Trost gewährt und Nachsicht lehrt doch in jedem Falle Hölderlin, der seinen hochfahrenden Hymnus an den Äther mit folgenden Versen abwürgte: »Aber indes ich hinauf in die dämmernde Ferne mich sehne, / Wo du fremde Gestad' umfängst mit der bläulichen Woge, / Kömmst du säuselnd herab von des Fruchtbaums blühenden Wipfeln, / Vater Aether! und sänftigest selbst das strebende Herz mir, / Und ich lebe nun gern, wie zuvor, mit den Blumen der Erde.«

Wir, die wir meistenteils auf dem festen Element zu verweilen und herumzustreifen gezwungen sind, erzürnen andererseits jedoch ob der ...

Sagen wir's so: Manch' Menschen geht auf den Zeiger, daß Mauersegler sozial nicht integrierbar, da störrisch und unbelehrbar sind. Anderen geht das sonstwo vorbei (jene halten Mauersegler sowieso für Schwalben). Der nächsten Gruppierung stößt sauer auf, daß sich des Magisters Mauersegler Heimatliebe sehr in Grenzen hält. »Sie gehören zu jenen ›Häretikern‹, die den Winter einfach ableugnen« (Barbara von Wulffen) und sich deshalb bei uns gerade einmal beschämende drei Monate die Ehre geben. (In Amerika betreiben sie ebenso gewohnheitsmäßig Fahnenflucht, wie J. R. Lowell bestätigt: »Die Schornsteinsegler [...] verlassen uns früh, offenbar sobald die letzten flügge gewordenen Jungen genug starke Flügel haben, um den langen Ruderwettbewerb, der ihnen bevorsteht, anzugehen.«)

Wieder andere kreiden den »reinsten Sommerfrischlern« (Otto Fehringer) an, sich bei der geringsten Witterungsverschlechterung auf sogenannten zyklonalen Wetterflügen, auf denen sie Gewittern und vergleichbar harmlosen jahreszeitbedingten Phänomenen ausweichen, auf polnische Art davonzustehlen. Ins Horn dieser mauerseglerkritischen oder mauerseglerskeptischen Formation stößt Naumann sodann unerbittlich. Es lohnt sich, über das Führungszeugnis, das er dem Mauersegler ausstellt, zu diskutieren: »Wenn dies in der That eine große Masse materieller Kräfte und eine Ausdauer sondergleichen voraussetzt, so erscheint er uns doch in manchen Lagen wieder als ein recht weichlicher Vogel, zum Beispiel gegen Hunger und Kälte; denn wenn einige Tage nacheinander, besonders in der ersten Zeit seines Hierseins, anhaltend kaltes Regenwetter einfällt, so ermatten viele dieser sonst so mutigen Vögel.«

Da fehlt mithin die nötige Härte, das notwendige Maß an Rücksichtslosigkeit sich selbst gegenüber, um im Darwinschen Daseinsgeholze und -gegrätsche die Nase vorn zu haben und oben zu halten. Setzen, T 4.

Nicht genug, kassiert der Mauersegler von Naumann einen weiteren Anpfiff dafür, »sitzend sich [...] dumm zu benehmen« (*Apus apus*: der fußlose Fußlose), und überhaupt sei es so, daß der »nicht kluge Vogel« »überhaupt nicht sehr emsig« brüte, stundenlang das Gelege allein lasse, sich statt dessen »in abgelegenen Gegenden herum[treibe]« und hernach überdies auf sträfliche Weise die Atzung vernachlässige, vom Hudern ganz und gar und mit aller Kraft zu schweigen.

Uns scheinen diese Verdikte, bei allem Respekt, allerdings wenn nicht haarsträubend, so immerhin unausgegoren und saublöd zu sein.

An Naumann vorbeigerauscht nämlich war, daß die Mauersegler, zumal die juvenilen, über die von den Reptilien ererbte Begabung verfügen, in eine Kältestarre (Torpidität) zu fallen, also den Umständen gemäß ein längeres erquickendes Nickerchen zu halten, währenddem sie so ausgiebig und süß träumen wie keine andere Vogelspezies.

Erheischen die Umstände dergleichen nicht, tummeln sich die Jungen vergnügt und sozial verträglich in ihrem Verschlag, picken sich gegenseitig Läuse, Grashalmstücke und Dreckbatzen aus dem Pelz, decken sich gegenseitig zu und veranstalten lustorientierte Bundesjugendspiele (Dreikampf aus Liegestützen, Schüttelflatteraufschwung und Guck-aus-dem-Fenster).

Naumann darf man eventuell zugute halten, daß er nicht so informiert sein konnte wie wir klugen Heutigen, wie wir mit dem Wissenszeitalter gesegneten Troglodyten. Deshalb müssen wir eine andere Perspektive einnehmen und uns, den verstaubten Thüringer Wald-und-Wiesen-Gelehrten hinter uns lassend und dessen verschrobene Ansichten ausmerzend, ernstlich und sogar seriös fragen, warum eine noch mal deviante humanoide Zeitgenossenabteilung die »Little long wings« (Jimi Hendrix) dafür schmäht, daß sie »auf dem Kissen der Luft« (*Leben vor der Haustür*, NDR 1978) pofen, daß sie, siebenmal pro Sekunde mit den Flügeln schlagend, auf Autopilot schalten, nächtens sorglos durch die Sphären trudeln und den Flugverkehr behindern.

Keineswegs müssen wir uns das fragen.

In unserem Hinterhof haben wir des öfteren beobachtet, wie nicht bloß ein Elternteil die Traufe anflog, hinter der die zu verpflegende Genossenschaft tagte, sondern auch ein familienfremder Segler, der sich mit seinen Zangenfüßen (Fachbegriff) am Mauerwerk festkrallte, mit den Flügeln gegen die Wand schlug und wieder davoneilte. Bereits Naumann prägte für dieses Verhalten nicht vermählter Mauersegler den Begriff des »bangings«, für den nisthöhlensuchenden Akteur jenen des »bangers«.

Dito auf Naumann geht der in den fünfziger Jahren des vergangenen Jahrhunderts präzisierte Terminus technicus »screaming parties« zurück, der die Geselligkeitskunstaufführungen der durch Straßenschluchten und Häuserfluchten hindurchtorpedierenden und -randalierenden Mauerseglerpulks unter dem avilogischen Aspekt des Avis ludens dingfest macht. Der Vogel, heißt es seither, ist nur da ganz Vogel, wo er spielt.

Let the fish fuck. Lasset uns, ungeachtet aller dislozierenden und dispergierenden Disparitäten in der Mauerseglerfrage, die lediglich der Welt schadende und sie verheerende Uneinigkeit stiften, die Sache abrundend und abschmeckend festklopfen beziehungsweise enumerativ (Fachbegriff) ins Feld führen:

1) Rußsegler aus Südamerika, Verwandte unseres Mauerseglers, der seinerseits, wie alle Segler, mit den Kolibris einen Stammbaum teilt, wohnen hinter Wasserfällen, fliegen daher durch die Katarakte hindurch und kriechen zu ihrer Penthouse-Felsnische hinauf. Eine gute Leistung.

2) Richard Gerlach vermerkt:»Die Mauersegler-Lausfliege sticht auch den Menschen.« –»Seuchengefahr« *(Spiegel)*?

3) Der von uns hochverehrte Heinz Sielmann findet für den Mauersegler das Bild vom»schwarzen Halbmond, der den Himmel teilt«. IS approaching?

4) Mauersegler mit ihren fitneßstudiogestählten»spindelförmigen Körpern« *(Die weite Reise der Mauersegler,* Zürich 2011) seien»großstädtischer, moderner als Schwalben«, urteilt der Schweizer (!) Schriftsteller Stefan Ineichen; weshalb B. Kegel vermutet, daß den Mauerseglern»eine gewisse Ellbogenmentalität« eigen sein könnte. Schon Konrad Gessner (ein Schweizer!) hatte gewahrt, wie Mauersegler über Spatzennester herfallen und wie sie, sollte der Versuch scheitern, die rechtmäßigen Inhaber zu vertreiben, die Nesteingänge zumauern, auf daß die Sperlingsbuben und -madels elendig zugrunde gehen. (Buh!)

5) Zuletzt war es Brehm, der die Mauersegler ins Visier nahm, sie vergeblich Mores lehrte und ihnen daher die Bürgerrechte entzog:»Das geistige Wesen stellt den Vogel tief. Er ist ein herrschsüchtiger, zänkischer, stürmischer und übermüthiger Gesell', welcher strenggenommen mit keinem Geschöpfe, nicht einmal mit seinesgleichen, in Frieden lebt und unter Umständen anderen Thieren ohne Grund beschwerlich fällt. [...] So sah ihn Naumann ohne weitere Veranlassung einen Sperling, welcher sich Maikäferlarven vom frischen Acker auf-

gesucht hatte, verfolgen, nach Art eines kleinen Edelfalken wiederholt auf ihn stoßen und dem erschrockenen Spatz zusetzen, daß dieser zwischen den Beinen der Feldarbeiter Schutz suchte.«

Oder solches Betragen gegenüber zur Fortpflanzung entschlossenen Spatzen ist laut Brehm zu beklagen: Der Mauersegler »kümmert sich nicht im geringsten um die Klagen der betrübten Eltern, wirft aus der Luft gefangene Federn, Läppchen und anderen Kram auf die Eier oder bereits erbrüteten Jungen, zerdrückt theilweise die ersteren, erstickt die letzteren, überkleistert mit seinem Speichel Eier, Junge und Genist.«

Es ist kein Ponyhof. Es ist kein Ponyhof.

Wiesenhof ist es auch nicht.

Es ist zum Mäusemelken mit dem Mauersegler.

KRANICHE

Wer kann da schon widerstehen, beim Anblick der in Formation über den weiten Himmel ziehenden Vögel, dem Bild einer Kranichversammlung, die Feld und Flur mit Leben erfüllt, dem Anflug auf die Schlafplätze, getaucht ins goldene Licht der untergehenden Sonne, untermalt von sanften »Trompetentönen« und ein wenig esoterischer Musik?

Kraniche am Himmel, Kraniche in der Ferne, Kraniche tanzend, in vollendeter Pose, den langen Hals gestreckt, den Kopf erhoben, mit geöffneten Flügeln, ein Bein anmutig angewinkelt unterm schlanken Leib – das scheint eine universelle Formel zu sein. Kraniche sind »Weltbürger« (Brehm), und uralt ist die weltweite Verehrung dieser Vögel. Mögen andere Gefiederte – Eulen und Raben, Adler und Tauben, Schwan und Kuckuck – in der Kulturgeschichte eine ähnlich wichtige Rolle gespielt haben; eine derart ungeteilte Bewunderung, ja Ehrerbietung, wie sie den Kranichen zuteil wurde, ohne gemischte Gefühle und dunkle Ahnungen, genossen andere Vögel nicht. (Sehen wir mal von den Schwalben oder dieser Nachtigall ab.)

Kraniche sind (Adler, aufgepaßt!) die wahren »Könige der Lüfte« (Peter Matthiessen). Sie begegnen uns in den Mythen Altägyptens wie der Aborigines und der amerikanischen Ureinwohner. In China galten sie als »Patriarchen des gefiederten Geschlechts«, Vertreter des Himmlischen, als »Seelenvogel« oder »Reittier der Unsterblichen«, »Heiligen und Genien« (Alf Mayer). In der japanischen Kultur war der »Gott der Marschen« Sinnbild »für helle, himmlische Schönheit und Erhabenheit« (derselbe), ein Vogel, der Wünsche erfüllen und Glück spenden konnte. Und allenthalben sah man in den Kranichen Übermittler von Zeichen, Boten des Frühlings wie des Lichts, Götterbegleiter und Sonnenvögel.

Die Tier- und Tugenderzählungen der Antike und des christlichen Mittelalters wiederum stellten den Kranich als leuchtendes Beispiel für

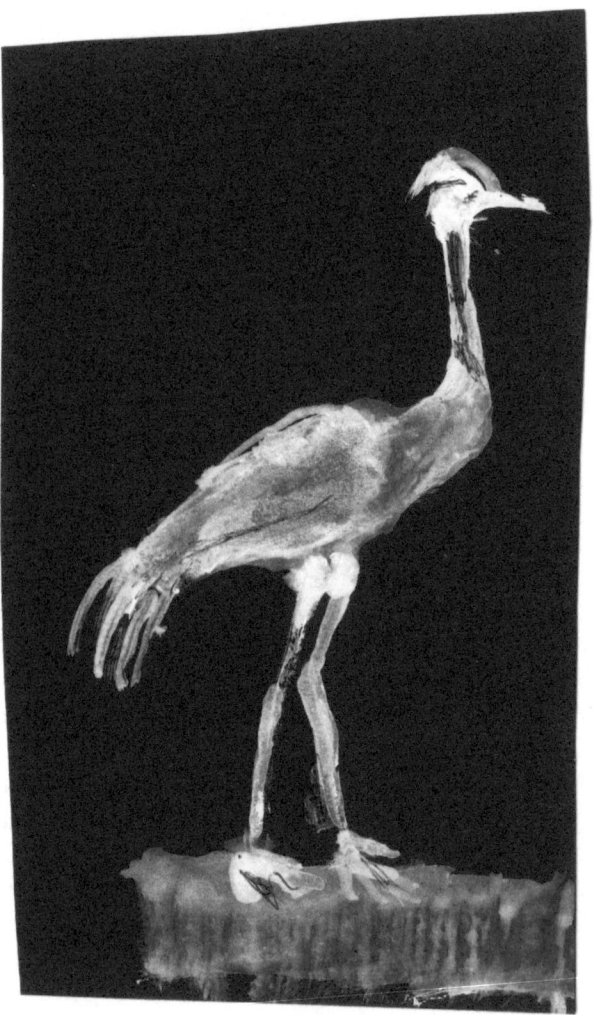

Wachsamkeit, Klugheit, Beharrlichkeit und Sorgfalt vor. Nicht allein Weisheit, Langlebigkeit und Dauer wurden mit ihm assoziiert, sondern vieles andere, was gut, sinnvoll und erstrebenswert ist: »Fruchtbarkeit und Mutterliebe, Lebensfreude und Kaufmannstugend, Treue und Demokratie« (H. Ruhnau), Mobilität und Beinfreiheit. Kraniche bevölkern Fabeln und volkskulturelle Überlieferungen jedes Erdteils und sind in der Weltliteratur ein beliebtes Sujet, von Bao Zhao über Pentti Haanpää bis zu Nikolaj Rubkov. Wer dem Flug des Vogels durch die deutschsprachige Dichtung folgen möchte, kann zu Goethe, Lenau und Schiller greifen, aber ebenso Brecht zitieren: »Sieh jene Kraniche in großem Bogen! / Die Wolken, welche ihnen beigegeben / Zogen mit ihnen schon, als sie entflogen / Aus einem Leben in ein andres Leben«.

Niemand hat die kulturgeschichtliche Bedeutung dieser Vögel besser auf den Punkt gebracht als Heinz Ruhnau, seinerzeit Vorstandsvorsitzender der Deutschen Lufthansa: »Überall auf der Welt, wo es Kraniche gibt oder gegeben hat, regten ihre majestätische Erscheinung, ihre Klugheit und Vorsicht, ihr Gemeinschaftssinn die menschliche Vorstellungskraft zu einer Vielzahl von Legenden, Sagen und Mythen an. […] Die ihm zugeschriebenen Eigenschaften flossen ein in Poesie und Prosa, Sprichwörter und Märchen, […] Malerei und bildende Kunst.« Nicht zu vergessen: Warenwelt, Dienstleistungsgesellschaft, Kitsch und Krempel. Denn den Kranich gibt es nicht bloß in Naturfilmen und auf den Heckflossen der schönsten und erhabensten Fluglinie zu bestaunen, er schmückt auch Kalender und Ratgeberliteratur, präsentiert seine Figur auf T-Shirts, Kühlschrankmagneten, Gürtelschnallen und Plastikfächern und ist erhältlich als Ohrschmuck, Babyspielzeug, Tattoo und Gartendeko (auch im Dreierpack mit Flamingo und Storch, alles bei Amazon).

Der Kranich ist zum Gegenstand des globalen Konsums geworden, er ist ein Warenzeichen, ein gern und beliebig eingesetztes Feelgoodmotiv, Objekt einer Kommodifizierung und Verdinglichung, die die Rede von den »Vögeln des Glücks« und »Botschaftern des Friedens« (*stern*/Frauke Hunfeld) zur marktgängigen Phrase herabsinken läßt. An dieser Stelle kann man nur Abstand nehmen vom Kranich, zurückweichen.

Und muß sich dem Tier sogleich wieder zuwenden. Denn man stößt

hier, wie Peter Matthiessen dargelegt hat, auf ein grundlegendes Mißverhältnis, ja dialektisches Verhältnis von kultureller Überhöhung und
Vereinnahmung des Tiers einerseits, Desinteresse und Abneigung gegenüber der »realen Natur« andererseits. In seinen Essays und Repor-
tagen über die Kraniche der Welt hat Matthiessen gezeigt, wie es um
diese Vögel wirklich steht: Die meisten der fünfzehn Arten sind auf
dem Rückzug, dem Aussterben nah, dezimiert und in die Enge getrieben durch die rasende Vernichtung ihrer Lebensräume und die Kolo-
nisierung der letzten unberührten Regionen des Globus, am Leben gehalten von einer kleinen Gruppe von Forschern, Naturschützern und
liebenden »Craniacs«, doch unaufhaltsam bedroht von einer Wirt-
schafts- und Denkweise, die sich um einen Vogel nicht schert, für eine
großflächige Versorgung der Konsumenten mit rosafarbenen Plastik-
kranichen aber sicher die allergeeignetste ist. *Grus nigricollis, Anthro-
pides parasidea, Grus americana, Bugeranus carunculatus, Leucogeranus leucogeranus, Grus japonensis.* »Wen kümmern schon Kraniche?«
(Matthiessen)

Die einzigen Arten, deren Bestände auch längerfristig einigermaßen
stabil zu sein scheinen, sind der Kanadische Kranich, *Grus canadensis*,
und der eurasische Graukranich, *Grus grus.* Vor allem letzterer, auch
er lange Zeit bedroht und in vielen Teilen Europas als Brutvogel ausgelöscht, ist in den vergangenen Jahren zu Zehntausenden wiederge-
kehrt – eine »Erfolgsgeschichte« (Daniel Lingenhöhl) des Arten- und
Biotopschutzes, begleitet von wachsender Anteilnahme in der Bevöl-
kerung, ja einem regelrechten, gerade in Deutschland spürbaren »Kra-
nich-Boom« (Heinrich-Otto von Hagen).

In heimat- und naturverbundenen Kreisen wird dem grauen Glücks-
vogel eine popstargleiche Verehrung zuteil. Und man fragt sich schon,
ob das denn sein muß. Ist es vonnöten, daß sich an manchen Statio-
nen des Vogelzuges ein monomaner Kranichtourismus breitmacht?
Brauchen wir eine spezielle Kranichbeobachtungsinfrastruktur mit
Photographierplattformen und komfortablen Parkplätzen? Braucht es
Cranewatchingblogs, Cranespottingevents oder Kranichpensionen mit
Glücksvogeldeko und Kinderteller (Grus minor)?

Bei all dem Rummel ist zu argwöhnen, daß *Grus grus* sich zu über-
schätzen beginnt und eine Neigung zur Divenhaftigkeit entwickelt.

Warum läßt er sich auf seinen deutschen Rastplätzen mittlerweile mit Kraftfutter und Convenience Food beköstigen? Und ist es wahr, daß er normales Saatgut gar nicht mehr anrührt, der Snob? Kann es sein, daß er, vorurteilslos betrachtet, ganz schön prätentiös tanzt? Und all das Gerufe: naturnotwendig oder lediglich Show? Stellt er sich nicht etwas zu selbstgefällig in den Sonnenuntergang? Und hatten Sie nicht auch schon einmal den Eindruck, daß er auf seinem Flug nach Norden ab und an ein paar Extrarunden dreht über dem applaudierenden Publikum?

Nehmen wir es hin. Mit dem Kranichzirkus ist der Art jedenfalls mehr geholfen als durch Sperrfeuer, die energische Abholzung der Wälder oder die Zerstörung der letzten unberührten Flußlandschaften, an der etwa in den ostasiatischen Habitaten, zwischen Rußland und China, so produktiv gearbeitet wird. Verstehen wir den Kranichrummel als einen Ausdruck des Respekts und als Form der Aneignung, die nicht beschädigt, was sie sich zu eigen machen will. Daß mancherorts um den Kranich zu viel Aufheben gemacht werde, daß es dem europäischen *Grus* fast schon zu gut gehe, kann nur finden, wer ignoriert, daß Seltenheit die Vorstufe des Verschwindens ist. Soll er sich also ruhig in Pose werfen, der Graukranich.

Und dem Tier, wenn man es näher bekiekt, ist ja kaum zu widerstehen. Es führt uns zum Beispiel vor, was gefiederte Kooperation ist. In großen Gruppen, auf Nahrungssuche und bei der Rast, stehen sie füreinander Wache, auch in den Tanzritualen übernehmen sie wechselnde Rollen, und während ihrer langen Wanderungen über das Firmament zeigen sie verständiges Zusammenwirken. Ihre Fluganordnung reduziert den Energieaufwand jedes einzelnen und ermöglicht den »großen und starken Tieren«, den schwächeren »das Fliegen [zu] erleichtern« (Vitus B. Dröscher, Thomas Griesohn-Pflieger). Und während vieles im Vogelzug auf stumpfsinniger Vererbung zu beruhen scheint, beobachten wir am Kranich die Kraft kollektiven Lernens: Die Alttiere zeigen den Jungen, welchen Weg man zu nehmen hat, und feuern sie rufend, den Kontakt haltend, an, wenn sie »zurückzubleiben drohen« (Riechelmann).

Als Einzelvögel mögen sie nicht die allerschlauesten und den Gänsen womöglich an Verstandesleistung unterlegen sein, aber in der Kranichgesellschaft beweist ihr Verhalten ein hohes Maß an kluger Gesinnung und sozialer Kompetenz. Schon Aristoteles dämmerte, man könne »viel Vernünftiges [...] an den Kranichen [...] erleben«. Wobei es ihm primär um das Gemeinwesen ging und er von engsten Beziehungen gar nicht sprach. Doch auch in ihnen wirkt der Kranich vorbildhaft. Denn die Paare, die sich jenseits der großen Versammlungen finden, bleiben in der Regel lebenslang zusammen, teilen die Verantwortung für den Nachwuchs und sorgen auch nach der Nestlingszeit für die Kinder – sei es, daß sie die Jungtiere bei der Nahrungssuche »anleiten« (Jürgen Nicolai), bei der Wanderung unterstützen oder im Winterquartier deren erste Schritte in die Selbständigkeit begleiten. Und bei all der aufopferungsvollen »Erziehungsarbeit« (Manuela Schwesig) haben sie noch Zeit für schwärmerisches Singen im Duett. Reeschpeckt.

Aber es ist wohl nicht nur der Traum von einer besseren Gesellschaft und einer gelungenen Paarbeziehung, es sind nicht nur Tugend und familienpolitisch vorbildliche Fürsorge, Vernunft und Schwarmintelligenz, die uns am Kranich faszinieren. Es ist: Schwarmästhetik. Oft besungen und bedichtet wurde der Tanz der Kraniche, eine der elaboriertesten Darbietungen in der Vogelwelt, die nicht nur Paarungsanbahnung und »Balzperformance« ist, sondern ebenso kunstvolles Mittel, um auch andere Zustände von Anspannung, »Erregung« (Riechelmann) oder »reiner Lebensfreude« (Wolfgang Makatsch) auszudrücken. Die Choreographie aus aufeinanderfolgenden Verbeugungen, »Luftsprüngen« (Wüst), Drehungen und Schreiteinlagen, untertänigen und prahlerischen Gesten, die stets mit »komischem Ernst« (Naumann) vorgetragen werden, variiert je nach Spezies und Situation. Manche Arten haben ihren Tanz so sehr verfeinert, daß er einem höfischen Zeremoniell gleicht, mit den weichen, rhythmischen Bewegungen der Schnäbel und Hälse, dem Spreizen und Aufbauschen der Flügel, umeinander kreisend, einander antwortend, bis sich Paar und Gruppe in fast völligem Gleichklang zu befinden scheinen.

Doch es ist nicht die (menschheitsgeschichtlich ja auch nicht ganz unverdächtige) absolute Synchronie, es sind die verschiedenen, sich überlagernden Bewegungen in der Menge, die unseren Schönheitssinn ansprechen – »ein steter Wechsel, vielfältige Posen / [...] / wie Böen und Schauer, ihr Kommen und Gehen« (Bao Zhao). Der Kranich tanzt (und das sei ihm geraten) nicht Riefenstahl. Und wenn sich die Vögel zu Hunderten oder Tausenden auf den Feldern und Wiesen einfinden, ist es gerade dies: das Auf und Ab der Köpfe bei der Nahrungssuche, einer, der am Boden sucht, ein anderer den Schnabel in Stellung, der dritte über den Köpfen der anderen Ausschau haltend, acht mit leicht gebeugtem Rücken, drei kerzengrad', einer erstarrt, zwei in bedächtigem Schritt, ein anderer, der die Flügel aufmacht, abhebt und eine Sekunde lang im Wind steht, dicht an dicht.

Gleichfalls im Flug: diese aus Vielfalt und Abwechslung geborene Schönheit, im Nebeneinander von Flügelschlag und Gleiten, Muskeleinsatz und ruhigem Dahinstreichen, im Wechsel der Positionen. Und wohnt man dem Anflug der Kraniche auf ihre Rastplätze bei, dem Augenblick des Landens, die »Schwungfedern wie Finger gespreizt« (Richard Powers), den Kopf nach unten gereckt, Füße voraus, bereitgestellt zum Aufsetzen, wie der Vogel ein wenig mit der Luft spielt und die Beine in den Wind hält, dann entdeckt man in all der doch etwas ermüdenden Grazie und Erhabenheit sogar kranichhafte Coolness.

Das »Gesamtkunstwerk Kranich« (Odo Marquard) wäre jedoch unvollkommen ohne den Ruf des Vogels, der Balz und Tanz, Flug und Rast begleitet, der Fühlung zwischen den Tieren herstellt, sie verbindet, umgibt, der ihnen Orientierung verleiht. Mit ihrer verlängerten, in Windungen durch die Brusthöhle geführten Luftröhre erzeugen die Kraniche Töne, die ihrer Lautstärke und Reichweite wegen meist als Trompetenfanfarenstöße bezeichnet werden, aber auch ein Singen sind, ein Schmettern, ein Schreien, »Rasseln«, »Schnurren« und »Knurren« (Matthiessen), ein Jauchzen, Krähen, »Kollern« (George Levine) und »Knarren« (Riechelmann). Beziehungsweise Rallen und Knollen. Ohne diese Klänge jedenfalls erscheint der Kranich kaum denkbar.

Viele Kranicharten nehmen Reisen über Tausende von Kilometern auf sich, um von ihren Brutrevieren in die Überwinterungsgebiete zu gelangen. Die »Nomaden der Lüfte« (Jacques Perrin und andere) wandern von der Mongolei nach Korea und Japan, von Sibirien nach Südchina und von Kanada und Alaska – weißgottwarum – nach Texas und Mexiko. Sie überqueren die höchsten Höhen des Himalajas, die ziemlich weiten Weiten Nordamerikas und die zugebauten Landschaften und nichtigen Vorortsiedlungen Mitteleuropas. Und so geschieht's, daß man auch in vielen Teilen Deutschlands, um den März und den Oktober herum, den Ruf der Kraniche vernimmt. Nach draußen tritt und sie bald in den Blick bekommt, eine Gruppe der ziehenden Vögel, in beständiger ruhiger Bewegung – da oben –, hinter der keilförmigen Spitze die langen, ein wenig zerfaserten Ketten, keine strenge Formation, sondern ein über den Himmel gelegtes V, das sich dehnt, auffächert und Lücken bekommt, die zügig wieder geschlossen werden, Schwinge neben Schwinge, die Luft erfüllt von Beschwernis und Leichtigkeit, von den leisen Geräuschen des Fliegens und dem Gruhgruh aus grauen Kehlen, den dunklen, doch himmelwärts strebenden Tönen, ein Vogel mit hundert Köpfen und zweihundert Beinen und mit Kehlen, die lauthals »Vorwärts!« rufen, und kein Zögern ist in seinem Flug.

Und es stellen sich jene Empfindungen ein, die so oft beschrieben worden sind, daß man sie für elend ausgedacht gehalten hatte: das Sehnen und Ziehen, Fernweh und Heimweh, der Wunsch fortzugehen und anzukommen dort, wo man nicht so schnell wieder fortgehen möchte. Aus einer Welt in eine andre. Glückliche Vögel. Während sie verschwinden hinter Dächern, Satellitenschlüsseln und Betonbalkonen mit rosafarbenen Plastikwindrädern, hält das Rufen noch einen Augenblick an, ehe es am Horizont verebbt. Es geht, wie es kommt, bis es nur noch eine Ahnung ist, die sich in die Erkenntnis verwandelt, daß man zurückbleibt, hier und jetzt, einer unter jenen meist »müden Menschen«, die auf einem »engen Flecken Erde [...] freudlos ihr Tagewerk verrichten« (Bengt Berg). Und daß das nicht so bleiben kann.

»Wartet! Wartet! Ich komme mit!« Der Holgersson-Moment.

Daß wir diesen Moment heutzutage insbesondere mit den Kranichen teilen – und kaum mehr mit den ebenso großartigen Gänsen –, das ist allerdings eine himmelschreiende Ungerechtigkeit, das ist Anmaßung, Hoffart, Niedertracht. Wenn wir den »Stars der Lüfte« (*National Geographic*/Jennifer Ackerman) etwas anlasten können, dann dies.

HÜHNER

Im alten Rom gab die Menge der Körner, die sie fraßen, Auskunft über eine bevorstehende militärische Niederlage oder einen baldigen Sieg. Cicero lachte sich angesichts des auguralen Aberglaubenseifers der Orakler krumm und schlapp.

Gallus gallus – der Gallische Hahn – oder umgekehrt (Gallus = Gallier = Hahn; die Etymologie ist weitgehend eine Ratewissenschaft) – kletterte unbeirrt die historische Hühnerleiter hinauf und wurde zum antiroyalistisch-revolutionären Wahrzeichen. Vive la République!

Als Ho Chi Minh einmal eine Mußepause einlegte, packte er Kairos beim Schopfe und schöpfte folgende Zeilen aus seinem inneren Poesiebrunnen:»Bist du auch bloß ein Hahn – / Es tagt, es tagt! verkündet laut / dein Schrei'n. / Das reißt die Schläfer hoch aus / blauer Nacht. / So ist dein Ruhm nicht klein.«

In dieser seiner Wächterfunktion geht der Hahn manch einem jedoch förmlich auf den Wecker. Immerhin wittert und twittert er im schwarzblauen Morgengrauen dann lediglich einen Verrat am Recht auf Weiterschlaf.»Noch ehe der Hahn kräht, wirst du mich dreimal verleugnen«(Matthäus 26,34) – die Nummer hat ausgedient.

Die stolzen Hähne sollen sehr deckfreudig sein, die dummen Hennen sind sehr lege- und heckfreudig, sie legen manchmal bis zur Verausgabung. Vorher haben sie die Piephähne öfters übers Ohr gehauen und zu Hahnreien degradiert. Da lachen die Hühner über die Gockel.

Früher gerieten geweihte Hähne außer Rand und Band, wenn in das von ihnen bewachte Heiligtum neue Kollegen gebracht worden waren, sie besprangen sie und hackten auf ihnen herum. Dieses auf einer inneren Disposition beruhende Verhalten macht man sich bis in unsere Tage in Mexiko und anderen Ländern mit hohen Zivilisationsstandards bei Hahnenkämpfen zunutze, die ebenso häßlich und erschreckend sind wie Stierkämpfe, man sehe sich den Dokumentarfilm

Die Ursache bin ich selbst (ORF 1986) an, in dem Thomas Bernhard in einer spanischen Stierkampfarena vom Daseinsekel durchgeschüttelt wird.

Auch unter Hennen wird von oben nach unten gehackt (die Oberin sticht die Unterin), überall auf der Welt. Während die Hähne immerhin ein Drittel des Tages in sich gehen, wandern die Hennen unermüdlich umher und scharren und picken und kratzen das Erdreich auf, bis es blutet wie ein grindiges Gesicht. Es ist ein jämmerliches Jahrmarkttreiben.

Sogar die Küken fühlen sich sehr bald bemüßigt, ihresgleichen anzurempeln und zu knuffen.

Theodor Lessing stellt in seinem Besinnungsaufsatz »Der Hühnerhof« die Frage: »Gibt es wohl in der ganzen außermenschlichen Natur noch einmal etwas zugleich so Eingebildetes und so Verdummtes wie den Hahn?«

Auf die Antwort(en) muß man nicht lange warten: »Geschwollen von Selbstsicherheit, schreit so ein Kerl auf seinem wohlgeschützten Miste den ganzen Tag lang.« – »Von aller Natursicherheit und unmittelbaren Klugheit verlassen«, »sind alle diese unermeßlich eingebildeten großen Bonzen die unberatensten, ahnungslosesten und hilfsbedürftigsten aller Erdengeschöpfe«. Und noch einmal, zusammengefaßt: »unübersteigliche Dummheit, bodenlose Einbildung, Sichselberwichtigmacherei, feierliches Weltmittelpunktsbewußtsein, Mangel an Humor«.

Lieber Leser: Sollten Sie der Ansicht sein, daß wir in diesem Buch wider die eine oder andere Vogelart zu stramm vorgehen, zu hart, zu barsch einsteigen, daß wir allzu unerbittlich Verdikte und Edikte in Buchstaben gießen – was würden Sie dann Theodor Lessing vorhalten müssen? Der nämlich, ausgewogen, tariert, über die hühnerische »Damenwelt« folgendermaßen zu Gericht saß: »Es gibt nichts Ziepigeres, Unfreieres, Unerlösteres, Beengteres. Und dabei diese Wichtigkeit. Dieses Gegacker und Gepicke, dieses Getate und Getute, früh und spät.«

Legen wir Joseph Haydns 83. Symphonie auf. »La Poule«, »Das Huhn«, heißt sie, sie ist eine der sechs flotten Pariser Symphonien. Neckisch und erheiternd, wie das gackernde zweite Thema des ersten

Satzes, das sogenannte Hennenthema, vor sich hin stolziert. Ja, Papa Haydn, ein gutmütiges, nachsichtiges und selbstironisches, leichtfüßiges Menschenwesen war er – in seiner Musik zumindest.

Parallel lesen wir das Kapitel »Meine Nachbarn, meine Tiere« aus Thoreaus *Walden*; wie er beschreibt, wie ein Rebhuhn *(Perdix perdix)* seine Brut ausführt, wie es den Jungen signalgebend gluckt, »sie gleichen so genau den dürren Blättern und Zweigen, daß mancher Reisende, ohne von der unmittelbaren Nähe der Jungen eine Ahnung zu haben, seinen Fuß mitten in eine Brut hineinsetzte, während er gleichzeitig das Schwirrren der Mutter beim Davonfliegen und ihr ängstliches Rufen und Schreien hörte oder sah«.

Minutiös schildert Thoreau, wie die Mutter ihre Nachkömmlinge, liebend und aufgeregt, zu behüten versucht. »Sie sind nicht kahl wie die meisten Vögel, sondern sogar vollkommener entwickelt und früher reif als die Küken des Haushuhnes. Der merkwürdig reife und doch unschuldige Ausdruck in ihren offenen klaren Augen prägt sich tief ein. Alle Intelligenz scheint sich in ihnen zu spiegeln. Sie erinnern nicht nur an die Reinheit der Kindheit, sondern an die durch Erfahrung geklärte Weisheit«, und Bernhard Grzimek erfreut sich an ihrer Furchtlosigkeit: »Die Rebhuhnkinder sind mutig […]. So griff ein Hahn eine Krähe im Laufschritt an, die Henne kam ihm nach und schließlich auch die flüggen Jungen. Gemeinsam schafften sie es, drei Unholde zu vertreiben.«

Unser Großvater, der Gerch, war ein sanfter, ein wohl auch zur Melancholie neigender Mensch. Er war, in unserer Erinnerung, ein großartiger Mensch, er besaß keinerlei Ehrgeiz, irgendwen oder irgend etwas beherrschen zu wollen.

Die Menschen in diesem mittelfränkischen Dorf waren meist Kleinbauern. Man hatte zwei, drei Kühe. Es gab Verschläge, in denen Hasen hockten, die man mit Heu fütterte. Dazu die Hühner. Und in der Flur ein paar kleine Felder.

Schweine? Ja, auch. Die bekamen die Küchenreste.

Später wurde ein Teil des Stalls zur Waschküche, in der, Inbegriff der neuen Zeit, eine Wäscheschleuder stand, irgendwann.

Großvater sammelte abends die Gaggeli ein, die Eier, die die Hühner gelegt hatten. Ihr Stall war hinter dem Stodel, der Scheune. Rechts vor dem Stodel war noch ein Geräteschuppen.

Der Stodel war für uns etwas Unbegreifliches, ein Erlebensreich. Es gab noch einen Heuboden, ganz oben, unter dem Giebel. Da wuselten wir herum, obwohl es gefährlich war. Man hätte herunter- und einige Meter tief fallen können, auf einen gestampften Lehmboden.

Wenn man in den Stodel hineinging, stand rechter Hand eine Kreissäge. An der hat sich der Gerch mal den halben Daumen abrasiert. Auf dem Radl fuhr er ins Krankenhaus, die Daumenkuppe in der Juppentasche, und da ließ er sich das wieder annähen.

Links von der Kreissäge stand ein Hackstock, ein zurechtgehauener Baumstumpf. Älter als acht, neun waren wir nicht.

Es war ein weißes Huhn. Der Gerch hatte es aus dem Hühnerstall gepflückt oder zwischen den Obstbäumen hinter dem Stodel gefangen. Er schritt zum Hackstock, das Huhn an den Flügeln in einer Hand haltend, griff mit der anderen zu einem silbern blitzenden Hackbeil und schlug einmal zu.

Es ist merkwürdig und im nachhinein zutiefst befremdlich, ja verstörend: Es regte sich damals kein Gefühl von Schrecken, Mitleid oder Trauer gar.

Das weiße Huhn flog, so, wie es oft erzählt wurde, ohne Kopf durch den Stodel. Wie sich das Leben aufbäumte gegen das Ende.

Der Gerch sagte nichts. Wir sagten auch nichts. So die Erinnerung. Sie mag falsch sein.

Wenige Jahre danach waren wir im Nachbarort Reuth in einer Hühnerfarm. Hunderttausende nudelgelbe Küken tummelten sich in einer riesigen Halle unter Wärmelampen.

Der Bauer zeigte uns seinen Betrieb. Er schritt in dieses Meer aus flauschig bedunten Küken hinein wie eine Gottesgestalt. Seine Stiefel zermalmten, was zufällig vor ihnen war, lebte, nun gleich nicht mehr lebte.

Unsere Eltern haben aus ihrem Erbe einen Acker herausgenommen. Der ist mittlerweile ein Wildwuchsparadies inmitten einer toten Flur. Jüngst haben wir da Spechte gesehen, die an morschen Ästen und einem halb umgestürzten Obstbaum übten, einen Neuntöter in der windzerzausten Hecke, und Rebhühner flüchteten an uns, die wir uns ins Gras duckten, vorbei.

In Restaurants bestellen wir meist einen gemischten Salat mit Hühnchenbrust.

DER KEA

Als Tourist ist man ja Spaß gewohnt. Darum geht es im Grunde. Sommersonne satt, Strandpartys, Sundowner bis zum Abwinken. Oder: Paragliding, White Water Rafting, Dolphin Hopping, Swimming against Sharks. Hüttengaudi, Freihandzelten, Schmusen unterm Sternenhimmel. Aber auch: Mountain Climbing, Backpack Trekking, Birdspotting. Gerade Neuseeland ist dafür perfekt: die gute Infrastruktur, die vielen Events und Destinations, die unglaublichen Postkartenlandschaften, die putzigen Tiere, auch die Vögel, Drossel, Lerche, Fink und so was. Fun ist da jedenfalls garantiert, jede Menge Fun, jede Menge Megafun. Wären da nicht die Keas.

Sie sehen ja ganz gut aus, mit den olivgrünen Federn und dem Rot unter den Flügeln, und sind auch recht zutraulich, neugierige Vögel, die nicht nur herumbrüten, Insekten suchen oder in irgendwelchen Gebüschen sitzen. Sie ziehen oft in größeren Truppen über die Berghänge und Schafweiden; sie spielen gern, sind geschickt in der Handhabung von Werkzeugen und interessieren sich auch für den Menschen und dafür, was er so macht. Vielleicht aber ein bißchen zu sehr.

Man kann kaum sein Auto in der Landschaft abstellen, ohne daß sie bald herandackeln, um dann, nach ein wenig Äugen, Kopfnicken, Abwägen und Palaver, alles zu untersuchen, was ihnen unter Füße und Schnäbel kommt. Sie zupfen an der Antenne herum, bearbeiten die Scheibenwischblätter, ziehen an den Fensterdichtungen, hacken in die Autoreifen und knibbeln die Autoaufkleber ab (immerhin Korsika!). Und sie lassen sich praktisch nicht verscheuchen. Für kurze Zeit kann man sie loswerden, schaut man aber dann einmal nicht hin, läßt man ihnen einmal Ruhe, sind sie sofort wieder da, trippeln und stürzen über das Auto, zerkratzen den Lack, versuchen den Heckscheibenwischer abzuhebeln (für den Nestbau?), reißen am Nummernschild herum und

versuchen, durch die Fenster ins Wageninnere einzudringen. Und zu der ganzen Randale wird krakeelt. Kea-Keaaaaa, ja ja.

Das mag beim erstenmal lustig sein, aber wenn es reinregnet und man permanent irgendwelche Teile vom Auto austauschen lassen muß, hält sich der Fun in Grenzen. Es ist ja nicht so, daß das Einzelfälle wären, das geht schon lange so. Die Keas scheinen sich einen regelrechten Sport daraus gemacht zu haben, die Karossen der Neuseelandbesucher zu demontieren. Schaut man Tierfilme über die Gegend, was sieht man da? Keas, die den Lack ramponieren, Scheinwerfer aufhacken und Scheibenwischer zerrupfen. Liest man Tierbücher, wovon handeln sie? Keas, die komische Dinge mit Autoteilen anstellen. In Reisemagazinen, auf Internetseiten: Keas außer Kontrolle. Sogar dem Grzimek oder dem Cousteau sollen sie das Flugzeug kaputtgemacht haben.

Man vernimmt ja immer wieder, das seien so intelligente Vögel, die könnten komplexe Aufgaben lösen und so weiter. Aber intelligent sind auch die Krähen, die nachts überall in den Bäumen sitzen, um von dort auf unsere Städte zu scheißen, die Bürgersteige zuzuschleimen und den Lack unserer Neuwagen zu verätzen. Intelligent ist auch der Wellensittich, der unsere Wohnungseinrichtung zerlegt. Intelligent ist auch der Schimpanse, der unsere Wüstenrennmaus frißt. Intelligenz ohne Wohlverhalten ist halt nicht viel wert.

Als Reisender versteht man einen Spaß durchaus, auch mehrere. Aber was der Kea da treibt, immer und immer wieder, das ist nicht mehr komisch. Es ist ja nicht nur die Sache mit den Scheibenwischern. Versucht man in Neuseeland in den Bergen zu campen, dann vergeht nicht viel Zeit, und er ist vor Ort: belagert den Zeltplatz, zieht an den Heringen, zupft an den Spannseilen, zutzelt an den Reißverschlüssen. Er untersucht unsere Rucksäcke, er wirft das Kochgeschirr um, nascht an den Energieriegeln; er öffnet die Doppelknoten unserer Wanderschuhe, holt das Futter aus unseren Thermoschlafsäcken (für den Nestbau?), zerrt an der zum Trocknen aufgehängten Funktionswäsche herum und versucht unsere Money Belts zu stehlen. Man hört sogar, daß der Kea jüngst ins Flachland vorgedrungen ist, daß er mittlerweile Häuser attackieren soll, Mülltonnen öffnet, Satellitenschüsseln entwendet, Straßenlaternen kurzschließt und kleine Kinder vom Skateboard schubst. (Etwa für den Nestbau?) Er benimmt sich beinahe wie das Wildschwein oder der Komodowaran.

Es gibt praktisch kein Entrinnen. Und einsehen tut er nichts. Spricht man streng mit ihm, scheint der Kea manchmal zu lauschen und legt den Kopf schief, aber letztlich ist es ihm egal. Was nützt uns aber ein Papagei, der nur zuhört, wenn er mag, der nicht folgt, wenn es darauf ankommt, der sich nicht auf den Menschen einzulassen bereit ist? Ein Papagei ohne Wohlverhalten ist nicht viel wert.

Man muß da was tun. So kann es jedenfalls nicht weitergehen, andernfalls wird jede Neuseelandreise zur Tortur. Kann man den Kea denn nicht anders beschäftigen? Indem man ihm Aufgaben stellt? Rätsel lösen, Nüsse knacken, basteln? Kann man nicht irgendwelche Intelligenztests in diesen Tierlabors mit ihm machen? Im Zoo die Besucher zu erfreuen wäre doch eine sinnvolle Aufgabe. Oder man bringt die

»Spaßvögel« (Ernst Arendt/Hans Schweiger) in irgendwelchen Reservaten unter, wo sie besuchen kann, wer unbedingt mag. Die Neuseeländer halten das mit ihren Lieblingsvogelarten doch ganz gerne so. Wenn sie den Kakapo auf eine entlegene Insel verfrachten oder für den Kiwi eigene Festungen bauen, wird man doch auch dem Kea einen abgeriegelten Lebensraum einrichten können.

Das darf man nicht falsch verstehen. Doch es geht schließlich nicht nur um Scheibenwischer, Fensterdichtungen oder Rucksäcke, es geht zuletzt um Mundraub, »Diebstahl, Sachbeschädigung, Hausfriedensbruch, nächtliche Ruhestörung, Vandalismus« (*GEO*, Johanna Romberg), mitunter sogar um Freiheitsberaubung und Landesverrat, immer aber um: groben Unfug. Und Unfug ist kein Spaß.

Neuseeland tut mittlerweile so viel für den Artenschutz. Der Schutz der Urlauber sollte darunter nicht leiden.

LAUFVÖGEL

»Aber des Äthers Lieblinge, sie, die glücklichen Vögel / Wohnen und spielen vergnügt in der ewigen Halle des Vaters«. In diesen Zeilen Hölderlins ist treffend ausgedrückt, was wir angesichts unserer gefiederten Freunde empfinden. Nicht ihr Federkleid oder die Zweibeinigkeit machen – wie manche Biologen meinen – die Vögel aus. Ihre Differentia specifica, der Grund, warum wir uns ihnen zuwenden, ihnen nachschauen und sie verehren, ist doch wohl, daß sie sich erheben, über unsere müden Häupter hinweg, daß sie den Boden allenfalls »leise berühren« und stets der Erdenschwere zu entfliehen vermögen, »aus leichterem Stoff als wir« (Gerlach), frei, ohne Grenzen und Beschwernis, »grundlos und hell wie die Luft«, daß sie spielerisch, gelassen und selbstgewiß den »unverstellten Raum« (W. Muschg) durchmessen, in den Himmel aufsteigen, Gott, den Gestirnen und der ISS entgegen.

Machen wir es kurz: Es ist das Fliegen, das wir bewundern, die Leichtigkeit der Vögel, die wir ersehnen und der wir nachzueifern suchen, als Kern einer menschlichen Existenz, die sich erst im Streben nach der Überwindung ihrer Grenzen erfüllt.

Das gilt für Ikarus und Charles Lindbergh ebenso wie für Thomas Müller oder Jane Doe. Wenn wir schaukeln oder Trampolin springen, Achterbahn fahren oder mit BMX-Bikes über Rampen brettern, Trittleitern erklimmen und Kirchtürme besteigen, mit der Seilbahn dem Gipfel entgegenzuckeln oder mit seligem Lächeln durchs Bonusmeilenheft blättern, wenn wir Vogelbuch um Vogelbuch lesen und Superheldencomics verschlingen, ob wir am Bungee-Seil zappeln oder der Flugbahn des Golfballs folgen (Simon Barnes), Reinhard Mey hören oder Pink Floyd – stets hat es mit der Faszination des Fliegens zu tun und unserer Sehnsucht nach Überwindung von Schwerkraft und »Bodenhaftung« (Gerlach).

Da ist es um so »fremdartiger« (Brehm), aber auch unverständlicher, daß etliche Vögel darauf verzichten: aufs Fliegen. Den Himmel Himmel sein lassen, den Staub der Erde vorziehen, die Sonne lieber von ganz unten grüßen. Ganze Familien stellen ihre Flugunwilligkeit zur Schau: die südamerikanischen Nandus und auf Neuguinea und in Australien lebenden Kasuare, die neuseeländischen Kiwis, der afrikanische Strauß und der australische Emu. Sie haben ihre Fluggeräte verkümmern lassen, all ihre Energie in Schwergewicht, Körpergröße, Power und Athletik gesteckt und sind zu Laufvögeln geworden – eine, mit Hölderlin zu sprechen, Contradictio in adjecto.

Natürlich ist nicht zu fliegen entwicklungsgeschichtlich eine Option und tierrechtlich erlaubt. Und Biologen betonen, daß es funktioniert: Die Laufvögel sind gut zu Fuß, haben sich zumeist in Landschaften niedergelassen, in denen man gut gucken kann, und sich als Pflanzenfresser auf eine Beute spezialisiert, die gleichfalls am Boden bleibt. Dennoch – ökologische Nische hin oder her – läßt sich nicht ausblenden, daß die »Kurzflügler« (Brehm) ihrer ursprünglichen Bestimmung zuwiderhandeln und daß sie damit auch unseren »Traum vom Fliegen« (Erica Jong) verraten. Welch erhabene Momente werden uns vorenthalten! Man stelle sich nur einmal vor, wie es wäre, wenn ein Strauß sich in die Luft stieße, nach muskulösen Flügelschlägen Höhe gewänne und sich dann, in Aufwinden kreisend, immer weiter emporschraubte, hinein ins strahlende Blau, sicher getragen von den sechs Meter breiten Schwingen. Es wäre eine Offenbarung. Marabu und Schuhschnabel könnten einpacken, und auch die Geier müßten zumal in Afrika sehen, wo sie blieben. Der Andenkondor wäre die längste Zeit Champion in Sachen Flügelspannweite gewesen, und Albatros, Adler und Konsorten würden etwas zurückhaltender auftreten. Vogel? Strauß! Doch *Struthio camelus* hat es vorgezogen, sein Leben auf Augenhöhe mit Hyänen, Schakalen und anderen Hundlingen zu verbringen; die Emus glotzen die Känguruhs nun meist von unten an, und der Nandu muß sich mit Lamas um Weideplätze prügeln. Das kann man nur als gerechte Strafe verstehen.

Nicht statthaft hingegen ist es, das Fehlverhalten der Laufvögel mit Vergeltungsmaßnahmen zu beantworten. Die Knechtung, die Versklavung des Straußes auf Nutztierfarmen zwecks Steakherstellung für Fitneßbewußte oder Mongolengrill-Liebhaber ist würdelos. Auch die

Degradierung der Nandus zu Haustieren gelangweilter Mitteleuropäer geht zu weit. Gar nicht zu sprechen von militärischer Gewalt: Der Krieg, den die Australier in den 1930er Jahren gegen die Emus geführt haben, war eindeutig völkerrechtswidrig, aber auch umweltdidaktisch und transzendentalökologisch nicht zu rechtfertigen.

Die Laufvögel sind zwar nicht ganz richtig, aber auch nicht völlig falsch. Man mag dem Strauß noch vorhalten, er sei ein auf pure Größe und Masse setzender, dumpfer, »dummer« und »geistloser« (Brehm) Vogel, dessen Defizite sich physiognomisch aufs deutlichste mitteilten: in dem kleinen Schädel mit den stier blickenden Augen darin und dem stumpfen Schnabel daran, mit dem schlangenartigen Hals, den überproportionierten fleischigen Beinen unterm schlechtgeschnittenen Federkleid, den übertrainierten Schenkeln und groben Zehen – Idealtypus eines Lebewesens, das es nicht im Kopf, sondern nur in den Beinen hat. Doch schon beim zurückhaltender auftretenden Emu, einem Vogel, der im Grunde niemandem auf den Pelz rücken will, fällt es schwer, unnachsichtig zu urteilen. Und der Kiwi, dieser unbeholfen wirkende »Kauz« (Martin Feldmann), dieser grunzende und schnaufende Federball? Hat fast schon ein Anrecht auf Sympathie und Zuwendung.

Ohnehin: Bei genauerem Hinsehen entschädigen uns die Laufvögel dafür, daß sie ihre Kernkompetenz vernachlässigt haben. Sie haben andere Qualitäten entwickelt. Und verblüffen uns. Es ist ähnlich wie bei den Pinguinen, die sich zu verwandeln scheinen, sobald sie ins Wasser eintauchen und zu kühnen, eleganten und kraftvollen Schwimmern werden, wo wir zunächst nur Plumpheit, Plattfüßigkeit, Purzeln, Plumpsen und Watscheln gewahrten. Auch bei den Laufvögeln gibt es diesen Moment, in dem hinter scheinbarem Unvermögen beeindruckende Fähigkeiten hervortreten, vor allem, wenn der Strauß, der größte aller lebenden Vögel, sich in Bewegung setzt, seine Beine in die Hand nimmt und im Vollsprint die offene Landschaft durchquert, ein Usain Bolt der Savanne, nur von deutlich größerer Ausdauer.

Emus und Nandus sind ebenfalls extraordinäre Läufer. Der Kiwi hat vermutlich die feinste Nase unter jenen Tieren, die keine Nase haben, und die Kasuare beeindrucken nicht allein durch extravaganten Kopf- und Halsschmuck. Sie haben furchterregende Krallen, die sie mit großer Entschiedenheit einzusetzen wissen gegen all jene, die ihnen dumm kommen. So verwundert es auch nicht, daß der Kasuar zum heimlichen Helden des Ego-Shooters *Far Cry 3* geworden ist – eine tapfer angreifende Kampfnatur, die Gegner, Halunken und Lumpenhunde reihenweise in Grund und Boden zu stampfen vermag.

Noch mehr als durch Fähigkeiten jedoch nehmen uns die Laufvögel durch Komik ein. Das Komische speist sich bei ihnen nicht aus Mutterwitz und Intelligenz – wie im Falle der Rabenvögel oder Papageien –, sondern aus körperlicher Aktivität, aus physischer Übertreibung und Normabweichung. Man schaue nur noch mal und nun en détail zu, wenn ein Strauß ins Laufen kommt, die Beine weit ausgreifend und seltsam angewinkelt, die Zehen gespreizt, die Laufwerkzeuge in immer rascherem Wirbel, der Körper bald in wilder Jagd auf und ab hüpfend, die dicken Schenkel unter den fliegenden Federn wie unter einem zu groß geratenen, ramponierten, fadenscheinigen Ballettrock – die Travestie, das brachiale Entertainment des Vaudeville, die Looney Tunes, Otto Waalkes und Monty Pythons Ministry of Silly Walks, all dies scheint dann ohne den Strauß kaum denkbar.

Und gerade in ihrer komischen »Performanz« (Searle, Habermas) sind uns die Laufvögel näher, als man vorderhand denkt. Was sagt uns der Wanderfalke, der anstrengungslos, ohne falschen Flügelschlag, »jede Wendung genau bemessen« (Gerlach), durch den Äther fetzt? Was hat uns die Lerche mitzuteilen, die sich mit Leichtigkeit in die Höhe hebt, scheinbar schwerelos und unermüdlich durchs Blau bewegt und dabei ihren jubelnden, virtuosen, fast maßlos schönen Gesang vorträgt – »aus Himmelsnähe / Volles Herz verströmt / In Schwällen unvorherbedachter Melodie« (P. B. Shelley)?

Der Strauß demonstriert uns seine Beschränktheit, die Mühen, die in ihr liegen, und sein immer ein wenig lächerliches Bemühen, das Beste draus zu machen. Steckt ein bißchen davon nicht in uns allen? Sind wir nicht alle »ein Stück weit« (Björn Engholm) Emus und die Nandus nicht eigentlich unsere Brüder? Und Schwestern?

Wie heißt es doch in Goethes unpubliziert Replik auf Hölderlin: »Auf Füßen stehend, vor uns ein staubiger Weg, / wandern wir durch die Welt, weit unterm bestirnten Himmel«.

Das gibt doch stark zu denken.

MEISEN

Nicht ganz dicht, logisch. Kriminell sind sie noch dazu, die Meisen. An höflichen, gütigen Einschätzungen und Einstufungen fehlt es dennoch nicht. Gerlach labt sich an ihrem »silbernen Läuten« im Frühling, man hebt ihre Necklustigkeit und Findigkeit hervor, »ihr Wesen und Treiben ist höchst anziehend«, schreibt Brehm ihnen gut. »Sie gehören zu den lebendigsten und beweglichsten Vögeln, die man kennt.« Sie huschen und springen dahin, immerfort, pflegen, »im Innern unerschütterlich gegen die Welt gewappnet« (James Russell Lowell), eine ausgeprägte Betriebsamkeit. Ruhe gilt unter Meisen als maximal viertrangig, obwohl sie der Nacht einiges abzugewinnen vermögen. »Alle Meisen haben einen besonders festen Schlaf, was sie sich als Höhlenbrüter ja auch leisten können«, unterrichtet uns Otto Fehringer.

Traditionell rechnet man sie zu »den beliebtesten Vögeln überhaupt« (derselbe), ungeachtet dessen, daß keine belastbaren repräsentativen Umfragen über Meisen vorliegen.

Man sagt es eben so. Das adrett-kregle, muntere Klettern, Balancieren, Schaukeln an und auf Zweigen und Halmen – dieses Gehabe wird akzeptiert und womöglich begrüßt. Im ehrwürdigen Neuendettelsauer Pflaumenbaum machen sie Klimmzüge, bei Optimalwetter stecken sie ihre nadelspitzen Schnäbel ununterbrochen in die großmütig bereitgestellte Wasserschale, und im Herbst, da sie mehr oder weniger die einzigen sind, die bei der Stange bleiben, poussieren sie unreflektierte Tierliebhaber, die derlei unterhaltsam finden. Die Notwendigkeit von Ritalin-Gaben erwägt niemand. Seltsam. Seltsam.

Gewiß, man muß hier fair und sachlich bleiben und sollte sich vorderhand nicht daran stören, daß das arterhaltende Getöse der Meisen in vielerlei Alltagssituationen nicht brauchbar und daher unerwünscht ist. Es wäre diesbezüglich gleichwohl angeraten, etwas mehr auf die Sittsamkeit zu achten, auf Zurückhaltung, Dezenz, so Sachen. Viel-

leicht drückt es der unerschrockene und sehr erfolgreiche Landbewohner Rayk Wieland richtig aus:»Die Meisen dürfen bleiben, müssen sich aber stark zurücknehmen.«

Alfred Brehm, dessen Beurteilungen bisweilen arg ins Schwanken und Wackeln geraten, kreidet den persistenten Naturraumbesetzern folgendes an: Sie seien »Kerbthiervertilger, welche bei uns leben. Wenig andere Vögel verstehen so wie sie die Kunst, ein bestimmtes Gebiet auf das gründlichste zu durchsuchen und die verborgensten Kerbthiere aufzufinden.« Stop! Falsche Stelle! Diese meinten wir: Die Meise sei »erbärmlich feig, wenn sie Gefahr fürchtet, geberdet sie sich wie unsinnig, wenn sie einen Raubvogel bemerkt, und erschrickt, wenn man einen brausenden Ton hervorbringt oder einen Hut in die Höhe wirft, in welchem sie dann einen Falken sieht; aber sie fällt über jeden schwächeren Vogel mordsüchtig her und tödtet ihn, wenn sie irgend kann. Schwache, Kranke ihrer eigenen Art werden unbarmherzig angegriffen und so lange mißhandelt, bis sie den Geist aufgegeben haben.«

Das sind Fakten. Brehm zieht aus ihnen den Schluß, die Meisen bedürften »einer strengeren Beaufsichtigung«.

Wischt man derartige – mindestens! – abstoßende Tatsachen beiseite, kann man leicht, ja frivol in den Raum stellen:»Die Meisen sind ein allerliebstes lustiges Völkchen.« (Schuster) Ihr Verlangen nach Ohrwürmern läßt sie einwandfrei erscheinen, Schuster »empfiehlt sie aufs beste«. Gerlach versteigt sich dazu, es sei »gut, daß die Meisen, die so nützlich sind, sich stark vermehren«, und Fehringer, als Gründer des Heidelberger Tiergartens im Grunde einer der vorzüglichsten Kritiker der Meisen, gerät angesichts »dieser fortpflanzungsfreudigen Gesellschaft« und ihrer »kopfreichen« Nestlingschaft in Wallung.

Ein hypokritisches, verengtes Bild, das auf diese Weise gezeichnet wird! Wo findet in ihm das Naßforsche, das Vulgäre, das Unartige, das Abartige der Meisen Platz? Warum hört niemand auf den Amerikaner Lowell, der versichert, die Meisen seien »schlecht angeschrieben bei den Leuten« und hätten eigentlich ihre Berechtigung verwirkt?

Ihr Hauptmotiv ist das Vorhandensein, das Dazusein, um auf Gedeih und Verderb Expropriation zu betreiben. Ihre Plündertouren durch Gärten und Dörfer, die sie bei ausgedehnten Beratungen vorbereiten, sind allenthalben unbeliebt, Rücksichtnahme ist schlechterdings kein Bestandteil ihrer Natur. Sie schmausen und sacken Insekten ein, bis sich das Kinn bläht, die Kehle zur Kugel geworden ist, der Kropf einer Birne gleicht, die Brust Melonenform annimmt und der Bauch über den Läufen herunterhängt.

Die Kommunikation, die sie untereinander »pflegen«, ist fast ausschließlich beleidigenden Charakters, den Großteil ihrer perfiden Bemerkungen adressieren sie an den Menschen, »Fröhlichkeit und freundschaftliche Nachbarschaft« (Lowell) und Glaubwürdigkeit sind vorgetäuscht, simuliert – und nicht approbiert. Die Zankereien, die sie vom Zaun brechen, beschäftigen ununterbrochen unsere überlasteten Gerichte, und die besten Gesetzgeber unseres Landes sehen sich gezwungen, ständig neue Paragraphen zu entwerfen, um die gröbsten Auswüchse zu beschneiden.

Haben Meisen, diese »gefiederten Heuchler« (Lowell), diese Lügenvögel par excellence, Anlaß, sich am Kopf zu kratzen, wenn sie endlich einmal innig angeklagt, abgewatscht und abgegrätscht werden? Fordern sie das nicht regelrecht heraus?

»Differenzieren!« laute das Gebot der Stunde, hält man uns skrupulösen Meisenermessern in einer Flut von Facebook-Einträgen vor, etwa in diesem: »Von einem minderwertigen amerikanischen Schreiberling (Lowell!) lassen wir uns die Meisen nicht en bloc miesmachen! Wir verwahren uns dagegen, die kecken und kessen Kerlchen der Lasterhaftigkeit und der fragwürdigen ›Krähenmoral‹ zu bezichtigen!«

Gott, ja, wenn's sein muß. Differenzieren wir. Wenn's dem Frieden und der Freiheit dient.

»Der Gesang der Bartmeise ist unbedeutend«, heißt es in *Die farbigen Naturführer – Landvögel*. Die optisch ansprechendste, da scharf konturiert gemalte, zimtbraune Meise mit »auffallendem Knebelbart« *(Deutschlands wilde Vögel)*, deren Jungen »unter den europäischen Vögeln die auffälligsten Sperr-Rachen« *(Landvögel)* haben (mit einer Art Würfelmuster), ist unkultiviert, ein höllischer Hektiker und macht sich rar. Am Neusiedler See könnte von uns dazumal eine Sichtung vorgenommen worden sein, zu einer Zeit, als wir noch keine Eindrücke und Ansichten für hochbedenkliche, volksverführerische Vogelbücher sammelten, wir beschäftigen uns nicht weiter mit der Bartmeise, ihr verwandtschaftliches Verhältnis zu den uns allen geläufigen Turnmeisen ist ohnehin ein heikles.

Die Beutelmeise – auch sie zoologisch unzuverlässig – will den gemeinen Betrachter mit ihrem an einem Ästlein baumelnden, durch eine Henkelkorbstruktur und mit Spinnweben stabilisierten Kugelnest überzeugen, dessen fast nicht zu leugnende architektonische Finesse EU-weit – Schwerpunkt: Italien (sofern man die Beutelmeisen dort duldet) – vielleicht Eindruck schindet. Im Kosmos der Vögel sind aber noch ganz andere Torheiten vorrätig. Man nehme nur die afrikanischen Webervögel mit ihren gigantomanischen Nistkommunen oder die polygamen Laubenvögel, c/o Neuguinea, die pro Jahr bis zu zehn Monate lang ihrer nicht notwendigen Passion frönen, einen durch und durch unsinnigen Bau zwecks Brautwerbung zu errichten. Der Hüttengärtner beispielsweise hält sich für einen ausgewiesenen Raumausstatter, Innenarchitekten und Dekorateur und staffiert seine ständig in Revision befindliche Bude mit Federn, Früchten, Beeren, Schneckenhäusern, Pilzen, Hirschdung und beliebigem Tand aus Menschenhand aus, bloß um den bunten Kram vom nächstbesten Rivalen klauen zu lassen.

Das Treiben wird von keiner Bauordnung im Zaum gehalten. Das Buhlen schließlich ist eine demütigende Veranstaltung; bei der oft tagelangen Hausbesichtigung durch ein sich zierendes Weibchen fallen noch dazu Tanz und Gesang an.

Jungtiere errichten »Übungshütten, die sie wieder einreißen« (GEO kompakt 33, »Wie Tiere denken«), Alttiere roden Baumkronen, damit den Herren der Lichteinfall paßt, oder brennen die Pavillons der Artgenossen nieder. Die feine englische Art ist das nicht.

Der Seidenlaubvogel murkst sogar blaugefiederte Vogelkollegen ab, zu dem alleinigen Behufe, sich die Federn der Gefallenen an den Hut oder halt an sein dümmliches Heim zu stecken, dessen Ausmaße, rechnen wir die Größenverhältnisse kurz um, an Erdoğans Protzpalast heranreichen.

Die Schwanzmeise, »dieser kleine fliegende Pfannenstiel« (Fehringer), hangelt sich von Zweig zu Zweig wie der Schimpanse von Baum zu Baum. Das ist immerhin interessant. Die Schlafgesellschaftsbildungszeremonien sind für den Soziologen nicht ohne Reiz, für den Politologen und ähnliche Hardboiled-Wissenschaftler sind sie's nicht.

Ihre Nestkugeln – sie gleichen Stopfeiern – sprechen Freßfeinde an und werden zu vier Fünfteln ausradiert. »Die hohe Verlustrate«, erläutert Reichholf, »gleicht aber ein besonders ausgeprägtes Sozialverhalten der Schwanzmeisen aus. An überlebenden Bruten füttern Schwanzmeisen, deren Gelege zugrunde gegangen sind, eifrig als Helfer mit. So kommen hohe Ausfliegeerfolge zustande.« Mist. Respektive ist das doch zu würdigen, da das Betragen der Schwanzmeisen – ebenso jenes der Bartmeisen übrigens – irgendwie und irgendwo Anklang findet.

Den Mehrheitsmeisen (Kohl- und Blaumeisen) fährt Fehringer schließlich allerdings gehörig in die Parade: »Bis die Zeit des triebhaften Bauens abgelaufen ist, wird drauflosgetürmt und -geschichtet, selbst auf die Gefahr hin, daß dadurch der Zweck der ganzen Sache illusorisch wird, weil die Höhle völlig verstopft und nicht mehr benutzbar ist.«

Den Takt geben in jederlei Hinsicht stupide Reiz-Reaktions-Schemata vor, ihre Lautäußerungen sind im großen und ganzen auf Signalrufe begrenzt. Erschwerend hinzu kommt, »daß sie fast alle ihre Lebensäußerungen mit Rufen begleiten und auf kleinste Störungen und ungewohnte Reize sofort mit ›Schimpfen‹ reagieren«. An- und Abführungszeichen hätte Fehringer weglassen können.

Ihr hurtiger Flug: Staffage im Dienst aufdringlicher Selbstdarstellung. Mutmaßliche Spontaneität artet in Chaos aus. Brehm bezichtigt die Meise der Rauflust, während Naumann die unsägliche Tollerei unbegreiflicherweise absegnet: »Es ist etwas Seltenes, sie einmal einige Minuten lang stillsitzen oder auch nur mißgelaunt zu sehen. Immer frohen Muthes, durchhüpft und beklettert sie die Zweige der Bäume, der Büsche, Hecken und Zäune ohne Unterlaß, hängt sich bald hier, bald da an den Schaft eines Baumes oder wiegt sich in verkehrter Stellung an der dünnen Spitze eines schlanken Zweiges, durchkriecht einen hohlen Stamm und schlüpft behend durch die Ritzen und Löcher.«

Ihr Fetisch ist die Arbeit, »im Hochkapitalismus« (Herbert Marcuse) stärker ausgeprägt denn je. Den Schnabel benutzen Meisen »als Hammer und Meißel«, den »Kopf als Fallhammer« (Fehringer). Das Headbanging wird als Fleiß mißinterpretiert. Echte Wissenschaftler (die nichts auf Facebook posten) sprechen den Mehrheitsmeisen das Gespür für »transmaterielle Bedürfnisse« (Marcuse) rundweg ab.

Bis zu dreizehn Eier pro Gelege, neunhundert Anflüge pro Tag – das ist die Bilanz der Kohlmeise. Wieso greift man ihr unter die Arme und spickt Gärten und Wälder mit Nistkästen (allein im Revier Neuendettelsau sind es tausendachthundert!)? Warum unterstützt man ihre Standorttreue und fördert die brutale Flächendichte auch noch? Wegen des läppischen, sich sogar im Winter, psychoakustisch gesehen, schädlich auswirkenden Gesangs?

»Im Wald verdrängt sie nach einer Nistkastenaktion alle anderen Kleinhöhlenbrüter«, stellt Pfarrer Schuster fest. Die braveren, gestuft beschopften, allerdings äußerst selbstgefälligen Haubenmeisen (Strußmeißline) fliehen in großer Eile und Panik, die beschämend beziehungsweise berührend ängstlichen Tannenmeisen wissen nicht mehr ein und nicht mehr aus und geben gleich ganz auf. Dennoch fällt selbst die Haubenmeise bei anderer Gelegenheit unangenehm auf. Sie »spielt oft den Anführer von Meisentrupps«, moniert Schuster, »wenn die kleineren Meisen unter sich sind oder mit Goldhähnchen vereint herbstlich durch Wälder ziehen«. Als Anführer in die Pflicht genommen wird nicht selten der Buntspecht. Dagegen wehren kann er sich nicht.

Der Symbolwert des Trivialitätsvogels geht voll gegen null, als »Bedeutungsträger« (F. W. Bernstein) ist die Kohlmeise ein Totalausfall. »Auf der Meise ruht der Segen!« dröhnt daher der Dichter, Tierzeichner und Sinnzerstörer Bernstein, der es sich zur Gewohnheit gemacht hat, sich am »gottlosen Himmelsgeflügel« zu delektieren. So, so, den rufen wir morgen an, der kriegt ein saftiges Moralständchen dargebracht.

Einhard Bezzel geht fehl, wenn er sagt, die unerträgliche Blaumeise sei ein »Vogel zum Gernhaben«. Die blaue Kopfplatte und der schwarze Augenstrich überzeugen zwar, doch die Pumpel- oder Käsemeise, ein veritabler Strolcher, wiehert und mißfällt durch »verschiedene Gesten und seltsame Verrenkungen im Sitz« (Fehringer), und zur Winterszeit mutiert sie – ein taktisch verfälschter Veganismus – kurzerhand zum »Körndlfresser« (Polt).

Am Futterplatz (Werbung für Dehner-Meisenknödel: »250 g Futterspaß pro Knödel!«) ein Abräumer, gebärdet sie sich auch schrecklich gegen Stare, Spechte und überhaupt jeden. Die Sumpfmeise geht bei ihr in die Schule, dominiert indes meistenteils nur die ärgerliche Weidenmeise.

Die Mehrheitsmeisen betrachten solches Verhalten als selbstverständlich, als Seinsausweis. Muß das hingenommen werden? Müssen wir uns das gefallen lassen?

Ob in *Blue Tit – Das deutsch-isländische Blaumeisenbuch* von Wolfgang Müller verwertbare Hinweise für eine Entlastung zu finden sind, entzieht sich unserer Kenntnis. Peter Burri referiert in seinem Hörstück »Denn sie wissen, was sie tun – Können Tiere kriminell sein?«, daß sich in Finnland »Weidenmeisen beim Anlegen ihrer Wintervorräte umsehen, ob Artgenossen in der Nähe sind. Nur bei reiner Luft deponieren sie Kiefernsamen und ähnliches in Baumrindenspalten. Kurioserweise dürfen die nahverwandten Kohl- und Blaumeisen die Verstecke ruhig kennen. [...] Diese Arten verziehen sich über den Winter bekanntlich in die Dörfer und Städte, kommen als Diebe folglich nicht in Frage.«

Dafür durchwühlen sie in jedem November auf einem Wohnungsbalkon in Frankfurt am Main (Gallus) prallgefüllte Aschenbecher und schleudern die Kippen anschließend in den Hof hinunter, was erbitterte Nachbarschaftsstreitigkeiten nach sich zieht. Ein Professor für Sozialphilosophie hat es uns berichtet, er ist ein glaubwürdiger Zeuge.

Gleiches gilt für O. Fehringer, der daran erinnert, daß Kohlmeisen im gebeutelten England die Aluminiumkappen auf Milchpfandflaschen durchstachen und das Beste an der Milch, den Rahm, abschöpften. »Diese Unsitte breitete sich rasch von Ort zu Ort aus.«

Viel zuviel Zeit wurde seit Heinz Sielmanns, wir räumen ein: verdienstvollen, sorgfältigen und unaufgeregten, Expeditionen ins Tier- und Meisenreich (siehe den Film *Schlaue Vögel*) bei Untersuchungen mit Kohlmeisen vergeudet. Die frühblühenden Büsche der Kalifornischen Johannisbeere und die Knospen der Apfelbäume ernten sie ohne Rücksicht auf Verluste ab, wissen wir nunmehr, und wir wissen, daß Meisen eine Persönlichkeit haben. Unter ihnen finden sich im Sinne der Viersäftelehre des Hippokrates Sanguiniker und Phlegmatiker und so weiter sowie allerlei Abtönungen und Zwischenstufen und Hybride. Aber das rechtfertigt in keiner Weise die endlosen, aus Steuergeldern finanzierten Experimente mit Kohlmeisen! Das führt zum Beispiel, wie Anfang Dezember 2014 gemeldet, dazu, daß man herauskriegt, daß Kohlmeisen »kulturell geprägt« seien und voneinander abgeschaute Verhaltensweisen »als Tradition« *(Spiegel Online)* weitergeben. Dürfen sie uns jetzt auch noch unsere Kultur wegnehmen? Damit muß Schluß sein!

»Nun, man mag hin- und hergerührt sein« (H. Jaeger), aber in der Meise begegnen wir keinesfalls, wie Brehm in einem anderen Zusammenhang spekulierte, »dem Vollendeten«, den »herrlichen Dichtergedanken der schaffenden Natur«. Schuster attestiert ihr, sie sei »ebenso dummdreist wie neugierig«, »seelisch leicht erregbar« und »mitunter gewalttätig«, und Brehm selbst gibt Butter bei die Fische.

»Wenn im Winter ein Schwein geschlachtet wird, ist sie gleich bei der Hand und zerrt sich hier möglichst große Stücke herunter« – das mag man ihr unter Umständen durchgehen lassen. Doch als vollends unhaltbar erweist sich der »verschlagene, muthwillige« und daher voll schuldfähige Vogel, wirft die Meise einen ungefähr ebenbürtigen Gegner nieder. Sie »hackt mit derben Schnabelhieben auf den Kopf ihres Schlachtopfers los, bis sie den Schädel desselben zertrümmert hat und zu dem Gehirne, ihrem größten Leckerbissen, gelangen kann«.

»Alles Böse ist ein Nichts« – da lag Herder schon sehr daneben. Die Meise ist's, ganz und gar. Die Meise ist das Böse. Satan Meise! Und angesichts ihres schlimmen, ihres besonders schlimmen Tuns wünscht man, die Natur hätte Schopenhauer gelesen, dann würde sie den ganzen Laden dichtmachen.

Nein, »bei diesen Kleinvögeln« (Stefan Raab in seiner Schlag-Show; seine Redaktion gibt notabene einen Mäusebussard für einen Falken aus – soviel zur Kohlschen Bildungsoffensive qua Privatfernsehen), bei »diesen verdammten Vögeln« *(Ein Jahr vogelfrei)*, bei diesen Hunnen und Banditen und Buben, die harmlose Handgreiflichkeiten in ein Blutbad ausarten lassen – denn, um es neuerlich klarzustellen, »Meisen können abgrundtief hassen« *(Mythos Vogel)* –, bei den »kleinen Nonnen«, den Kohlmeisen, zumal kann es kein Zurückweichen geben und ist die Verdammung angezeigt.

Die Unterrichtung des Nachwuchses ist selbstverständlich intensiv, um den unbändigen Jähzorn weiterzugeben. Vor allem Kohlmeisen unternehmen jede erdenkliche erzieherische Anstrengung, Braß und Brotneid zu nähren, bis sie ihre erheblichste Ausprägung erlangt haben.

Es wäre höchste Zeit, mit diesen »abortschüsselhaften« (Ror Wolf)

Verhältnissen aufzuräumen. Die normative Ornithologie hat die Stimme zu erheben! Salva venia, Meise: Abtreten!

Einige unter uns geben trotzdem zu bedenken, daß die Sperlingsvögel *(Passeriformes)* an der Spitze des Vogelstammbaumes stehen und die Unterordnung der Singvögel *(Passeres)* Pi mal Daumen die Hälfte aller Vogelspezies auf diesem Planeten stellt. Die große Zahl schaffe auf Grund der vielen Gewaltverächter unter den Singvögeln einen gewissen Ausgleich, so gesehen falle der Ingrimm der Meisen kaum ins Gewicht, man könne die Meisen auch noch mitnehmen, sei eh schon wurscht. Andere erstreben ebendeswegen lediglich eine striktere Kontrolle der Meisen.

Es wird, wie immer wir uns zu möglichen Lösungen zu positionieren planen, schwerlich gelingen. Man hat die Meisen allen Aufforderungen und Befehlen zum Trotz höchstwahrscheinlich hinzunehmen, wie den Wind, die Farbe der Wälder und die meisten Wolkenformationen (in der Sowjetunion rückte die Nomenklatura sonnenlichtschluckenden und regenausschüttenden Cumulis auf den Pelz, heute ordnet der Chineser – wieder einmal er! – analoge Einsätze an).

»Kein Singvogel ist an das Meer angepaßt« (Wüst), demzufolge auch keine Meise. In Betracht zu ziehen, durch gezielte Abwerbung oder Anreize, sich fürderhin in den unendlichen Weiten der Salzwasserbezirke aufzuhalten, für eine populationsökologische Umkehr oder »Entlastung« (Arnold Gehlen) zu sorgen – es wäre ebenfalls ab ovo und ante rem ein Schlag ins Wasser. Deprimierend, das sagen zu müssen; allein, »diese Welt ist so eingerichtet, daß einer den anderen plagen und ihn Geduld lehren muß« (Heine), die Meise den Menschen, die Kleine den Großen, die Magd den Herren.

Und das läßt uns alte Dialektiker im stillen jubilieren.

DER KLEIBER

Was ist der Kleiber, *Sitta europaea*, eigentlich für einer?
Gemeinhin heißt man ihn »Spechtmeise«. Aber was heißt das? Daß
er Gestalt und Qualität von Specht und Meise in sich vereint? Oder
eben nicht? Mal schauen.

Er hat die Größe einer Kohlmeise, doch statt ihrer Rundlichkeit den
länger gestreckten Rumpf des *Picus*. Der Schnabel wirkt kräftiger als
bei den Meisen, ohne wiederum die klare Kante der Spechte zu erreichen. Auch der Schwanz hat nicht Spechtsche Stärke, während das weiche Gefieder mehr dem Flaum der *Paridae* gleicht. Farbenfroh sind sie
allesamt, aber das »seltene Blau« (Gerlach) seiner Rücken und Flügel
kann der Kleiber nur von Meisenseite haben.

Als Langschnabelblaumeis' wird er aber nicht geführt, derweil der
eine oder andere in ihm den »Blauspecht« sieht. Und tatsächlich hat er
einiges gemein mit Schwarz-, Grün-, Grau- und buntem Specht, etwa
Höhlenbrüter zu sein. Was aber auch den Meisen eigen ist.

Das aus Rindenplättchen und Blättern gefertigte Nest ist schlicht,
kein Haufen Holzspäne nach Spechtenart, doch auch nicht solch ein
zierliches Flechtwerk wie bei den kleineren Verwandten. Eier legt er
fast so zahlreich wie jene, aber im Grunde auch kaum mehr als sie.

Wie die Spechte bevorzugt der Kleiber alte Bäume – die allerdings
auch die meisten Meisen schätzen. Wenn er behend durchs Gewirr der
Äste hüpft, ist er diesen näher, jenen, wenn er mit Leidenschaft die
Baumstämme beklettert.

Der Zug zum Handwerklichen ist ähnlich, aber unterschiedlich. Der
Specht hämmert und zimmert, der Kleiber leimt und dichtet, weniger
»Baumeister« (Gerlach) denn Baufacharbeiter. Während der eine den
Wald mit kräftigem Trommeln erfüllt, Äste wie Stämme als Schlagwerk
benutzt, bemüht sich der andere, durch Behacken von Baum und Bor-
ke Eindruck zu machen.

Lachen kann er zwar nicht, der Kleiber, dafür aber pfeifen, unterdessen die Meisen schlagen, wenn auch singend. Deren Nähe sucht er zuweilen, schon deshalb, weil er selbst zu den Singvögeln zählt. Darum sagen manche »Große Meise« zu ihm, nie jedoch »Meisenspecht«.

Im Winter sind sie oft zusammen auf Futtersuche, den Wald bewohnt man eh gemeinsam, und den Frühling begrüßen *Sittae* und *Paridae* im Wechselpfeifgesang. Doch scheinen Kohl- und Blaumeise weitaus begabter darin, das neue Vogeljahr einzuläuten. Wie auch in Agilität und »Regsamkeit« (Brehm) der Kleiber, obgleich bemüht, nicht recht heranreicht an die Meisen. Während ihn der Specht wiederum durch Kraft und Können beträchtlich hinter sich läßt.

Was kann man also zusammenfassend sagen? Daß der Kleiber einiges hat vom Specht, manches auf Meisenweise macht. Doch im Grunde auch das Gegenteil. Daß er weder der eine ist noch die andere. Nonspechtnichtmeise. Welch eine für uns entschieden unbefriedigende Konfusion!

Steht er wenigstens in der Mitte zwischen beiden? Das wäre dann doch eher der Mittelspecht. Oder die Haubenmeise, von altdeutsch »Hauve«, »Halve«, »Halbe«, die alles nur halb Machende. Während hinwieder deren größere Schwester, die Kohlmeise – da sie verständig kraxelt, handwerkelt und mit großer Passion auf Holz und Baumfrüchte einsemmelt –, eine mindestens ebenso treffliche Spechtmeise abgäbe. So daß diese Bezeichnung im Grunde dem Kleiber nicht gestattet wäre und sie nicht genehmigt werden könnte.

Entwicklungsbiologisch ist er ohnehin dem Mauerläufer am nächsten. Als Baumläufer machte er eine passable Figur, darf er aber nicht gehen, da er zu sehr klettert. Als Insektenschnapper, Spinnenfresser, Nußknacker und Kernbeißer ist er nicht speziell genug. Und »Baumhacker« und »Meißspeck« sind allzu lieblose Bezeichnungen.

Auch der Titel »Höhlen-«, also »Hohlmeise«, erscheint abschätzig. Ginge man nach dem Gesang, wie beim Zilpzalp, wäre er: »TüTüTü«, »Twättwättwät«, »Wiwiwi« oder »Jähtjähthäht«. Darum dann doch eher: Kleiber, Kläber, Kleber, gemäß seiner Angewohnheit, die Öffnungen der von ihm bezogenen Höhlen so weit mit Lehm zuzuschmieren, daß kein anderer mehr hineinkann. Was allerdings schon wieder

an den Nashornvogel erinnert. Oder einen Haustyrannen – respektive Hausbesetzer.

Der Volksmund weiß sich auch nicht recht zu helfen, heißt er dort doch: Schwarzplättl, Baumrutscher, Baumreuter, Nußpicker oder Nuetbickel (siehe Wüst). Jedoch gleichfalls: Sittvogel, Blauschuster, Wandschopper und Saulocker. Oder vielleicht: Schmalzbettler, Höllenjaggl, Schofickl, Tschokrich, Duttchen, Gagelak und Altes Weib? Zur Klärung, was der Kleiber für einer ist, trägt das wenig bei.

Nun sind Klassifikationsfragen das eine. Das andere ist, einen Nistkasten vom Baum zu nehmen und zu sehen, wie umsichtig und bestimmt Einflugloch und Spalten mit Lehm verschlossen wurden. Im Winter in den Wald zu gehen und dort sein munteres Rufen zu hören. Ihm zuzugucken, wie er einen Baumstamm hinaufläuft und hinunter, in beiläufiger Akrobatik, mit den Füßen versetzt in die Rinde greifend, Standbein, Spielbein, wie er seinen Körper schräg stellt zur Senkrechten, der Erde entgegen und der Schwerkraft trotzend, den Kopf nach oben gewendet, die Umgebung im Blick. Sein Gefieder zu sehen, in den Farben von Luft und Erde, Himmelgrau und Rindenrost, ins gemalte Gesicht ein schwarzer Strich gesetzt.

Im Frühjahr übers Feld zu gehen, während aus dem Gehölz seine Lockrufe zirren, unternehmungslustig, fordernd, belustigt. Zu beobachten, wie er eine Nuß in eine Baumritze klemmt, um sie aufzumeißeln, mürbe zu klopfen, kleinzukriegen, zielsicher und doch beschäftigt mit etwas, das nicht nur Nahrungserwerb ist. Unter einem Baum zu sitzen, in dem er nach Eßbarem sucht, Stamm und Äste begutachtet, per Schnabel Rinde, Risse, Spalten erkundet, mit einem vorsichtigen, tastenden, leisen, dann wieder energischeren Klopfen, einem Geräusch, das Behutsamkeit und Akkuratesse verrät und für einen Moment alles vergessen läßt, was in der Welt an Ungemach zu sein vermag.

Das ist der Kleiber. Kundig in dem, was er tut, geschickt und gewandt, ein gutgelaunter Arbeiter im Weinberg des Herrn und fröhlicher Rufer im dunklen Tann, vorlauter Kerl und Leisetreter, Blaumann und Rotkehlchen, Feingeist und Haudrauf, Kerbtiergreif, Rindenmeis' und Pfeifenspecht, Heimwerker, Kletterkünstler, Kopfübervogel.

Nennen wir ihn doch einfach so, Sackzement.

DER WEISSSTORCH UND DER VOGELZUG UND ÜBERHAUPT

Welch prallgefülltes Bündel voller Mythen- und Sagenflöhe hängt an seinem lackferrariroten Dolchschnabel! Welch Päckchen hat er zu tragen, das ihm vorzeiten aufgeladen wurde von den Menschenmollusken, die seit jeher zu faul und zu feige waren, sich über sich selbst aufzuklären, und deshalb den Tieren anhängten, was sie, die bigotten Berserker, verdrängten.

Woher kommen die Bälger? Der Storch, »the Bringer of Kinder« (Gustav Holst: *The Birds*), bringt sie. »Storch, Storch, guter, / Bring mir 'nen Bruder. / Storch, Storch, bester, / Bring mir e Schwester.« – »Bring uns doch ein Kind heim, / Leg es in den Garten, / Wollen es fein warten, / leg es auf die Stiegen, / Wollen es fein wiegen.« – »Adebar to Neste, / bring mi' 'ne lütje Swester.« So hat man die formbaren Seelen mit Aberglauben verdorben und verseucht; weisgemacht hat man ihnen, es sei der Storch, der das Geschwisterlein aus einem Wasserloch, einem Teich, einem Sumpf oder einem Brunnen geangelt und herbeigeschleppt habe.

Es ist ein »Glaube, der in seiner Verbreitung mannigfach gewechselt hat, oft in derselben Gegend erstorben und dann wieder aufs neue belegt« (Brüder Grimm). Und es ist nicht der einzige. Der Storch tritt als Bedeutungs- und Märchenmaulesel von alters her »in der absoluten Superschwergewichtsklasse« *(Mythos Vogel)* an. Als Muhammad Foreman haut er Eule, Adler und Schwan aus dem Ring – und die Kraniche, Monsieur Co-Autor!

Wer animiert die Alten zum Vollzug des GVs? Der Storch. Denn Störche vollziehen »sehr auffällig und lärmig die Ehe« *(Mythos Vogel)*. Daher der Volksmund plappert: »Thun Störche sich in Lieb' verrenken, / söllt man auch selpst an Nachwuchs denken!«

Zugleich möge bei aller Liebe zum Erosmentor Storch bedacht werden: »Ich selbst« – hier spricht Alfred Brehm – »beobachtete, daß

Storch und Pelikan sich eheliche Liebkosungen erwiesen. Die Begattung findet zu allen Stunden des Tages, am häufigsten wohl in der Morgen- und Abenddämmerung statt, und wird oft wiederholt, noch öfter erfolglos versucht.« Wer symbolisiert das zwiefache Wesen Christi, nämlich menschlich und zugleich göttlich zu sein? Der Storch, weil er weiß und schwarz ist! Warum, ist er doch außerdem rot, nicht auch noch die Trinität? (Man hätte natürlich vorher der Taube die Darstellungsrechte bezüglich des Heiligen Geistes zu entziehen.)

Als was stolzieren verwunschene Kalifen und Liebhaber umher? »Es geht ein storch auf grener wissen, es ist kein storch, es ist mein lieb.« Wie stelzt der Hagestolz, Quatsch: die langbeinige Lady durch die Straßen? Wie »der Storch im Salat«. Wer soll Vorbild dir sein? »Sei fleißig wie ein schreitender Storch!«

Ruhe! ist man da geneigt zu kreischen. Silentium! Und kürte man ein Tier zu seinem Leitbild, es wäre Adornos Wildsau aus Ernsttal: »Dort erschien eine Respektsperson, die Gattin des Eisenbahnpräsidenten Stapf, in knallrotem Sommerkleid. Die gezähmte Wildsau von Ernsttal vergaß ihre Zahmheit, nahm die laut schreiende Dame auf den Rücken und raste davon. Hätte ich ein Leitbild, so wäre es jenes Tier.«

Oder der Mäusebussard.

Glücks-, Segens- und Heilsbringer soll der Storch sein. Als Blitzableiter soll er fungieren. Manchmal nehmen solchen Zinnober sogar die Störche ernst. Im Frühjahr 2015 suchte ein Paar in Neuendettelsau die Feuerwehrsirene auf dem alten Spritzenhaus am Sternplatz in Besitz zu nehmen und schnallte erst nach geraumer Zeit, daß auf der einer umgedrehten Salatschüssel gleichenden Vorrichtung kein Halt zu finden war. Nestbau impossible. »Die sin' scho' a bißel blöd«, merkt Anni Roth, die das ungelenke Gerutsche und Auf-und-ab-Gespringe bezeugt, lächelnd an.

Warum der »steifbeinige« (G. Stein) Storch dem Menschen aufs Dach steigt, ist unerforscht. Augenscheinlich ist: Er »verlangt [...] Gelände, in denen der Mensch zur Herrschaft gekommen ist« (Brehm). »Dort klappert er / genug, verdrießlich anzuhören«, grummelte Goethe, ohne in Sachen Storch allzu beleckt gewesen zu sein, seine Farbenlehre war ja bereits ein Fehlschlag ins Kontor der sich wieder aufrappelnden oder erst konstituierenden Wissenschaft der Natur gewesen, über seine Irrlehren auf den Feldern der Finanzverwaltung, des weiblichen Gesangs, der Reimkunde, der Aquarellistik und der Ballistik breiten wir den Offiziersmantel des Stillschweigens. Hat der Mann, mit Franz Josef Strauß nachzuhakeln, überhaupt Abitur gehabt?

Der Adebar – falscher Stolz oder gerechtfertigte, ja gerechte Grazie? Das ist so oder so die entscheidende Frage, auf die eine schlüssige und schmissige Antwort zu münzen wäre. Bundestagsuntersuchungsausschüsse, UN-Sonderermittler, Den Haag, externe Prüfer, innere Revision – bis dato liegt trotz aller Anstrengungen nichts Brauchbares, nichts Gescheites vor. Das betrübt uns, und es entfacht die Zornesglut in unseren Gesichtern! Dauernd müssen wir alles selber machen, verdammt und zugeschnürt!

Einverstanden, »wir bleiben jetzt alle cool« (Harvey Keitel in *From Dusk Till Dawn*). Let's cool down, let's chill out, let's see.

»Mit ihren großmächtigen Spießen«, wie es im Volkskampf, unter Umständen besser: im Volkslied heißt – namentlich in der Pretiose »So geht es in Schnützelputz Hänsel« –, sind Störche dazu prädestiniert, große Amphibienverräumer zu sein. Frösche, Salamander, die gemächlich am Grund eines grünschön leuchtenden, empyreischen Tümpels herumdümpelnden Molche, die sich buddhistisch der Aufgabe der Seinsführung widmen – sie alle sehen prestissimo kein Land mehr, ratzzackfatz ist Feierabend in der Lustlaube der Natur, in dieser elenden Natur, dieser überbewerteten Scheiße, Godverdomme.

Oui, wir regen uns wieder ab. Im Rheingau, über das Eva Demski ein kostbares Buch geschrieben hat (Gruß ins Dichterviertel, Eva!), im Rheingau sind die Störche nett anzuschauen, rund um Eltville vor allem, wo sie auf für sie errichteten Plattformen Quartier nehmen, in dieser hold-frankophilaffinen, espritbehauchten Landschaft.

Die Storchenmänner, horst- und weibstreu, wie sie sind, haben sich von Zeit zu Zeit ekelhafter Nebenbuhler und sinnloser Sippenstörenfriede zu erwehren, die vor ihnen aus dem Winterquartier zurückgekehrt waren. Kommste nach einer entsetzlich zähen Tramptour endlich in heimischen Breiten an, und dann siehste, wie ein Jungspund auf deiner dollen Ollen rumjuckelt! Der's grad recht ist!

Na, Pfeifendeckel.

On the other hand: Wenn »das Sexual« (Horst Tomayer) die Fahne hißt, ziehen sich die Vernunftverbände hinter die Linien zurück. That's the way it is.

Läuft's andersrum und ist der Gatte als erster vor Ort, so putzt er sich heraus, und das nervenaufreibende Warten auf die Angetraute, die sich bitten läßt, beginnt. Fernbeziehungen – Storchenpaare leben acht Monate im Jahr getrennt voneinander – haben ihren »Preis«. Psychostreß, das übliche »Programm«. Da hilft kein Therapeut, kannste knicken.

Ciconia ciconia ist ja »ein reiner Weltbegriff« (Dittsche). Volle Anerkennung für den Storch allüberall. Der Storch rules okay. Verkannt wird von Leuten, die den Störchen leichtfertig und -sinnig topfweise Honig um den Stoßschnabel kleistern, daß – ja was?

Versachlichung: Am Nest wird jedes Jahr weitergebaut, hier noch eine Pergola, da noch ein Carport, dort noch ein Wintergarten. Heimpflege und -erweiterung, redliches Gewerkel (wenngleich mit zweifelhaften bis blamablen Resultaten). In der Mittagspause krault man sich gegenseitig die Köpfe und karessiert sich anderweitig. Das Brüten ist schließlich »eine langweilige Angelegenheit« *(Deutschlands wilde Vögel)*.

Die übertriebene Bedächtigkeit oder Gemessenheit bei der Futtersuche, das Dahinwandeln »mit aufgerichtetem Haupt und reputierlichen Schritten, als were er auß denen Grandibus des Königlichen Hoffes in Spanien« (Johann Michael Moscherosch), darf ebensowenig übersehen werden. Das Mißverhältnis zwischen Zeitaufwand und Ertrag ist in Anbetracht unserer schnellebigen Gegenwart schädlich und politisch zu hinterfragen.

Nächster Punkt: Reproduktion, Arterhaltung. »Immer wieder kommt es vor, daß Storcheneltern ein Junges aus dem Nest werfen, das gar nicht mal krank oder unterernährt wirken muß.« *(Mythos Vogel)* In vorwissenschaftlicher Zeit hat man sich das dadurch erklärt, daß der Storch der Gleichgültigkeit frönt, sobald er – ja, was?

Probieren wir's so: Die Zeiten, in denen man sich beispielsweise dergestalt verspekulierte, daß der Storch lieber in Freizeit mache, als das Haus zu hüten und die Schutzbedürftigen zu nähren, aufzuziehen, zu erziehen und fortzuschicken, um die Erde mit weiteren Störchen zu überziehen, sie sind – ja, was denn, Gottzement noch mal?!

Ist dieses Eins-a-Kapitel eigentlich hinreichend kohärent? Noch »vermittelbar« (A. Glienke)? Noch zu rechtfertigen? Noch zu retten?

Fest steht soviel: »Der Vogel war und ist Kult.« *(Mythos Vogel)* Keine Ernüchterung, keine aufklärerische Anstrengung vermag daran zu rütteln. Schon Hildegard von Bingens Worte verhallten ungehört. »Er kann fliegen und auf der Erde gehen«, notierte sie, und darüber hinaus sagte sie de Odebero, er »hat die Natur der törichten Tiere«.

Kult. Kult. Heutzutage weiß ja keine alte Sau mehr, was mit dem Begriff »Kult« ursprünglich bezeichnet wurde – eine rituell-religiöse Handlung.

Kult. Kult. Dieter Bohlen ist Kult, das Smartphone ist Kult, der bombastisch-spastische European Song Contest ist Kult, online einzukaufen ist Kult, das faschistische *Dschungelcamp* ist Kult, der Smoothie ist Kult, Frau Helene Fischer ist Topkult, der Sommer ist Kult, Rumproleten ist Kult, Diddeldaddel ist Kult, Fubbelbrubbel ist Kult, der Kult ist Kult, und der Storch ist Kult und extrem abgefahren und haut volle Granate geil rein.

Selbstverständlich läßt sich die Medienindustrie nicht lumpen und schüttet uns mit Filmen über Störche zu. *Unter Störchen – Ein Dorf im Vogelfieber* (ZDF/arte 2014) ist ein gutes (oder schlechtes) Exempel.

Rühstädt in Brandenburg gilt als »Storchendorf Nummer eins«. Um stiergierige Touristen anzulocken und mit ihnen die Herbergen und Pensionen vollzustopfen, werden die dusseligen »Gewohnheitstiere« regelrecht geködert. Den gewieften Fremdenverkehrsmanagern kommt dabei die intrinsische Unflexibilität (was für ein rattenscharfes Wort!) der Störche zugute.

Geschlechtsreife Tiere horsten fürderhin nicht allzuweit von ihrem Geburtsort, denn Störche sind Relikte, anachronistische Gestalten, Trotzköpfe, die einfach nicht einsehen wollen, daß in unserem Zeitalter die outrierte Mobilität zum obersten Prinzip erhoben worden ist, und das gefällt uns schon wieder sehr an diesen Störchen, an diesen statuarischen Klapperstangen und schnittigen Segelluftschiffen.

Daß sie sich gegenseitig Nistmaterial klauen – geschenkt, das ist im Vogelreich oftmals Brauch. Rangeleien und Fehden unter Dreijährigen, Intrusion in fremde Nester, Eifersuchtsdramen und Rosenkriege, vom Zaun gebrochen insbesondere von verlassenen Storchendamen,

die auf dem Gipfel der Auseinandersetzung das junge Glück zerstören, das Gelege im meist ungemachten Heubett kurz und klein hauen oder die Küken zerfleischen – jeder entscheide für sich, ob ihm das alles schmeckt.

Regen ist Störchen nicht recht, zuviel Sonne genausowenig, das kennen wir sonst bloß von Landwirten. Ob permanenter Mißmut, den sie, statt zu duschen, auch dadurch zum Ausdruck bringen, daß sie ihre Beine mit Kot bespritzen, Grund genug ist für eine Normenkontrollbeschwerde beim Vogelwart Ihres Landkreises?

Wir tendieren dazu, den Storch deshalb in Frage zu stellen, weil er zum Teil ein mongolischer Ostzieher ist, also die Route über den Bosporus wählt.

Der Vogelzug, »das geheimnisvoll entwickelte Artgesetz« (Gerlach), in dem Adorno eine »Drohung«, den »Schrecken« und das »Unheil« aufblitzen sah, war jahrtausendelang eine halbwegs mysteriöse Sache. Auguren richteten den Blick gen Himmel (zur Abwechslung natürlich auch auf die Eingeweide), Anhänger des Vereins Christi interpretierten die Wiederkehr der Fortgezogenen im Sinne der Auferstehung.

Dieser Tage füllen sich die Bibliotheken mit Folianten, in denen empirische Belege en masse für Zugzeiten, Zugwege, Zugstraßen, Zugstau und Zugverhaltensänderungen präsentiert werden. Wen der Ehrgeiz packt, der stecke seine Nase etwa in Peter Bertholds Buch *Vogelzug*.

Natürlich, erläutert ebenjener Peter Berthold in seinem flott-vergnüglichen Stegreifvortrag *Faszination Vogelzug*, »gibt es [...] auch Standvögel, die gar keine Bewegung durchführen« und sich »all diese Molesten« sparen. Diese Gammler unter den Gefiederten treten in gewisser Weise das Erbe des Archaeopteryx an, »der sicherlich froh war, wenn er nicht vom Baum gefallen ist«.

»Im Standvogelbereich« angesiedelt ist unterdessen auch das Amselhuhn. »Die Amseln in Bonn«, so Berthold, »die bleiben alle sitzen.« Mindestens miserable Migranten sind die meisten Raubvögel, weshalb sie keinesfalls die Patrizier der Tiergattung sind. Und der Eisvogel pendelt nicht einmal im Umkreis und handelt sich somit im voraus einen Malus ein.

Ein Zugvogel hat, »wenn er ein ordentlicher Zugvogel ist«, einen eingebauten Jahreskalender, ein »angeborenes Zeitprogramm« und

Landkarten im Kopf, und zwar »je nachdem, was von dem Vogel verlangt wird«, von wem auch immer das verlangt wird. »Der Kuckuck«, der allbekannte mitleidlose, besitzbeschlagnahmende Pleitegeier, der vagabundierende, unverheiratete, seit dem 16. Jahrhundert als Hurenvogel titulierte, langschwänzige, beleidigend einfallslos und »übergeschnappt« (Schuster) blökende, »schweren Anstoß« (Brüder Grimm) erregende und von sämtlichen bänglichen Vögeln inbrünstig gehaßte Brutparasit voller »anmaßlicher Selbstüberhebung« (dieselben), »hat die richtigen Gene für die Zugrichtung, für den Aufbruch und auch für die Zugstrecke, die er in der Tat zu fliegen hat.« Diesbezüglich kann er also nicht mogeln. Dessenungeachtet bleibt er – Goethe betonte das 1827 gegenüber Eckermann »bei einer Flasche Wein« und bei »allerlei guter Unterhaltung« – »eine höchst problematische Natur«. – »Soviel ich weiß«, schnabelte Goethe fort, »klassifiziert man den Kuckuck zu den Spechten.« Eckermann widersprach ihm vorsichtig und bescheinigte dem hiesigen Kuckuck eine »scharf ausgesprochene Individualität«, während R. Wieland in unserem Beisein vor ein paar Jahren apodiktisch urteilte: »Beim Kuckuck, das muß ich dir sagen, da hört bei mir die Freundschaft auf.«

Untersuchungen jüngeren Datums zum aviären Parasitismus versorgen den Interessierten, der sich beim Aussprechen des Wortes »Kuckuck« nicht sofort vor Empörung und Abscheu abwendet, mit extremen Einsichten. Das böse Kuckucksweibchen, ausgestattet mit der Gesinnung eines Blockwarts oder eines heimlichtuenden BND/NSA-Mitarbeiters, belauert und überwacht per »Fernkontrolle« (Reichholf) zum Beispiel stundenlang das Nest eines Teichrohrsängerpärchens. Die Teichrohrsänger, die »kleinen Rohrspatzen«, trifft es immerzu hart. Und auf einmal geschieht's – »das Attentat auf das fremde Nest« (Gerlach): »Blitzschnell segelt das Weibchen heran, schnappt sich eines der Eier und ersetzt es durch eines der ihren. Das dauert nur wenige Sekunden, dann verschwindet es wieder im Unterholz. Das geklaute Ei wird verspeist, die Energie wird benötigt, schließlich plaziert so ein Kuckuck pro Saison bis zu zwei Dutzend eigene Eier in fremde Nester. Aus denen schlüpft nach nur zwölf Tagen Brutzeit der junge Kuckuck, und die erste Amtshandlung des noch völlig nackten und blinden Kükens ist es, die verbliebenen Eier im Nest auf seine Schultern zu wuch-

ten und in einem wahren Kraftakt über den Nestrand zu befördern.«
(*Frankfurter Allgemeine Sonntagszeitung*, 21. Mai 2015)

Warum lassen sich die Wirtsvögel das bieten? Weshalb lassen sich die Parasitierten leimen? Warum hauen sie dem unbedunten Schlüpfling oder dem bald zur Übergröße herangewachsenen hinterhältigen Schmarotzer und Totschläger nicht aufs Haupt? Sind sie tatsächlich so bescheuert, wie es eine Schilderung von Johann Matthäus Bechstein aus dem Jahr 1791 nahelegt? »Das kleine Zaunkönigsmütterchen etwa macht ihr [der Kuckucksmutter] sogleich Platz und hüpft und spielt um sie herum. Es macht durch sein frohes Locken, daß das Männchen auch herbeykommt und Theil an der Ehre und Freude nimmt, die ihnen dieser große Vogel macht.«

Und ist es nicht eine bodenlose Unverschämtheit, daß der an sich über alle Maßen bedenkliche und befremdliche Kuckuck, »des deutschen Waldes Stimme« (G. Stein), den Betrug so weit treibt, daß er die Färbung und die Sprenkelmuster seiner – obendrein »vorgebrüteten« (Conradi)! – Eier dem Kolorit und dem Fleckenbild der Eier der jeweiligen Zieheltern anpaßt? Mimesis als Beschiß und Schandtat?

Ja. Und diese Strategie stößt bei der Signatur der Eier nicht an ihre Grenze. Selbst die dämonischen Kuckuckskükenungeheuer täuschen und lügen forsch drauflos. Darauf macht der tschechische Zoologe Tomáš Grim aufmerksam: »Kuckucksküken, die bei Rohrsängern aufwachsen, betteln anders als jene, die in einem Nest der Heckenbraunelle hocken. Und wenn man beide experimentell vertauscht, passen sie ihren Ruf schnell dem neuen Wirt an.«

Der iberische Häherkuckuck wechselt während des Heranwachsens sogar die Pflegeeltern und führt die Vogelwelt somit ein drittes Mal hinters Licht. Und »drei australische Kuckucksarten haben es sogar geschafft, daß ihre Küken denen der ›Gasteltern‹ zum Verwechseln ähnlich sehen« (*Ein Herz für Tiere* 8/2015).

Born to cheat – und notfalls schreitet »der Kuckuck, dieser Erpresser«, auch noch zur Vendetta: »In den Nestern vieler Vögel geht es zu wie in den Kaschemmen der grausamsten Mafiatragödien. Die Hausherren werden eingeschüchtert, ausgebeutet und müssen, wenn sie nicht gehorchen, mit grausamer Vergeltung rechnen. Der Kampf um die Eier ist mitunter ein grausames Geschäft. Und das Schlimmste dabei: Die Rache der ›Kuckuckmafia‹ zahlt sich offenbar als evolutionäre Strategie aus. Die Forscher nennen das dann ›plastisches Verhalten‹ – was in den menschlichen Gesellschaften (sollte man sagen: den meisten?) gnadenlos geahndet und als Schutzgelderpressung unter Strafe gestellt wird.« (*FAZ*, 20. April 2014)

Den Vögeln nämlich, die das fremde Ei erkannt und aus dem Nest expediert haben, stattet der Kuckuck einen zweiten »Besuch« ab, bei dem er die Wohnung der Aufmerksamen, die sich nicht hatten über den Löffel balbieren lassen, bis auf die Grundmauern niederbrennt. Die Vergeltung scheint dem Kuckuck ein solches Vergnügen zu bereiten, daß er »die ›Peitsche‹ […] immer wieder hervorholt« (ebenda). Unsere Losung kann daher nur lauten: Auf ihn mit Gebrüll! Ende des Exkurses.

»Jetzt ist […] der Zugvogel einmal natürlich Zugvogel dadurch, daß er Zuggänge hat«, führt Peter Berthold weiter aus, aber zum zweiten eben dadurch, daß er eine Wasserflasche und Fettvorräte bei sich trägt. Anders wäre so »ein Phänomen der absoluten Superlative« wie der Vogelzug schlechterdings nicht nachvollziehbar.

Der Steinschmätzer (oder -quaker), ein tapferer, »höchst ergötzlicher« Bombenkerl, der »selbst das ödeste Gebirge zu beleben vermag« (Brehm; »in Skandinavien darf er als einer der letzten Vertreter des Lebens betrachtet werden«, und sein »Flug ist sehr ausgezeichnet«), bringt es auf ein jährliches Pensum von dreißig- bis fünfunddreißigtausend Kilometern. Der winzige nordamerikanische Streifenwaldsänger reißt in zwei Tagen zweieinhalbtausend Kilometer runter, hält sich dabei strikt an die Vorgaben und überfliegt das offene Meer. Ein Pfuhlschnepfenweibchen brachte es auf elfeinhalbtausend Kilometer nonstop, die Küstenseeschwalbe hält mit achtzigtausend Kilometern pro Jahr den Weltrekord. Die Mönchsgrasmücken dagegen »machen eigentlich, was sie wollen« (Berthold), und steuern außerplanmäßig Irland an, diese liebenswerten Anarchos. Gemeinsam aber ist ihnen, was Nietzsche in folgende Worte faßte: »Alle diese kühnen Vögel, die ins Weite, Weiteste hinausfliegen – gewiß! irgendwo werden sie nicht mehr weiterkönnen und sich auf einen Mast oder eine kärgliche Klippe niederhocken – und noch dazu so dankbar für diese erbärmliche Unterkunft!«

Die Schwalbe sucht Jahr für Jahr dasselbe Dickicht im Kongo auf. Der Sperbergeier steigt elftausenddreihundert Meter hoch. Ein kurzes abschweifendes Wort zum scharfäugigen angeblichen Henkervogel, zum Geier, muß erlaubt sein. Der Geier »kennt die Künste der Vögel und der Tiere, unter den anderen Vögeln ist er wie ein Prophet. [...] Er tut keinem Vogel etwas, wacht auch darüber, daß kein Vogel verletzt wird.« (H. von Bingen)

Mit den Großtatzlern (Löwen und anderen) liefert sich der mächtige Geier Zermürbungsschlachten, um sie von der gefährdeten Tierbevölkerung in der näheren Umgebung abzulenken. Ansonsten betreibt der wissenschaftlich interessierte Aasverspeiser außerhalb der Fastenzeiten, die er zwecks Gewichtsregulierung einlegt, »von oben stundenlange Verhaltensstudien« (the eye of the Geier!), um »verzehrbare Schlüsse daraus zu ziehen«. Im übrigen: »Ein Geier hat Zeit« (*Die phantastische Reise der Vögel*) und riecht in der Regel nichts, und die Jungen des Andenkondors leiden unter Höhenangst.

Insgesamt: *Unter Geiern* (Karl May) geht's gut zu. Nicht Sack, Segen ist der Geier. Eine Bulle ist nicht angebracht.

Vom Kranich – zurück zum Thema! – wird »ein sehr aufwendiger Flug durchgeführt«, beispielsweise nonstop von Sibirien nach Australien. Wie konnte Aristoteles so »viel Vernünftiges« an den Kranichen »erleben«, während O. Heinroth deren Begriffsstutzigkeit brandmarkte? Was soll, kratzen wir uns zusammen mit Herrn Berthold am Kopf, »dieser ganze Wahnsinn«, der unterdessen auf vielerlei Flugstraßen zu beobachten ist? Nonstop von der Tundra auf den fünften Kontinent! Weil das Bier in Australien so gut ist?

Die ungeschickten, mit einem nelkenrotweißen Schnabel geschmückten und einem »bellenden Magen« (Brehm) bestückten Albatrosse, die bei Gelegenheit Bruchlandungen fabrizieren und danach zu in Theaterveranstaltungen feilgebotenen Snacks verhackstückt werden (John Cleese: »Albatross! Albatross! Albatross! It's bloody albatross flavour!«), benötigen zwar eine steinerne oder auf dem Wasser angelegte Startbahn, um sich der Gravitation zu entziehen; aber dafür betätigen sich die »Riesen unter den Sturmvögeln« (Fehringer), »diese Könige der Bläue« (Baudelaire) und »Geier des Meeres« (Brehm) da oben dann, stundenlang beinahe ohne Flügelschlag »anstandsvoll«

(Bennett) schwebend und umhergondelnd, als olfaktorische Kartographen. Andere auf der Walz befindliche Vögel sollen das Magnetfeld der Erde sehen können. Sehen! Konsens ist, daß den Vögeln, den Bezwingern von Raum und Zeit, die Sonne und die Gestirne als Kompaß dienen. Zusätzlich zirkuliert die Vektornavigationshypothese.

Wozu aber die Wanderungen? Wozu die »Winterflucht der Sommervögel« (Johann Prätorius im 17. Jahrhundert)? Sie könnten doch »Winterschlaf« (Aristoteles) halten. Außerdem müßten sie der Kälte ja gar nicht entfliehen. P. Berthold legt im *Spiegel* 2/2016 dar: »Unsere Vögel sind gegen Kälte völlig unempfindlich. Selbst minus fünfzig Grad machen ihnen nichts aus, und das bei einer Körpertemperatur von über vierzig Grad. Vögel wie die Amsel verkugeln sich einfach. Die plustern sich zu einem dicken Ball auf, so daß zwischen den Federn Luftfächer entstehen.«

Weshalb die Unrast, das ständige Reisen? Warum sind Zugvögel häufiger als Standvögel?

Weshalb nur brechen jedes Jahr fünfzig Milliarden Individuen auf? Warum rückten an der Wende vom 19. zum 20. Jahrhundert plötzlich die Girlitze nach Mitteleuropa vor? Wieso fallen im Winter »Millionen Bergfinken« in ein Dorf bei Dillingen in Hessen ein, »um in den schneebedeckten Bäumen die Nacht zu verbringen« (»Wie bei einem Vulkanausbruch schießen die Vögel am Horizont hinter einem Hügel hervor«; *FAZ*, 6. Februar 2015)?

Die Vögel haben »ein Streckennetz entwickelt, das die ganze Erde umspannt«. Es ist »für uns nahezu unfaßlich«, es ist »für uns völlig unvorstellbar, nicht nachzuvollziehen« (Berthold).

Jedes Jahr fliegen eine Milliarde Vögel über Israel hinweg, entlang des afrikanischen Grabenbruchs, die meisten gehen in Sandstürmen zugrunde. »Ist das überhaupt sinnvoll?« fragt sich ein Ornithologe, der in Eilat forscht, in dem Film *Das Geheimnis der Zugvögel – Große Rast am Roten Meer* (rbb/arte 2012). Dient's der Vermischung von Genpools?

»Weshalb Vögel überhaupt ziehen, ist für die Wissenschaft bis heute weitgehend unbekannt«, resümiert respektive resigniert er schließlich. Womöglich hellte sich seine Stimmung auf, läse er einen Brief, den Rosa Luxemburg im November 1917 aus der Frauenhaftanstalt in

Breslau an Sophie Liebknecht schrieb. »Ich las neulich in einem wissenschaftlichen Werk über den Vogelzug, der ja bis jetzt ein ziemlich rätselhaftes Phänomen darstellt, daß dabei beobachtet worden ist, wie verschiedene Arten, die sich sonst als Todfeinde befehden und auffressen, friedlich nebeneinander die große Reise südwärts übers Meer machen: Nach Ägypten kommen zum Winter gewaltige Scharen von Vögeln, die wie Wolken in der Höhe schwirren und den Himmel verdunkeln, und in diesen Scharen fliegen mitten unter Raubvögeln, Habichten, Adlern, Falken, Eulen, Tausende von kleinen Singvögeln, wie Lerchen, Goldhähnchen, Nachtigallen, ohne jede Angst mitten unter Raubvögeln, die ihnen sonst nachstellen. Auf der Reise scheint also stillschweigend eine trève de dieu zu herrschen, alle streben dem gemeinsamen Ziel zu und fallen halbtot vor Erschöpfung am Nil auf die Erde, um sich nach Arten und Landsmannschaften zu sondern. Ja, noch mehr, man hat beobachtet, daß auf dieser Reise ›über den großen Teich‹ große Vögel viele kleine auf ihrem Rücken transportieren, so hat man Scharen von Kranichen vorüberziehen sehen, auf deren Rücken winzige Zugvögelchen lustig zwitscherten! Ist das nicht reizend?«

Seit Mitte des 19. Jahrhunderts entwickelte sich peu à peu eine systematische Ornithologie. Das eine oder andere hat man nach und nach herausbekommen, bisweilen unter Anwendung abscheulicher Methoden. Der Fachkollege Paul Wemer empörte sich Anfang des 20. Jahrhunderts über »das moderne systematische Abschießen unserer Störche. Es ist wirklich ein himmelschreiendes Unrecht, daß die staatliche Vogelwarte Rossitten [auf der Kurischen Nehrung] die Störche, diese doch so interessanten und ›heiligen‹ Vögel, auf Kommando abschießen läßt, einzig und allein, um nachher mit beringten Storchbeinen einige Museenschränke auszustaffieren! (Denn über den Zug der Störche sind wir uns doch klar.) Ich wünschte, daß man mal einem westfälischen [...] Bauer aufs ›Dach stiege‹, um ›seinen‹ Störchen einen wissenschaftlichen Todesring um die Beine zu legen, der Bauer würde jedenfalls mit seinem gesunden und praktischen Menschenverstand das Nötige an diesen modernen wissenschaftlichen Vogelschützlern besorgen – und zwar sehr drastisch und nachhaltig. Und das von Rechts wegen!«

Noch um die Jahrtausendwende war die Sichtung eines Weißstorchs, eines solchen »bedächtigen, familiären und deutschen Vogels [...], dessen hohe Beine nur dazu noch nützen, daß er ausdauernd auf einem stehen bleibe« (Adorno), eine Seltenheit (in den Neunzigern erhaschten wir *einmal* im Vorbeifahren einen Blick auf einen Schwarzstorch! Lassen Sie uns ein wenig angeben. – Danke!). Recht betrachtet, hatte es sich zu Brehms Zeiten wohl recht ähnlich verhalten. Brehm bemerkte: »Wenn man besonderes Glück hat, kann man die Ankunft des beliebten Dachgastes beobachten und sehen, daß sich das Paar, welches im vorigen Jahre im Gehöfte nistete, plötzlich aus ungemessener Höhe in Schraubenlinien herabläßt auf den Dachfirst.« Naumanns Ausführungen jedoch scheinen gewissermaßen das Gegenteil zu belegen: Der Storch wisse »sich in die Zeit und in die Leute zu schicken, übertrifft darin fast alle übrigen Vögel und ist keinen Augenblick darüber in Zweifel, wie die Menschen an diesem oder jenem Orte gegen ihn gesinnt sind. Er merkt gar bald, wo er geduldet und gern gesehen ist, und der wenige Tage früher in einer fremden Gegend angekommene, schüchterne und vorsichtige, dem Menschen ausweichende, allem mißtrauende Storch hat nach der Einladung, welche ein zur Grundlage seines zukünftigen Nestes auf ein hohes Dach oder auf einen Baumkopf gelegtes Wagenrad ist, sofort alle Furcht verloren, und nachdem er Besitz von jenem genommen, ist er nach wenigen Tagen schon so zuthunlich geworden, daß er sich furchtlos aus der Nähe begaffen läßt.«

Fünfzehn Jahre nach der vorerst letzten und vielleicht ja allerletzten Jahrtausendwende ist das westliche Mittelfranken die »Storchenhochburg Bayerns«, der Aischgrund »das Storchenparadies schlechthin«. »Mit über hundertdreißig Paaren brüteten mehr als ein Drittel aller bayerischen Störche in Westmittelfranken.« (*Fränkische Landeszeitung*, 25. Juli 2015)

Das Neuendettelsauer Storchenpaar flappte ein paar Kilometer weiter, nach Bechhofen. Der/die eine stammte ursprünglich aus Großenried, der/die andere war »2012 in Deisendorf bei Überlingen am Bodensee beheimatet« gewesen (*Unsere fränkische Heimat – Habewind News*, 18. Juli 2015).

Anfang Juni nahmen wir sie in Augenschein. Wir hockten uns in den typisch funktional-kargen Biergarten des Exzellenzwirtshauses *Grüner Baum* (Steak, Schnitzel, Schweinernes, Klöß', Salat auf Himbeerparfait), bestellten, um aus der Situation das Äußerste an Komfort und »Tranquilität« (G. Polt) herauszukitzeln, Spalter Weißbier und lugten hinüber zum dreißig, vierzig Meter entfernten Häuslein der Freiwilligen Feuerwehr, dessen Türmchen die beiden zur Wohn- und Brutstätte erwählt hatten.

Ein weißes Knäuel. Artig regt sich nichts. 28-Grad-Celsius-Wind. Warten. Sitzen. Leichtes Wiegen nun nach links, nach rechts, nach links, nach rechts. Genug des Tuns. Bravo. Duldung dessen, was ist. Keine Mißgunst. Schauen, ruhen. »Niemals«, brummt Brehm behaglich, »nimmt er [der Storch] eine so häßliche Stellung an wie die meisten Reiher, und selbst in der tiefsten Ruhe sieht er anständig aus.«

Die Mehlschwalben schuften schwer. Mehlschwalben! Früher beriefen sie jeden Abend auf den Telegraphenleitungen ihre Parlamente ein. Heute kennt sie kein Schwein.

Da! Mutter Storch, Konsulin Storch streckt sich, reckt sich, richtet die Schwingen horizontal aus, linst kurz hinab auf die Eierassemblage, und le Macker segelt herbei, begrüßt durch Nicken und, den Kopf kurz bis auf den Rücken zurückgebogen, Klappern sowie einen Knicks, heijeijei, is' des schee.

Wir ordern ein zweites Weißbier, um den Augenblick zu würdigen und um über das Wunder nachzudenken, daß es Leben gibt und sich fortsetzt.

Außer uns registriert kein einziger Gast, was das »Zugpferd in der Vogelwelt« (Storchenexpertin Oda Wiesding) dort drüben gerade demonstriert: Zuwendung, fürsorgliche Grazie, geerdet zu sein.

»Der Adebar von Addis Abeba« – das wollen wir schon seit längerem mal in ein Buch hineinschreiben.

Voilà.

ADLER

Was soll man von den Adlern halten? Man kann sie ja kaum erkennen hinter all den hochfliegenden Vorstellungen, symbolischen Überhöhungen und zeichenhaften Verdichtungen, welche die Menschheit angesichts des *Aquila* entwickelt hat. Als Sendbote des Zeus und Jupiters galt der Adler, der Sonne stets nah, als Künder und Begleiter der Herrschaft, gegenwärtiger wie zukünftiger, weltlicher und kirchlicher, ein Symbol für Weitsicht und Mut, Kraft, Saft und Macht. So viel Verehrung ward ihm zuteil, daß man aus seinem kontingenten Geflatter meinte die Zukunft herauslesen zu können. Flog er nach links, stand einiges bevor, flog er nach rechts, war's ebenso, nur andersrum. Selbst in Äsops munteren Fabeln umweht den Aar diese Aura der Bedeutsamkeit, eine majestätische Größe, der die anderen Tiere freilich mit der Unverfrorenheit des Underdogs begegnen.

Doch die bei Äsop angelegte Infragestellung des allmächtigen Adlers war nicht stilbildend. Der Vogel wurde vielmehr zum bevorzugten Wappentier der Herrscherhäuser und Staaten. Seitdem er als Feldzeichen der römischen Legionen gedient hatte, repräsentierte der Adler militärische Stärke, das strahlende Kaisertum, das stets siegreiche, wenigstens zum Sieg verdammte und zuverlässig zurückschlagende Imperium. Und wenn das Leitbild des Adlers auch auf allen Erdteilen als beispielhaft gegolten haben mag, so hat es doch besonders Europa geprägt – am nachdrücklichsten in der deutschen Linie, kulminierend im nationalsozialistischen Kult adlerhafter Dominanz und in einem Wappentier, das das Hakenkreuz nicht mehr aus den Fängen zu lassen schien.

Auch wenn man sich in postfaschistischen Zeiten anschickte, dem Reichsadler die Klauen zu säubern und seine Kantigkeit zu nehmen, auch wenn man versuchte, aus dem Greifvogel einen Botschafter der Demokratie und Humanität zu machen – an der unseligen Tradition änderte dies wenig. Wer je vom Adler sprach, sprach meist von Größe

und Großartigkeit, Durchsetzungskraft und Überlegenheit, Unantastbarkeit und Freiheit (aber einer Freiheit, die vor allem in der Überhebung über das Niedrige und die Niedrigen lag). Begleitet wurde dies von einer immer wieder aufgerufenen Ikonographie: der scharfe Blick ins Weite, der mächtige Schnabel, die wie ein Königsmantel ausgebreiteten Schwingen, das Sitzen auf hoher Warte, entrückt fliegend über Berg und Tal, der »König der Lüfte« über Klüften und steilen Abbrüchen seine Kreise ziehend, dann wieder torpedogleich herabstoßend, das Zupacken der Fänge, der Moment roher, purer, staunenswerter Kraftentfaltung – und schließlich: das Thronen über der Beute, die Stück für Stück zerrupft wird. Bilder über Bilder einer ebenso schlichten wie schlechten, verdorbenen wie haltbaren Weltsicht, die einer Ideologie der Stärke und einer Ästhetik des Kampfes folgt, dem Heroischen huldigt und eine Erhabenheit würdigt, der allezeit die Möglichkeit der Grausamkeit innewohnt. (Und entsprach ein Adler mal nicht zur Gänze diesem Bildprogramm, galt er sogleich als »Fette Henne«.)

Selbst die Vogelkunde gab sich lange der Bewunderung für den edlen Flieger und unerbittlich »stolzen Räuber« hin – »was seine [starken Krallen] fassen, ist dem Tod geweiht« (Schuster). Noch in *Brehms schönsten Tiergeschichten* müssen Kaiser-, Stein- und Seeadler, während andere Tiere allerhand vergnügliche Anekdoten liefern, humorlose Steilflüge und verbissene Kämpfe aufführen. Kaum ein Greifvogelbuch, in dem *Aquila* nicht in der klassischen Pose des Wappenvogels photographiert ist, statuarisch, von furchteinflößender Schönheit, seinen beeindruckenden Zinken wie eine Drohung präsentierend.

Manchmal denkt man, die Menschheitsgeschichte hätte besser verlaufen können, wenn statt des Adlerwesens das Gemüt der Geier mehr gegolten hätte. Gewiß, diese »Leichenspäher« (Eckhard Henscheid) zeichnen sich nicht unbedingt durch Pietät, Maßhalten und gute Tischmanieren aus, doch unter ihrer schmuddeligen, versifften Kutte verbirgt sich mitunter ein durchaus sauberer Kern. Sie irritieren die landläufigen Vorstellungen vom Wahren, Schönen und Wohlgeratenen. Wenn sie Werkzeuge und Tricks einsetzen (wie Bart- oder Schmutzgeier), setzen sie dem Kult grobschlächtiger Kraft Gewitztheit entgegen. Manche (wie der Kondor) sind von fast nobler Zurückhaltung, andere kommentieren die Pose einsamer Erhabenheit mit fröhlichem Gelärme.

Hätte die Menschheit Buzzy, Dizzy, Ziggy und Flaps zu ihren Leitvögeln erklärt anstelle des »Königs der Lüfte«, wäre auch dem Adler einiges erspart geblieben. Denn Heldentum schafft Fallhöhe, der Kult des Heroischen das Verlangen, sich selbst zu erhöhen, und da man dafür nicht den Herrscher stürzen kann und mag, nimmt man sich der Symbole der Herrschaft an. So begleitet die Adler seit jeher neben der Überhöhung die Lust an der Auslöschung: Sie wurden bejagt, erschossen, vertrieben, vergiftet, domestiziert, vorgeführt, zur Trophäe degradiert. Vor allem jene, die den Kult des Adlers pflegten, steckten sich seine Federn an den Hut, als Ausweis von Verwegenheit und Manneskraft – das Töten des Tiers als Beglaubigung einer von Aggression und Unterwerfung geprägten Weltanschauung. Theweleit, bitte übernehmen Sie.

Und die Verwissenschaftlichung der Tierbetrachtung, die Ablösung des Kultus durch Beobachtung und Experiment? Hat dem Adler dito wenig geholfen. In der sich entwickelnden Verhaltensforschung wurde ihm bald zum Vorwurf gemacht, daß er bei aller Großartigkeit doch herzlich wenig zustande bringe. Konrad Lorenz, nicht gerade ein Verächter einer auf »Härte« und »Heldenhaftigkeit« beruhenden Selektion, war denn doch enttäuscht, daß der von ihm aufgezogene Kaiseradler nicht die Gelehrigkeit der Graugans zeigte, sondern letztlich untauglich blieb für weitere Forschung: passiv, begriffsstutzig, unverständig, neurotisch, ein »dummes Vieh«.

Auch Lorenz' Lehrer Oskar Heinroth stimmte dem zu und schalt den Adler als »abgrundblöden« Vogel. Und natürlich, ein Steinadler wird niemals die Marseillaise pfeifen. Der Seeadler dürfte auch bei bestem Willen nicht imstande sein, mit seinen Klauen einen kleinen Draht so zurechtzubiegen, daß er mit ihm ein Schälchen mit Macadamianüssen aus einer sehr schmalen Glasröhre ziehen kann. Und daß der Schreiadler Holzklötzchen nach Farben, Formen und philosophischen Grundbegriffen sortiert – undenkbar.

Aber müssen sie das denn? Wie wär's, wir ließen den Adler einfach mal in Frieden und gäben ihm jene Ruhe, die er gern hat. Schutzgebiet drum, Informationstafel davor und machen lassen. Und wer weiß, in zweihundert Jahren ist die Welt eine andere, und wir können den Adler noch einmal betrachten. Und entdecken, wie er eigentlich so ist. Daß er ganz passabel fliegt. Und einiges andere.

DER SPATZ

»Die kleinen Spatzen / hüpfen ohne Hinterlist / über das Pflaster« –
halt, nein, so ist es eben keineswegs. »Aus List ändert er [der Spatz] seine Gewohnheiten oft«, vermerkte Hildegard von Bingen einst mit ernster Miene, und der große Poet William Carlos Williams, von dem die
einleitenden Worte stammen, sah seinen Fehler auch sogleich ein und
korrigierte sich postwendend mit folgenden Zeilen: »mit spitzen Stimmen / suchen sie Streit / über dies und jenes / was sie betrifft.«

Und nicht nur darüber. Spatzen mischen sich – und man muß hin-
zufügen: von alters und seit jeher – zudem in Permanenz in Belange
ein, die sie einen feuchten Kehricht angehen, und sorgen dergestalt unter den gebeutelten Menschen, die sie seit Tausenden von Jahren mole-
stieren, für Zwist und Zornesröte.

Nicht?

Alright, dem Londoner Wunderspatzen Clarence, der in Luftschutz-
kellern Karten spielte und in einwandfreier antifaschistischer Gesinnung Hitler imitierte, indem er den rechten Flügel hob und sich so lange in Rage tschilpte, bis er zusammenbrach, ward in Albion die Ehre
zuteil, abgekonterfeit und auf Zigarettenbildchen und Postkarten ver-
ewigt zu werden. Und das Sprichwort »Ist lieber ain spatz in der handt
dann ain storck in lufft« (Sebastian Franck) mag gegenüber diesem
Racker eine gewisse Wertschätzung zum Ausdruck bringen, obgleich
der Sinnspruch – unseren dummen Zeitgenossen in der Variante mit
der Taube auf dem Dache geläufig – von einer alles andere als begrü-
ßenswerten kleinbürgerlichen Bescheidung, von einer sich zäh durch
die Zeiten erhaltenden politischen Passivität, von einer betrüblichen
Latschigkeit Zeugnis ablegt.

Doch demgegenüber wiegt wahrlich schwer, daß sich bereits Hitch-
cock genötigt sah, die Schlimmheit, die der »Sperlingshaftigkeit« *(Mythos Vogel)* innewohnt, in einer Szene seines uns alle warnenden Films

Die Vögel zu illustrieren, in der ungefähr ähnlich geartete Vogelwesen während eines lauschigen Abendessens über einen Kamin in ein Menschenheim einfallen und unter den Tafelnden für Verwirrung und Schrecken sorgen (Stichwort Terror). Vorbild für diese entsetzlichen parabelhaften Bilder nämlich war ein Vorkommnis aus dem Jahre 1961 gewesen, bei welchem Spatzen in La Jolla (Kalifornien) ebensolches getan hatten.

Noch beunruhigender ist, was der brisante, höchst intrikate politische Naturfilmessay *Der Tag des Spatzen* (Philip Scheffner, 2010) mit scharfen Fakten und harten Bildern dokumentiert. Da dringt am 14. November 2005 ein Spatz in eine Messehalle im niederländischen Leeuwarden ein und beginnt damit, ein Arrangement aus mehr als vier Millionen Dominosteinen zu zerstören. Nachdem er bereits 23 000 Steine zum Umfallen gebracht hat, läßt der menschheitsbeglückende Jahrtausendsender RTL, der wenige Tage später die Sendung *Domino Day* auszustrahlen gedenkt, den »Domino-Spatz« abknallen. Am selben Tag stirbt in Kabul ein deutscher Soldat.

In den USA kursiert in Windeseile die Topnachricht »Spatz in den Niederlanden getötet«. Washington schaltet sich ein. Der Schütze gesteht, Vögel seien »etwas, was ich nie verstehen werde. Was bewegt einen Vogel dazu, genau das zu tun?«

Auf dem in der Nähe der Messehalle gelegenen NATO-Stützpunkt tummeln sich derweil die Kollegen des hingestreckten Delinquenten auf Jagdbombern und anderem militärischen Gerät und besetzen gesetzeswidrig den Luftraum. Der Fluglärm bekümmert sie nicht.

Warum wurde der Spatz in jenem Jahr zum Vogel des Jahres 2002

ernannt, in dem der Afghanistankrieg begann? Weshalb beanstandete schon Eichendorff (»Die Sperlinge«): »Durch die Hecken rauf und
runter, / In dem Baume vor der Tür / Tummeln wir in hellen Haufen /
Uns mit großem Kriegsgeschrei«?

Wollen wir Pasolini erwähnen? Wir müssen!

In seiner filmischen Fabel *Große Vögel, kleine Vögel* (1966) sollen
es ein Vater und ein Sohn auf Geheiß eines sprechenden Raben dem
Franz von Assisi gleichtun (»Meine Brüder Vöglein, gar sehr müßt ihr
euren Schöpfer loben, der euch mit Federn bekleidet und die Flügel
zum Fliegen gegeben hat«) und den Gefiederten das Evangelium, die
Frohbotschaft der Liebe und der Eintracht predigen. »Wir wollen hoffen, daß sie nicht zu starrköpfig sind«, sagt der Vater, als die beiden auf
einen Schwarm Spatzen treffen. Doch die hartleibigen Haderlumpen,
ganz und gar ihrem liederlichen, tumultuarischen Tun verfallen, lassen einfach nicht mit sich reden. Keine schmeichelnden Worte, nicht
einmal die perlenden, fließenden Ton- und Trillerfolgen aus Franz
Liszts Klavierstück »La prédication aux oiseaux« vermöchten ihre Aufmerksamkeit zu wecken.

Bekehrung? Forget it.

Die gedankenlose Umtriebigkeit und aufdringliche Unbekümmertheit, ja die Spielplatzvergnüglichkeit und hedonistische Selbstbezüg-
lichkeit, die offenkundig nicht ein Jota Interesse am Weltganzen und
an den drängenden Problemen der Welt signalisieren – für die in alle-
dem sich artikulierende Lecktunsamarschhaftigkeit wird den Spatzen
in jüngerer Zeit vermehrt und vielerorts die Rechnung präsentiert, die
da lautet: So nicht! Aus dem Weg! Hinfort!

Und zwar mit Aplomb. (Hie und da setzt es unterdessen sogar eine
Watschen, was wir nicht mißbilligen.)

»Ihr, die ihr im Himmel lebt wie im Wahn!« rauft sich der von dem
Komödianten Totò verkörperte Vater die Haare. »Und ihr, die ihr eure
Gesetze nicht mit dem Menschen gemein habt! Die ihr euer sorgloses
Leben in eurer eigenen Welt verbringt! Die ihr von Arbeit nichts wißt!
Ihr jubiliert noch und tanzt zu dem Morden der Großen!«

Wie rief Stalin seine Tochter Swetlana?

»Spätzchen.«

Na bitte.

Den Spatzen mithin mit einem Bann belegen? Gewiß – gottloser Geselle, der er ist.

Der aufgeplusterte, gedrungene, grobschlächtige, gemeine, rohe Stenz hat, vermutlich aus dem Kaukasus oder irgendwelchen Baumsteppen vorrückend und alle bekannten tiergeographischen Grenzen ignorierend, die Globalisierung erfunden und beschlagnahmt, sofern er sich nicht hinterrücks einschleicht, als Profiteur der Neolithischen Revolution gänzlich ungeniert und dreist ganze Lebensräume. In nahezu sämtliche Flecken der Erde ist der Spitzenspatz einmarschiert, im Grunde halten ihm lediglich die Verteidigungswälle rund um die Polkappen und einige Halligen noch stand. (Und er meidet, ja, er haßt den Wald wie die Krätze.)

Pfiffig sei der Spatz (Haussperling; der dem oikos, dem Haus, Zugehörige), verschlagen, unberechenbar, zum Multitasking fähig, heißt es. Naumann macht auf »ein im Widerspruch stehendes Verhältnis der Körperkräfte zu den Geistesfähigkeiten« aufmerksam; »denn seine körperlichen Bewegungen sind in der That etwas plump oder ziemlich ungeschickt, während seine Klugheit alles übertrifft, was man in der Art kennt, und seinem Scharfblicke nichts entgeht, was ihm nützen oder seine Sicherheit irgend gefährden könnte.«

Brehm dreht schier durch und nennt den enervierenden Strabanzer in gewisser Weise gar einen Weisen. Und während wenigstens der hervorragende Radiosender SRF 2 Kultur in Anbetracht des Sprutzes vom »Inbegriff von Normalität und Durchschnitt« spricht, läßt sich Naumann schließlich ebenfalls zu einem nachgerade wahnsinnig-fahrlässigen Hymnus auf »die superklugen Sperlinge« hinreißen, auf diese Intellektualbomben, die allenfalls Würger und Elstern zu übertölpeln und zu entschärfen und aufzufressen verstünden.

Einen enormen Fürsprecher hat der Sprötz des weiteren in Achim Greser (Aschaffenburg). Hingegen greifen Waldkauz und Sperber in Sachen *Passer domesticus* immerhin halbwegs bestandsregulierend, wenngleich nicht -dezimierend ein, wofür sie sich in dieser Causa ein Lob verdienen.

Je nun, schwerlich zu leugnen ist, daß Spatzen, die die Schriftstellerin und Friedensaktivistin Annette Kolb als »Massenprodukte der Natur« titulierte (uns fiele da glatt Schopenhauers Wort von der »Fabrikware der Natur« ein), über die nötige Wetterfestigkeit und internationale Härte verfügen, um sich den Erdball untertan zu machen. »Frech erobern sie die Welt«, teilt uns der bedauerlicherweise recht gelungene und empathische Dokumentarfilm *Planet der Spatzen* (ORF/arte/NDR 2013) mit. »Spatzen verbauen fast alles«, »sie machen sich die Stadt zu ihrer Natur«, unermeßlich »lernfähig« seien diese »Federbälle«, unablässig spähten sie jeden Winkel aus – dergleichen unerfreuliche Erkenntnisse und Komplimente serviert man uns zuhauf. In New York gibt es einen Spatzenstrand, die Notre-Dame sei ein »Spatzenhaus«, auf chinesischen Vogelmärkten halten sie sich, sich keinen Deut um ihre eingesperrten gefiederten Genossen scherend, an Brosamen gütlich. Wann werden sie in unseren Wohnzimmern und Toiletten nisten, an den letzten Orten des Rückzugs von der Spatzenhaftigkeit des Daseins?

Gegenwehr ist in höchster Not höchstens vom Chinesen zu erwarten. Im Juni 2015 meldete die Zeitschrift *Conservation Biology*, der weltweite Bestand der Weidenammern sei infolge gründlicher Bejagung im Reich der Mitte um neunzig Prozent zurückgegangen. Und am 3. September des Jahres berichtete Heiko Werning in der *taz* davon, daß die chinesische Luftwaffe anläßlich der Parade zum siebzigsten Jahrestag des Weltkriegsendes eine »Affenbrigade« einsetzen wolle, um »die Exklusivität des Luftraums für ihre Maschinen zu gewährleisten«. Der Primatentrupp solle »bei drei auf den Bäumen« sein, um »dort alles plattzumachen, was irgendwie nach Vogel aussieht, einschließlich der Nester. Zurück bleibt neben zerbrochenen Eierschalen vor allem Affengeruch, der Nachgeflogene warnt, sich dort niederzulassen. Die effizienzbegeisterten Planer schwärmen davon, daß die Makaken viel wirkungsvoller seien als bisher eingesetzte Menschen.«

China, du hast es besser! 1965 schrieb der Riesenstratege Mao Tsetung das Gedicht »Gespräch zweier Vögel«: »Der Riesenvogel schlägt die Schwingen, / Stößt neunzigtausend Li empor, / Aufrührt einen Wirbelsturm. / Den blauen Himmel tragend, sieht er / Die Menschenwelt mit ihren Städten. / Geschützfeuer steigt zum Fundament, / Granaten graben ihre Spur. / Im Busch der Spatz zu Tod erschrocken: ›Die Hölle ist los, / Nur weg von hier!‹«

Jawohl. Sieben Jahre zuvor hatte der politische Riesenalk im Zuge des »Großen Sprungs nach vorn« die »Ausrottung der vier Plagen« angeordnet. Die Kampagne richtete sich zumal gegen die Spatzen, die nach Maos eingehenden Berechnungen pro Kopf täglich achtzehn Reiskörner fraßen.

»Verdammte Kreatur! Verbrecher seit Tausenden Jahren! Heute ist Zahltag!« dröhnte es in der chinesischen *Wochenschau*. Tage- und nächtelang schlugen daraufhin Abermillionen Chinesen mit Stöcken auf Gongs, Trommeln, Töpfe, Dächer, Mauern, Büsche, bis die sinnvoll schikanierten und taktvoll terrorisierten Vögel erschöpft vom Himmel plumpsten und mit dem Knüppel, sie final wegzurichten, einen übergezogen bekamen. Das Massaker nach dem Vorbild der Spatzenkriege Friedrichs des Großen, des Herzogs Karl I., des Markgrafen Karl Alexander und anderer Sperlingskriege in der Pfalz und in Westfalen war von Erfolg gekrönt. Bon, wenige Wochen später überzog das Land eine Schicht weißer, klebriger Raupen, und es wurden beim geliebten Nachbarn Sowjetunion, dessen revisionistische Nomenklatura Maos Gedichtspatz hernach verkörpern sollte, schleunigst größere Portionen lebendiger Feldsperlinge geordert, aber das lassen wir jetzt mal.

Wir indes müssen uns noch immer Gottfried Stein anschließen, der in seiner *Ergötzlichen Vogelkunde* aus dem Jahre 1955 ächzte: »Man möchte wirklich wissen, wer diesen Burschen liebt!«

Ungünstig benamst ist er seit langem zu Recht: Hausdieb, Speicherdieb, Felddieb, Gerstendieb, Kornwerfer und so weiter. Sein Schnabel, so Naumann (wieder nüchtern), sei »mittelmäßig«, dito »kreiselförmig« und »kolbig spitz«, der Schwanz »abgestumpft«, der Kopf »etwas dick«, das Weibchen sei »wirklich ein sehr unansehnlicher Vogel«.

Der Spatz bastardisiert mit dem Feldsperling – initiativ ist dabei die immerzu brunftige, willfährige Dame, dieses veritable avifaunische Luder –, die Balz gilt seit Jahrhunderten als die abscheulichste, als das allerunwürdigste Schauspiel, das Mutter Natur zu bieten hat. »Wie von Sinnen schreiend, purzeln und sausen sie, zu einem Knäuel geballt, das Dach hinunter, um schließlich, der Sache leid geworden, unter wütendem Gekeif' auseinanderzustieben.« So steht es in *Mythos Vogel*.

Seitensprünge sind en vogue, nein: Standard. Laut *Planet der Spatzen* ergab eine Erhebung, daß siebenundzwanzig Prozent aller Nachkömmlinge kirchlich nicht anerkannte Bankerte sind. Die Frage wäre: Tut das not?

Der gute Naumann, dem wir seinen obenerwähnten Mißgriff verzeihen wollen, scheint uns in Fragen des Sperlingssexuals allerdings einmal mehr allzu nachsichtig zu sein, wenn er gewissermaßen implicite den Hut zu ziehen sich genötigt sieht: »Es ist kein Vogel bekannt, der es unserem Sperling in Ausübung physischer Liebe zuvorthut; denn das Männchen betritt sein Weibchen oft mehr als zwanzigmal schnell nacheinander, ja, ich habe es zuweilen wohl zweiunddreißigmal hintereinander geschehen sehen, und solche zärtlichen Stunden hat es mehrere an einem Tage, woraus man hat berechnen wollen, daß es den Coitus vierhundertmal in einem Tage vollzöge. – Die Begattung geschieht immer in der Nähe des Nestes, auf einer erhabenen Stelle, aber nie auf dem Erdboden, und das Weibchen giebt sein Verlangen durch verliebte Stellungen, Zittern mit den Flügeln und [mit] einem zärtlichen ›Die die die‹ zu erkennen.«

Vorbereitet und begleitet (oder wie auch immer) wird das ganze Geochse und Gewürge durch des Spatzen notorisch-obligates, perennierendes Geplärre. Die sehr dem Katholischen zugeneigte Vogelfexin Barbara von Wulffen mag sich an den »Hollerbuschkonzerten« ergötzen und sie im Sinne einer libidinösen Liturgie, einer Kopulationskantate deuten. Der deutlich sattelfestere Mark Twain (siehe seinen wegweisenden Aufsatz »Lärmende Vögel«) dagegen unterstreicht, daß »die monotone Wiederholung des Immergleichen einem langsam, aber sicher auf die Nerven fällt. [...] Wenn das so weitergeht, wird man ob dieser Höllenqual noch den Verstand verlieren und närrisch werden.« Man ziehe dies in Betracht.

Ohn' Unterlaß gibt ein »Spatzenwort« (F. W. Bernstein) das andere (als »Gesang« bezeichnen das kakophonische Kauderwelsch und aufgeblähte Geplapper tatsächlich bloß Unwissende und Rapper). Naumanns diesbezügliches Verdikt fällt nach unserem Geschmack ein wenig moderat aus – die Spatzen, meint er kurz und bündig, seien »fast unerträgliche Schwätzer, welche selten das Maul halten« –, daher neigen wir Brehms zupackendem Urteil zu: »Er ist ein unerträglicher Schwätzer und ein erbärmlicher Sänger.« Das akustische Gebaren des Spatzen sei, genau besehen, »geradezu ohrenbeleidigend. Trotzdem schreit, lärmt und singt der Sperling, als ob er mit der Stimme einer Nachtigall begabt wäre, und schon im Neste schilpen die Jungen.«

Dem Nestbau widmen Spatzen so gut wie keine Zeit – und wenn, dann mit äußerster Lustlosigkeit und Nachlässigkeit, da patzt der Spatz aus Trotz. Viel lieber hacken sie Tauben und Zaunkönige aus deren Wohnungen weg. Andere »angenehme Federleute, die auch eine Heimstatt suchen« (G. Stein), ergreifen vorsorglich die Flucht. Mißlingt sie, droht ihnen bei derartigen Zwangsräumungen ärgstes Ungemach. »Mir ist ein Fall bekannt«, notiert Naumann ungerührt, »wo das alte Sperlingsmännchen wütend über die jungen Schwalben herfiel, einer nach der anderen den Kopf einbiß, sie herabwarf und nun Besitz vom Neste nahm.«

Als Revanchemaßnahme im Rahmen des dem Menschen obliegenden pfleglichen Restructurings der Vogelwelt empfiehlt Naumann, den Haussperling mit Kanonen »totzuschießen oder wegzufangen«. Eine andere alte Sitte ist das Spatzennestausnehmen, womit dem schnäbelnden Getier eine sicherlich grausliche Lektion erteilt wurde, auf daß man es anschließend womöglich obendrein, paniert und garniert mit Speck, Bohnen, Mangos, Pflaumen und Erdbeeren, verspeiste. Heute sieht man wohl zumeist davon ab, zumal der Spatz von sich aus auf dem Rückzug zu sein scheint und uns mit seiner unbotmäßigen Bettelei, ja »schier unglaublichen Frechheit« *(Rettet die Vögel)* rund um die Kaffeehausterrassen- und Biertische (welche, die Nassauerei nämlich, die edle Kulturfolgergefährtin Amsel allzeit verabscheute und -scheut!) mancherorts nicht mehr allzu lästig ist. (In Sicherheit wiegen sollten wir uns dennoch nicht!)

Ebensowenig schickt es sich in diesen Tagen kaum, aus bübisch-herrischer Freude am Uz einzelne Exemplare des kugeligen Vögleins mit dem Luftgewehr vom First eines Bauernhauses herunterzuschrapnellen. Zusammen mit dem Wolfram taten wir es einmal in jungendummen Jahren, wir schämen uns nach wie vor, eine Schande war das, es war eine Sauerei.

Theodor Lessing wiederum gibt uns in seinen Schriften zur Tierwelt allerlei argumentative Munition an die Hand, auf daß wir doch noch einmal schärfer über Sinn und Zweck des Spatzen nachsinnen. Denn der nahezu unverwüstliche Haussperling sei als »Abbild und Gleichnis der verzwecklichten Arbeitsmenschheit« nicht bloß »der reizloseste aller Vögel; ein Proletarier, voller sozialer und praktischer Fähigkeiten, aber ohne Ehrfurcht und ohne Seele«. Er habe nicht nur die Inklination, sich »gewerkschaftlich [zu] organisieren«. Und nicht allein, daß er »expropriiert, sozialisiert, kommunalisiert«; nein, »da der Spatz durchaus kosmopolitisch-kapitalistisch denkt und frei ist von Vorurteilen, so macht er Geschäfte, wo immer Geschäfte zu machen sind, und ist so sehr ›practical business man‹, daß er weder Musik noch Farbenschönheit zuläßt«.

Was jetzt? Wie jetzt? Kommunist oder Hyperkapitalist? Geselligkeitsfanatiker oder barbarischer Egomane? Wie mit diesem »Schreivogel«, den wir ausschließlich im geistig-somatischen Zustand des Außer-Rand-und-Band-Seins antreffen, erkenntniskritisch zu Rande kommen?

Nun, wir können durchaus sagen, daß der Spatz ein Januswesen ist. Das zeigt sich nicht zuletzt an seinen Tischsitten und Speiseplänen. Zum Beispiel »unter den Maikäfern richten die Sperlinge große Niederlagen an« (Naumann), das wollen wir, einerseits, bewilligen. Andererseits schmutzt er auf Gehöften und Parkbänken mit ganzer Kraft, wühlt im Mist herum und bepickt Pferdeäpfel und anderweitige unappetitliche Stoffwechselresiduen. Es ekelt ihn vor wahrlich nichts. Danach wälzt er sich voller viehischer Freude im Staub (daher der Schmuckname »Dreckspatz«).

Daß dieser praktisch ubiquitäre und schwer zu bändigende, schwer in die Knie zu zwingende Kommensale (sprich Mitesser, Schmarotzer, Abstauber) »Getreide brandschatzt« (Brehm), läßt ihn der Duldung unwürdig erscheinen. Quäkend und quokend und queikend und quörrend fällt er aufs rücksichtsloseste über Spezereien und Gourmandisen her, seien es Bohnensamen, seien es Kuchenkrümel. Er schnabuliert mit Inbrunst, zugleich mit einem Höchstmaß an Arroganz und mit kalter Verachtung für alles um ihn herum (nicht umsonst heißt »einen Spatzen im Kopf haben«, voller Hochmut zu sein). »Wirft die Köchin Knochen auf den Hof«, empört sich Johannes Erler in seinem bedeutenden Lehrbuch *Lebensvoller Aufsatzunterricht – II. Teil: Mittelstufe* (Habelschwerdt 1920, S. 132 f.), »so kommt der Spatz und denkt: Hier ist auch etwas für dich. […] Vor den Vogelscheuchen fürchtet er sich wieder nicht. Er setzt sich frech auf den alten Filzhut oder baut sogar sein Nest in der Rocktasche.«

Kurz, des Spatzen Trachten gilt einzig der sofortigen, blitzkriegartigen Stillung seiner minderwertigen Bedürfnisse. Triebkontrolle? Selbstverständlich Fehlanzeige.

Das Problem mit den Spatzen – das darf in dem kleinen Besinnungs- und Bedenkensaufsatz, den wir im Moment zusammentippen, nicht ausgespart bleiben – ist ihr unbefriedigendes Natural-, Territorial- und Sozialverhalten. Hat der Passer einen Aufenthaltsbezirk einmal in Beschlag genommen, schränkt er seinen Aktionsradius auf maximal zwei Kilometer ein (sogenanntes Seßhaftigkeitsparadox beziehungsweise Axiom der Dialektik von Hochaktivität und Immobilität). Daraus resultiert, daß »beim Haussperling, wo wirklich alles nur um den Bauernhof herum sitzen bleibt« (P. Berthold), andere Gefiederte auf Grund der Dauerbelagerung im Grunde genommen nichts zu lachen haben.

D'accord, wir waren Augenzeugen, wie ein Spatz zu einer Tränke flog, in der gerade eine Blaumeise pro forma herumfuhrwerkte. Offenbar fürchtete er sich vor dem kleinen Knopf, schüttelte darob – Übersprunghandlung – sein unmaßgebliches Gefieder, schnellte dann davon, um im Lot in die Luft zu steigen, um die eigene Achse herumzuwirbeln und schließlich auf einem Zaunpfahl Platz zu nehmen, da er als Spatz eine Freude am Sitzen auf Zaunpfählen hat.

Ein paar Sekunden verstrichen, bis er aus einem unerfindlichen Antrieb erneut aufflatterte, ein Rad schlug, eine Schraube vorführte und zum Beschluß ungraziös über die Stauden hinweg von dannen zischte, um endlich, aber vermutlich nur fürs erste Ruhe zu geben.

Ein Rarissimum. Für gewöhnlich lassen sich die Spatzenkohorten an Futterhäuschen und Swimmingpools, an denen sie Arschbombenwettbewerbe veranstalten (vergleiche J. Reichholf), von nichts und niemandem beirren, nennenswerte Gesten der Zurückhaltung oder gar der Freundlichkeit sind bei ihnen zu keinem Zeitpunkt beobachtet worden. Selbst die kecke Kohlmeise (just, 5. November, gummiballt ein besonders ansehnliches Exemplar bei 17 Grad Außentemperatur eine Armlänge von uns entfernt vorm geöffneten Fenster herum) machte er im vergangenen Sommer im Strauch neben unserem gemütlichen Vogelobservationsgartenstuhl derart rabiat, kämpferisch, erbarmungslos, bellizistisch gesinnt nieder, daß wir fürchteten, in Kürze würden Federn und Fetzen fliegen. So macht man natürlich keine Reklame für sich, und es hat auch überhaupt keinen Sinn, Dinge zu schreiben, die über die Wahrheit hinwegtäuschen. Henry David Thoreau etwa – der fühlte sich nobilitiert, als sich ein aus Europa eingeschleppter Spatz (Nominatrasse) auf seiner Schulter niederließ. Aufdringlichkeit als Traulichkeit mißzuverstehen ist Beleg genug für eine töricht übersteigerte Vogelliebe, der wir mit unserem kritischen Werk – nebst allen aufklärerischen Ansprüchen, die wir hegen – entgegenzuwirken beabsichtigen.

Die sogenannten Spatzenjungen, die adoleszierenden Spöcke, die gern zur Untermiete in Krähen-, Seeadler- und Storchennestern zur Welt kommen, bilden, rasch flügge geworden, stante pede Banden, Gangs, Herden, gruppendynamische Einheiten, zu keinem anderen Behufe, als sich in erklärter Störabsicht und unfaßbar vulgär schimpfend und mosernd herumzutreiben und ziellos herumzuschlägern, aufeinander einzuhauen und sich gegenseitig zu verdreschen. Selbst vor dem Zu-Bette-Gehen wird, des »Geredes« (Heidegger) nie überdrüssig, auf dem gesamten Anwesen vernehmbar gestritten, die Feuerköpfe (fränkisch Feierspotz'n) knallen sich gegenseitig derbste Unverschämtheiten vor den schwarzen Latz, so daß sich manch gepeinigte Bauersfrau, obgleich guten, warmen Gemüts, genötigt sieht, mit dem Rohrstock dazwischenzugehen (daher Rohrspatz) und in all den unsortierten Haufen in sämtlichen Winkeln der Liegenschaft vorläufig für Ordnung zu sorgen.

Allerlei Unsinn und Hokuspokus pappt man heutzutage das Siegel der Wissenschaftlichkeit an. In *Das Leben der Vögel* wird lässig behauptet, unter Spatzen breche niemals Gezänk aus, alldieweil ihre Rotten nach militärischen Dienstgraden organisiert seien. Haha. Die Schwarmintelligenz? Ein grober Stuß, der Psychotherapeut und Kommunikationstheoretiker Paul Watzlawick hat es nachgewiesen. Die Rudelbildung unter Spatzen? Ornithologen, offensichtlich leicht beeindruckbare, und Biologen, offensichtlich verblendete, verpassen ihr das Wortetikett »Eusozialität«. Richtig wäre es, von Dyssozialität zu reden, sobald Spatzen, diese »Spastis« (G. Polt), mal wieder am Rande von Gärten und »notfalls auch in der Nachbarschaft von Würstchenbuden« *(Süddeutsche Zeitung)* Feldlager errichten und freßgemeinschaftliche Einquartierungen mit starker Tendenz zur Überbelegung vornehmen, wovon »tausend Stimmen / Aus dem Gesträuch« (Goethe) künden, na ja, wir hatten das ja.

In summa sind das keine läßlichen Hanswurstiaden, Gott bewahre! Es sind gravierende Verfehlungen, die dem »verborgenen Plan der Natur« (Kant) schamlos zuwiderlaufen! Offen gestanden gehört der Spatz, der Ratz unter den Singvögeln, der Katz'. Kramer, Mörling, Slanski und Zehetmaier pflichten uns hier unisono bei und fordern rundheraus, den vogelwilden Wicht und Wurm für vogelfrei zu erklären.

Wir sind, und das sollte uns Mut machen, auf jeden Fall schon ein erhebliches Stück des Weges vorangekommen. Anfang der sechziger Jahre bescheinigte man dem Spatzen eine glänzende Zukunft. Ein halbes Jahrhundert später ist der »Grubenvogel der Moderne« (Bernhard Kegel) etwa aus den großen Städten Englands, der Niederlande und Belgiens im wesentlichen verschwunden. (In der saublöden »Spatzenhauptstadt« Berlin allerdings hält er sich hartnäckig.)

Liegt's an den Neophyten, die den heimischen Insekten zuwider sind? Am Verlust der Spontanvegetation und der Ruderalflächen? Am peniblen Einsatz von Rasenmäher und Laubbläser? An der segensreichen Bodenversiegelung (Parkplätze, Schließung von Baulücken, Kapitalvermehrung)?

Peter Meiwald von der Partei Bomber 90/Die Grünen klagte in der längst legendären Bundestagsdebatte über den Etat für Umwelt, Naturschutz, Bau und Reaktorsicherheit vom 11. September 2015, der Steinsperling sei kürzlich »ausgestorben, *Petronia petronia*, was ein schöner Name«. Ein wackerer Mann aus der CDU-Fraktion korrigierte ihn daraufhin, *Petronia petronia* sei ausgestorben, weil ihn andere Arten verdrängt hätten, und zwar bereits in den fünfziger Jahren.

Der Spatz (Haussperling) werde gleichwohl erst verschwinden, nachdem der Mensch selbiges Schicksal erlitten habe, prophezeien die Autoren des Buches *Rettet die Vögel*. Brehm hingegen unkte, der Faulsperling und Mistfink, der Dachscheißer und Spirrwatz, dieser Debbert, Zwulg und Zwilch »verbleibt den Trümmern zerstörter Ortschaften als lebender Zeuge vergangener glücklicherer Tage«.

Die Natur wird ihn ergo nicht loswerden, es ist ein Kreuz.

Im übrigen ist ein Spatz, der sich, Filmaufnahmen belegen es, an seinem Ebenbild in einem Autorückspiegel nicht sattsehen kann, das Köpflein leicht zur Seite geneigt, die schwarzen Augenperlen schimmern teichtief fein, ein herzerwärmender, ein herzzersprengender Anblick.

DAS ROTKEHLCHEN

»Unser Rotkehlchen« (G. Stein) – wer liebt es nicht? Ein feiner, zerbrechlich ausschauender Vogel, dem ein orangegetöntes, niemals grell wirkendes Rot Brust, Kehle, Kinn und Stirn wärmt, der seine unübersehbare Schönheit mit Understatement trägt und sein Leuchten bedeckt mit einem schlichten braunen Mantel und einem bequem geschnittenen hellgrauen Hemd.

Alles an ihm wirkt freundlich, »liebenswürdig« (Brehm) und besänftigend, die Rundung des Scheitels, der zur Seite geneigte Kopf, der ins Gesicht hineingetupfte Schnabel und die dunklen großen, »klaren, unschuldigen Augen« (Brehm). Kindchenschema, Kindchenschema, werden da die Evolutionsbiologen höhnen. Doch wer sich dem Rotkehlchen nicht nahefühlt, wer es nicht sogleich in die Hand nehmen und wärmen möchte, wenn er es aufgeplustert oder fröstelnd auf einem Ast sitzen sieht, ein wenig erfüllt von Ungeschick und Schutzbedürftigkeit, der hat einfach kein Herz. Das Rotkehlchen ist das Löwenbaby unter den Gefiederten, die Nummer eins der Niedlichkeit, Singvogel Knut.

Es nimmt uns auch durch Nähe ein. Die Wissenschaft nennt es geringe Fluchtdistanz, wir nennen es Zutrauen. Der Ornithologe lobt das clevere Verhalten eines Vogels, der gelernt habe, in der Nähe des Menschen Nahrung zu finden. Wir hingegen sind jedesmal berührt, wenn eines der Rotkehlchen uns im Garten besucht, schwanzwippend, ein wenig zappelig, sich bald beruhigend, und uns aufmerksam bei der Pflege der englischen Edelrosen zuschaut; wenn es uns mit kleinen Flügen und Hüpfern durch den Wald begleitet und unter den Strahlen der einfallenden Sonne den Weg erleuchtet; wenn es uns auch im Winter treu bleibt, beim Füllen der Futterhäuser über die Schulter schaut, um dann, sobald wir etwas zur Seite gegangen sind, vom Gebotenen zu nehmen – oder sagen wir ruhig: zu naschen.

Das Rotkehlchen kennt kein Arg und ist dem Menschen seit jeher zugetan. Es soll Jesus am Kreuz beigestanden und mehrere Friedensverträge gestiftet haben, es versorgt verlassene Vogelwaisen und wacht über das Weihnachtsfest, es folgt selbst dem Holzfäller mit Neugier, hüpft dem Waidmann auf die Flinte und läßt sogar italienische Vogelfänger und Restaurantbesitzer nachsichtig werden. Unter den Augen des Rotkehlchens wächst in uns die Idee eines wohleingerichteten, harmonischen, von mildem Sonnenschein erwärmten Lebens.

Daß manche Vogelkundler vom Einzelgängertum, von der Mißgunst und der Streitsucht des kleinen Fratzes sprechen und davon berichten, daß rivalisierende Rotkehlchen sich mitunter bis aufs Blut bekämpfen – das kann nur als mißglückter Versuch verstanden werden, die Tierbetrachtung für schale Gesellschaftskritik zu mißbrauchen. Wenig glaubhaft sind gleichfalls die Auslassungen mancher Ornithologen, die von Hahnenkämpfen, Geschlechterhierarchie, gar: Kopulation berichten. Unserem Vogel können derlei pseudowissenschaftliche Unterstellungen nichts anhaben. Es ist und bleibt: das Rotkehlchen. Unser »Liebseelchen« (Clemens Brentano). Robin. Rosi. Pettirosso.

Ein Schatten fällt gleichwohl auf diesen biedermeierlichsten aller Vögel – mit seinem Gesang, der uns unausweichlich im Dämmer des Tages und beim Heraufziehen der Nacht erreicht, in der Frühe des Jahres und im Herbst. Es ist kein Schlagen, Schnarren, Schmettern, Ratschen, Trillern, Flöten, sondern ein Gesang im eigentlichen Sinne, vielfach mit kleinen Varianten versehen, die Klänge der Welt aufnehmend, aber immer auf eines zurückkommend: auf eine froh anhebende Strophe, die ins Moll fällt, klare Töne, die sich verdunkeln, ein perlender Vortrag, »jubelnde Koloraturen« (Wüst) mit unaufgelöster Kadenz. Es ist, als besinge das Rotkehlchen, das eine leichte Beute der Räuber wird und oft kaum zwei Jahre überlebt, mit allem Anfang stets das Ende.

Anzunehmen, es weiß nichts davon. Aber was das Rotkehlchen uns vorträgt, ist eine Ahnung vom Üblen in dieser Welt, vom Ende der Unschuld, vom Verlust der Kindheit, von der Brüchigkeit des Zutrauens, der Bedrohung des Friedens und nachhaltiger Forstwirtschaft. Letztlich ist es, mit Alfred Brehm zu reden, »unser Abendrot«, welches die Brust des Rotkehlchens färbt. Aus seiner Kehle singt es: Vanitas, Vanitas.

Als hätten wir nicht schon genug Anlaß zur Melancholie.

DER HAUSROTSCHWANZ

Welch, nur mit verbundenen Augen wäre es zu leugnen, feingliedrige, beklemmend fragile und berückend wie bedrückend hübsche Gestalt! Wie ist uns da immerzu zumute, werden wir seiner ansichtig! Dieses wundervoll würdevollen Gnomen, dieses »proportionierlichen« (Humboldt) Bengels! Dieses lebensfrohen, verschmitzten Zappelphilipps! Ach je, ach je.

Ist es das, was wir dem Hausrotschwanz zur Last legen müssen? Ist es seine Beseeltheit, seine jeder gebieterischen Note entbehrende Vitalität, seine spielerische, übermütige Zuneigung zum Diesseits? Die uns nicht selten sogleich an die fürchterliche Vergänglichkeit, an die Gefährdung, an die Zerbrechlichkeit, an die Hinfälligkeit des Lebens gemahnt?

Sein Erscheinungsbild – das des adulten Männchens, so will es die Natur – ist ohne Zudringlichkeit, ohne Geckenhaftigkeit und daher von ausgesuchter Vornehmheit: Stirn, Scheitel, Nacken, Mantel, Rükken gräulich-bläulich bis tiefschwarz; ebenso Schulter- und Schirmfedern, weiß gesäumt und geschuppt allerdings; Ohrendecken, Kehle und Kinn, Schnabel und Augen schwarz wie frischverlegter Asphalt; Brust und dann Bauch erst gesprenkelt, schließlich gänzlich fahlgrau; in die Schwungfedern schleicht sich eine Brauntönung ein; Steiß, Bürzel, Oberschwanzdecken und Steuerfedern im wärmsten milden Rot gehalten, »lebhaft gelblichrostrot« beziehungsweise »fuchsrot« (Naumann), kommt aufs Tageslicht und aufs Photo an; die Beine (Tarsi) zahnstocherdünn, die Zehen tun ihren Dienst. Alle optischen Merkmale zusammengenommen, sagt der Gestaltpsychologe daher zu Recht, der Hausrotschwanz verkörpere Noblesse.

Sohn der Gebirge, stieg er erst in, erdgeschichtlich betrachtet, allerjüngster Zeit zu uns herab. Es wurde allenthalben begrüßt. Ungünstige Stimmen zum Hausrotschwanz sind allein unter fehlinformierten Imkern und an der Westküste der Vereinigten Staaten vernommen worden, weil sie dort keine Ahnung haben und unseren Hausrotschwanz ohnehin nicht kennen.

In hiesigen Breiten glauben lediglich vereinzelte verwirrte Zeitgenossen, dem Rötele am Zeug flicken zu können. Zugeschustert worden sind uns kürzlich zum Beispiel Tresenaufzeichnungen eines Herrn namens Jan Orthwien: »Im Hausrotschwanz wird die Totalität der rezenten Erscheinungen auf sträflich bestechende Weise greiflich [gemeint ist vermutlich: begreiflich]: in seiner Bewegungsbemühtheit, seiner Artikulationsaufdringlichkeit, seiner Weltverwirrungswildheit. Er ist der ausgezeichnete Vogel unserer schändlichen Jetztzeit, das Realsymbol des Auf und Nieder von allem und jedem und nichts, er *ist* ganz und gar reflexionslose Gegenwärtigkeit und Betriebsamkeit und Betriebsideologie. Er ist ein Tuer, ein Macher, ein Makler in eigener Sache, pro domo, so to speak. Sein Name enthüllt es ja: *Haus*rotschwanz. Domorossophallus. Von nichts anderem gibt dies' Federkind Kunde als von rastlosem Rumgenudel und Egozentrik und Ellbogengesinnung. Müßig wäre es, hier ersprießliche und begütigende Argumente zusammenzutragen.«

Wir lehnen derartige unerbetene Expertisen ab. Da wir nicht intolerant sind, konzedieren wir gleichwohl, daß einem das ständige Hin und Her, Vor und Zurück, Hoch und Runter in der Vogelbevölkerung, insbesondere in der Großfamilie der Fliegenschnäpper, fragwürdig erscheinen kann – das prinzipiell A-Goethische, der dem Vogeltier offenbar innewohnende Haß auf die Vita contemplativa, der Abscheu vor der Selbstversunkenheit, vor dem bios theoretikos. Vögel seien im Innersten und in ihren Entäußerungen durch und durch Praktiker, ist von manchem Vogelverächter zu hören, die Welt sei für die Vögel ein Baumarkt, Punkt. Wir stimmen dem jedoch nicht zu.

Mit dem Ziel, des Hausrotschwanzes Ruf endgültig irreversibel zu schädigen, sagt Orthwien an anderer Stelle: »Der Hausrotschwanz ist der einzige Vogel, der sich nicht wäscht.« Um das zu begründen, stützt er sich auf diese zweifelhafte Beobachtung: »Sollte es einmal regnen, springt er augenblicklich unter unseren bostongrünen Personenkraftwagen. Selbst zaghaft herunterploppende Wassertropfen sind ihm zuwider.«

In unserem unbestechlichen Notizzettelhaufen kugeln oder flattern

Impressionsschnipsel von erheblich größerer Beweiskraft herum: »Die Neuendettelsauer Hausrotschwänze sind artige, zuweilen vermeint man: inflammierte Badende, die die Waschung in einen Zustand des seraphischen Enthusiasmiertseins versetzt. Der erste: Schnabel eintauchen, mit Flügeln und Glutschweif ordentlich Gischt erzeugen und aufwirbeln, die umgehend auf ihn herabprasselt und -schneit. Jetzt ist Numero zwo an der Reihe, nach einer, es sei eingeräumt, ein wenig fahrigen und übereifrigen Herangehens-, Anspruchsanmeldungs- und Kurzanflugzeremonie; bis, das Zauberbild der sich bewässernden Kleinlinge mit einem Hieb zerhackend, der Blumengartenchef, Amsel Anselm, meckernd und schnarrend herzusegelt und die beiden Kaltduscher verscheucht. Sein Platzdagebaren heißen wir nicht gut, zumindest grundsätzlich nicht. Man kann sich auch mal anstellen und warten. Das haben wir an den Duschen im ehemaligen elysischen Neuendettelsauer Waldschwimmbad so gehalten, und das ginge auch heute noch.«

Es ist also eindeutig die Amsel, die sich ein paar Worte gefallen lassen muß; nicht das Rötele.

In der gelahrten Literatur finden sich auch nach Wochen intensiver Recherche nicht die geringsten Einwände gegen den Pechrotschwanz. Im Gegenteil. Gottfried Stein erzählt gutgelaunt, daß seine Hausrotschwänze unter Tags aus Spaß schläfrige Eulen foppen. Das Gefühl der Beschwerlichkeit scheint das »Rotschwänzla« (Margreth Popp, Schönbronn) nicht zu kennen, Brehm gefiel seine »saubere Haltung«, sicherlich auch in ethischer Hinsicht, denn es stellt zu unserem Frommen den Kornwürmern nach, »diesen verrufenen Geschöpfen« (Naumann), den Weißlingen, Bohrfliegen und Motten, und auf Ameisen geht es regelrecht kaputt und macht sich daher ohne Bezahlung in unserem Hofe nützlich. Richtig ist somit folgende Erkenntnis der ornithologischen Komparatistik: »Der Sperling muß sich vor den Rotschwänzchen schämen.« (Wüst)

Freilich, der Rotzagel akzeptiert Habitate »geringster Bonität« (Wüst). Einen letzten Anlauf, den Hausrotschwanz zu besudeln, unternimmt Orthwien in seinen schäbigen Papieren, deren Wertlosigkeit in anderer thematischer Hinsicht noch größer ist und aus denen wir nur zitieren, um zu zeigen, wie weit Menschen herunterkommen können. »Der Hausrotschwanz untersteht sich, sogar den tumben Tauben hinterherzufliegen«, mault er. Und weiter: »Wahllos nimmt der Hausrotschwanz auf allen Artefakten und Gegenständen Platz, die herumstehen und -liegen, auf Baugerüsten, TV-Schüsseln, Gartenschläuchen, schmalen Hofmauern und selbst Dächern. Bäume, Sträucher und Halme sind bei ihm verpönt. Tritt er im Viererverbund auf, agiert er dezidiert verspielt, geriert er sich wie ein Kindskopf und Narr, der alleweil kurz auffliegt, eher aufhüpft, sich sinnlos hierhin und dorthin dreht wie ein fehlerhaft geworfener Ball und wieder setzt, nur für die allerkürzeste Zeit, weil er mit seinem leeren Treiben fortfahren will, einem Treiben wohlgemerkt, das die Vanitas geradewegs zelebriert und unsereinem höhnisch ad oculos führt. Dafür sollte sich ein Vogel nicht hergeben. Die mahnenden Rufe des Turmfalkenpaars, das in diesem Moment seinen Kontrollflug macht, jucken das selbstdarstellungssüchtige Quartett naturgemäß trotzdem nicht.«

Arbeiten wir diese auf den ersten Blick bleischweren, auf den zweiten Blick lächerlichen Vorwürfe geschwind Punkt für Punkt ab. Sie reichen in ihrer Abwegigkeit beinahe an den Unfug heran, den sich Aristoteles zum Rotschwanz zusammenreimte. Seiner Transmutationstheorie, nach der sich der Rotschwanz im Winter in ein Rotkehlchen verwandle, folgte noch Plinius der Ältere, ebenfalls so ein Ochse.

Zugestanden, der Hausrotschwanz mag Häuser und Garagen mißverstehen und für Felsformationen ansehen. Wir sehen darin hingegen einen Beleg für seine flexible, elaborierte Apperzeption, und mit Hingabe begibt er sich auf die Suche nach einer kommoden, behaglichen Nistgelegenheit. Meist erkiest das Rothschwäntzgen sodann Nischen, Ritzen und Spalten in Gemäuern und unter Dächern zu seinem und seiner Familie Unterschlupf. Ab und an besiedelt es mit dem gleichen Vergnügen Werkshallen und Kirchen, Briefkästen, Gabelstapler und Clogs, »selbst in Kanonen« und »fahrenden Eisenbahnwagen« hat ihn Schuster dingfest gemacht. Orthwien weiß davon offenbar nichts.

Ebenso dürfte ihm die vorbildliche Behandlung von Gelege und Geheck unbekannt sein. Brehm ist gerührt: »Fünf bis sieben niedliche, neunzehn Millimeter lange, vierzehn Millimeter dicke, zartschalige, glänzend hellweiße Eier bilden das Gelege. Beide Eltern brüten, beide füttern die Brut groß, nehmen überhaupt gleichen Antheil an ihrem Geschicke. Bei Gefahr beweisen sie wahrhaft erhabenen Muth und suchen durch allerlei Mittel die Aufmerksamkeit des Feindes von ihren geliebten Kindern abzuwenden.« Und Wilhelm Päßler, ein Zeitgenosse Brehms, schenkt uns eine Geschichte, nach deren erquicklicher Lektüre sich niemand mehr der Adoration des Hausrotschwanzes, der sich dort als Gegner der Klassengesellschaft erweist, wird verweigern können: »In meinem Holzstalle legte das Rothschwänzchen in ein Schwalbennest. Als die Erbauer desselben von ihrer Winterreise zurückkamen und ihr Nest besetzt fanden, bauten sie ein anderes dicht neben dem alten. Während die Rauchschwalben noch mit dem Baue beschäftigt waren, fing das Rothschwänzchen an zu brüten und wurde von den emsigen Schwalben oft mit dem Schwanze bedeckt und über das Gesicht gestrichen, ließ sich aber nicht stören. Später fing auch die Schwalbe an zu brüten, und beide Mütter in Hoffnung thaten es in frommer Eintracht. Wenn das Schwalbenmännchen sein Weibchen besuchte und ihm schöne Geschichten von dem blauen Himmel und den fetten Mücken erzählte, wandte es seine Rede auch zuweilen zur Nachbarin. Diese brachte aus, und nun duldete ihrerseits die Schwalbe die Berührung des Futter herzutragenden Röthlingsmännchens.«

Lesen ist Orthwiens Stärke nicht, und einige wenige ungeordnete En-passant-Begutachtungen genügen ihm für seine Urteile, mit denen er die Angelegenheit in ihrer Ganzheit für erledigt erachtet. Dem eigentümlich rauhen, kratzenden, raschelnden, rumpelnden, knatternden, knisternden, zischelnden, girlenden, gluckernden, schmatzenden, mit Schnalzlauten gewürzten, hervorgepreßten Gesang schenkt er überhaupt keine Beachtung. Schuster hinwieder zufolge passe jener prima »zu Felsgebirgseinsamkeit«, Richard Gerlach vernimmt einen »Laut, wie wenn ein Sturmwind um die Gipfel fetzt«, Naumann hat einen Aussetzer: »Die mittlere Strophe hat so wunderbar gepreßte Töne, daß es klingt, als wolle der Vogel vomieren.«

Ertönt des Gatzers Lied – und das tut es zum Glück vom Frühling bis in den Herbst hinein – von einem Giebel, einer Turmspitze, einem Schuppen oder einer Wetterfahne, sind wir stets bester Stimmung, dann kann uns die Verstrickung in die verdammte Welt- und Selbstreflexion, in der kein Auskommen ist, mal kreuzweise.

Der uns so liebe Hausrotschwanz ist ein fleißiger Frühaufsteher, die Vogeluhr, die jeder halbwegs ernsthafte Mensch an der Wand seines

Schlafzimmers hängen haben und auswendig lernen sollte, beweist es. In seinem Eifer läßt er sich bloß von Lerche und Gartenrotschwanz übertreffen. Zu meckern gibt es auch da folglich: nichts.

Oh, wie mühselig ist unser Handwerk, das Schreiben! Wären wir im Kopfe, in dem die Mühlräder rattern, nur ein Achtel so behende wie das von uns so verehrte Hausrotschwänzchen, dieser zierliche Sausebalg, dieser holde Herumstreuner! Als höflich und lustig empfinden ihn die Empfindsamen, manchmal als überschäumend fröhlich, »er neckt und jagt sich immer mit seinesgleichen« (Naumann). Ein Hallodri, allzeit aufgelegt zu Allotria, ein Ausbund an Ungebundenheit und Sorglosigkeit. Ach, rund um unser Hinterhoftrutzhaus waltet er, einzig, möcht' uns in weichen Gemütsstunden scheinen, um unsere Freude am Sein zu bewahren und zu mehren.

Morgens fügt er der frischen Luft ein paar Slapstickknackser und angedeutete Purzeltöne hinzu. Nachmittags findet er sich, während wir zornig an den vermaledeiten Wörtern herumschnitzen, auf dem Fensterbrett ein und schaut uns zu. »Na, Chef?!« grüßen wir ihn. Am frühen Abend (12. Juli 2015!) gesellt er sich zu uns auf den Balkon – zunächst eine Viertelstunde lang vom Querbalken aus die Lage sondierend und uns traulich beäugend, dann plumpst er schwebend hinab und hockt sich eine Handbreit neben uns hin.

Was fällt den Unverständigen ein, ihre häßliche Stimme gegen ihn zu erheben? All ihr Aufheben sieht in comparatione stupide und sehr schlecht aus!

»Sofort nach der Ankunft in der Heimat nimmt der Vogel auf derselben Dachfirste, welche sein Lieblingsaufenthalt war, wieder seinen Stand, und nunmehr beginnt sein reges, lebendiges Sommertreiben«, jubelt Brehm. Wie wenig Aufmerksamkeit schenken die heutigen Ornis – die, getrieben von Sensationslüsternheit, in Düsenflugzeuge steigen, um Gerfalken und Gucklmupfpfeifer aufscheuchen und ihre »life list« verlängern zu können, statt sie in Ruhe zu lassen, zu schonen, zu verschonen mit ihrer unrühmlichen Anwesenheit – diesem erstaunlichen Kleinkraftwerk, dieser kompakten, mirakulösen Entität!

Der Hausrotschwanz tut keinen Schaden, nie, nirgends. Er ist hart im Nehmen, obgleich eine fast reine Federfigur. Er sucht, sodann stad, Deckung und zeigt sich in Kürze wieder frohgemut, er ist der Freieste. Die Wegzugtermine handhabt er angenehm lax. Sein Knicksen in aufrechter, rückenschonender Haltung bei wippendem Schwanz ist kein Kotau, er verbeugt sich bloß ohne Hintergedanken, und »es ist ein Ausdruck der Gemütsbewegung« (Gerlach). Nur Barbaren kreiden ihm solch feine Geste als nutzloses Gehampel an, nur Holzhackerhirne (»Der soll mal was schaffen!«) schwärzen ihn deshalb an.

Ach, hurtiger, munterer, wendiger, regsamer, achtsamer, geschickter Geselle! Die von Orthwien inkriminierte Schwunghaftigkeit ... Dieser Trottel! Die Spiralenflatterflüge des Hausrotschwanzes, ex abrupto in quatschige Queraufflüge übergehend, gekrönt von Wirbel-, Fall-, Vollbrems- und Aufstiegsaktionen an Baumstämmen und Mauern, erinnern uns nicht selten an eine Jazzdarbietung, kunstvoll stolpernd, rhythmisiert, synkopiert.

»Schußweise schnurrend, auf weite Strecken aber in einer unregelmäßigen, aus größeren und kleineren Bogenlinien bestehenden Schlangenlinie«, so geschieht laut Naumann der Arabeskenflug des Hausroten. »Er weiß sich meisterhaft zu überpurzeln, zu schwenken, mit Schnelligkeit aus der Höhe herabzustürzen und schnurrend wieder hinaufzuschwingen.« Und Heinroth sieht desgleichen keine Möglichkeit, ihm die Anerkennung zu verweigern: »Es gibt kaum einen Vogel, der es einem Rotschwanz in dieser Hinsicht gleichtut.«

Herrje, herrje, ojemine.

»Vögel sind kleine Lebensschnipsel« – stark trifft die Sentenz Malcolm Taits auf unsere Hausrötel zu. »Die Erregung des Mitleids«, wirft Schopenhauer ein, »ist von keiner Anstrengung des Intellekts begleitet; es bedarf keiner abstrakten, sondern nur der anschauenden Erkenntnis.« Selbiges gilt für die Erregung der Mitbeglückung, Orthwien merke es sich.

Nie wird, und sei's in dereinst noch finst'ren Zeiten, das Sommerrottele zum Mittel werden. Zweck ist's, sonst nichts. »Schau ihn doch an, den Racker, den kleinen!« sagt die Margreth.

Ende September verabschiedet sich das fünfzehn Zentimeter lange Gnadentier mit einer zwanzigminütigen Zwiesprache mit dem Verfasser dieser erbärmlichen Zeilen. »And the bird, it has flown / To a place on it's own / Somewhere all alone« – so singt es Ian Gillan.

Ach je, nichts hat er in diesem verfluchten Buch verloren, der Haus-

rotschwanz, und streicheln würde man ihn gern jedesmal, sobald er
unvermutet unsere beschränkte Welt beehrt, übermütig herumpesend,
äußerst, äußerst behutsam, ihn kaum berührend möchte man ihn streicheln und ihm zuflüstern:»Du bist der Beste. Danke für deine unsre
Verzagtheit verscheuchende Visite!«
O Gefährte, trostreicher, wann bist du wieder da?

WATVÖGEL

Es sollen ja weithin unterschätzte, bei genauer Betrachtung aber bemerkenswerte Vögel sein – die Watvögel (Limikolen), die Regenpfeiferartigen.

In den Erzählungen von Vogelliebhabern nehmen sie oft einen besonderen Platz ein, nicht unbedingt als spektakuläre Sichtungen oder lebenslange Lieblingsvögel, aber doch als Objekte einer stillen Leidenschaft. Sie gelten als Herausforderung für den Beobachter und scheinen dem Beobachtenden eine spezielle Freude zu sein, ihrer feinen Unterschiede und »kargen Schönheit« (von Wulffen) wegen.

Bei näherem Hinsehen würde sich das zeigen: die ungemein filigrane Musterung des Federkleids, die Gefieder in allen Nuancen zwischen gelbem Ocker, dunklem Grau und braunem Schwarz, daneben die geschmackvollen, kontrastreichen Fräcke von Austernfischer und Avocet, die Eleganz auf schmalen Beinen, vom unvergleichlich bedachten Waten des Stelzenläufers bis zu den leichtfüßigen Sprinteinlagen des Fluß- und Seeregenpfeifers.

Das unablässige Schwanzwippen der Waldwasserläufer und die »Lebhaftigkeit« (Naumann) des Steinwälzers gehören ebenfalls zu ihnen – wie die »Grazie« (Conradi) der Säbelschnäbler und die gravitätische Gestalt des Großen Brachvogels. Da gibt es die komischen Cliquen der Sanderlinge und einen Sonderling namens Triel sowie die erstaunlichen Choreographien der »Strandpfeifer«, wenn sie sich zu Schwärmen zusammenfinden und in geordneten, manchmal fast synchron wirkenden Bewegungen ihrem Tagwerk nachgehen – und dabei doch so eifrig, flink, zitternd und zuckend, daß nie der Eindruck von Gleichschritt und Uniformität entsteht.

Wer Glück hat, wird Zeuge der staunenmachenden Flüge von Uferschnepfe, Strandläufer, »Meerheister« oder Rotschenkel, mit ihren Wenden und raschen Richtungswechseln, Schrauben, Spiralen, Sturz-

flügen, der raffinierten Taktung und den Synkopen des Flügelschlags; der sieht das Aufscheinen des Himmels, wenn die Vögel sich vom Boden erheben und ihre hellweißen Unterseiten zeigen; der kann kämpferische und tänzerische Balzrituale mitverfolgen und die mit feinem Schnabel bewerkstelligte Nahrungssuche bewundern – umhüllt von einer eigentümlichen Klangkulisse aus Rufen, Trillern, Flöten, Lachen, Wummern und Schnurren.

Die Regenpfeiferartigen zu beobachten, sie zu hören ist, wie Arnulf Conradi sagt, ein »ästhetisches Vergnügen« und eine »befriedigende Meditation«. Sie strahlen »Empfindlichkeit« und »Fragilität« (derselbe) aus und Milde und eine Verletzlichkeit, die auf die Bedrohung ihres Lebensraumes verweist. Häßlichkeit scheint ihnen fremd, in ihrer Gestalt und ihren Bewegungen artikuliert sich Freundlichkeit, mitunter schwermutdurchwoben, wie beim Brachvogel mit seinem »Ruf der Einsamkeit« (von Wulffen, Robert Burns), ebensooft aber aufgehellt durch Geselligkeit, Geschäftigkeit und »Gewimmel« (Conradi).

Es müssen schöne Vögel sein, die Watvögel. Allein: Sie sind meist zu weit weg. Wegen ihrer fatalen Bindung ans Wasser, ihrer Neigung, sich oft am Meer, an großen Gewässern oder in Feuchtgebieten einzufinden, bekommt man sie nur relativ selten zu Gesicht. Und weil sie unablässig über die Kontinente zu fliegen pflegen, ständig auf der Durchreise, stets in Bewegung, kann man sie praktisch nie in Ruhe begutachten. Kaum ordentlich in Augenschein nehmen. (Außer im Fernseh'.) Fast könnte man meinen, es mangele den Watvögeln an Offenheit, an Kulanz, an Entgegenkommen gerade den Allerweltsvogelbeobachtern gegenüber, jenen Menschen, die sich gern an den Gefiederten erfreuen würden, doch weder die Zeit noch die Ressourcen haben, ihnen in jeden gottverlassenen Winkel der Erde nachzureisen. Da mag der Artenreichtum in den Städten noch so oft gelobt, die Entstehung einer vitalen, vielgestaltigen »Stadtnatur« noch so oft beschrieben werden – daß man mal einen Regenbrachvogel am Futterhäuschen sieht, kommt so gut wie gar nicht vor. Der Flußuferläufer im Stadtpark, ein Goldregenpfeifer an der Vogeltränke – wurde quasi noch nie gesichtet. Die Brutkästen für den Knutt bleiben leer. Und ein Tag am Baggersee bietet jede Menge Entenentenenten, aber die Bekassine wähnt sich zu fein, um sich auch nur einmal blicken zu lassen.

Es ist in solch außerordentlichem Maße aussichtslos, daß man sich schließlich doch noch aufmacht an die Küste, ins Marschenland, zu den Seen und Bruchwiesen, einmal bloß einen glücklichen Tag mit den Watvögeln zu verbringen, ein limikolisches Erlebnis zu haben, wie es in den Myriaden von sehnsuchtsweckenden Büchern beschrieben ist. Und dann? Darf man feststellen, daß es dort nicht viel besser wird. Unendliche Weiten, Kieselbänke, Schilfhalme hinter Schilfhalmen, Wellenmuster, Dünen und Sandflächen, Wattlandschaft oder dampfende Wiesen, Vegetation und vielerlei Deckung – das sieht man. Aber die Vögel: sind Punkte. Und dann, wenn man das Fernglas zu den Augen führt, im Blick die Reflexionen der Sonne auf dem Wasser, das über Ufer, Sand und Strand ausgestreute Glitzern, erst Glanz, schließlich Grau, Dämmern und milchige Luft, dazwischen die Vögel, mit gesenkten Blicken den Boden absuchend, einige stochernd, pickend, andere plötzlich aufrauschend, zwei-drei-fünf-sieben, die ein paar Kurven drehen, um sich dann wieder niederzulassen und fortzufahren mit dem Gestocher, unablässige Tätigkeit und Aktivität, in die stets von neuem Unruhe fährt, ein Aufstieben, Vogel über Vogel, kurz über den Himmel gestreut, bald gebunden in einer dichten Wolke aus Flügelschlag, Rufen und Gepfeife, die steigt, wogt, abdriftet, sich verzieht und wieder senkt – dann: kann man ums Verrecken nix erkennen.

Was fliegt denn da, was wimmelt dort? Und was ist nun schon wieder los? Sind das Austern, die der Austernfischer fischt? Können die Möwen da mal weggehen? Säbelt der Säbelschnäbler, oder schnäbelt er eher? Was liegt eigentlich unter den Steinen, die der Steinwälzer umdreht, wendet und wälzt? Und wonach, in Gottes Namen, wird da ununterbrochen gebohrt und gestochert? Wo sind sie jetzt schon wieder hin? Haben wir wirklich nur 10 x 40?

Sie bleiben einfach nicht hocken. Es ist keine Ruhe. Und alles: zu weit weg. Himmeldonnerwetter.

Wie man weiß, erkennt der Mensch ja nicht nur, er »unterscheidet auch gerne« (H. Jaeger). Doch die Watvögel machen es einem nicht leicht. Es fehlt an Transparenz. Bei etlichen Limikolen sind die Abstufungen zwischen den Arten so marginal, sind die Ruhekleider von derart zurückhaltender Schönheit, die Musterungen so apart, daß man schlicht nicht durchblickt. Haben wir es hier mit Alpen- oder Meeresstrandläufern zu tun? Ist das das Ziegelrot der Ufer- oder der Pfuhlschnepfe? Und diese Schnabelpartie – die des Sand- oder des Flußregenpfeifers? Wer kann das sagen? Im Grunde können's ausschließlich Spezialisten mit Spezialspektiv und jahrzehntelanger Erfahrung, mit tonnenschwerem Bestimmungsbuchwissen und der geheimnisvollen Befähigung der Jizz identification.

Letztlich sind Watvögel Birders' birds, ja Hardcore birders' birds, Geschöpfe, die sich nur gegenüber einer winzigen, auserwählten Gruppe von Könnern und Kennern öffnen, gegenüber Menschen mit magic touch oder Superbestimmungskräften, Leuten mit unfaßbarer Geduld. Und jenen Typen, die siebentausend Euro für gute Optik ausgeben können.

Für den gemeinen Ornitouristen bleiben sie unnahbar, ja unerreichbar. Wenn der mal näher ran möchte, wird großflächig aufgeflogen und alles noch undurchsichtiger. Beziehungsweise geflohen, und der Strand ist leer. Das ist keine berechtigte Scheu, das ist schon Misanthropie.

Wie schön wäre es, mehr zu erfahren von Grünschenkel, Zwergschnepfe und Kiebitzregenpfeifer. Wie gut würde es uns gefallen, am Leben der Watvögel stärker teilnehmen zu können. Und wie gern würden wir emphatisch einstimmen in das Lob der Limikolen. Doch da muß von der anderen Seite schon mehr kommen. Da muß erheblich nachgebessert werden.

PINGUINE

Warm anziehen muß sich der Pinguin.

Obwohl – wenn die Menschheit etwas eint, dann ist es die Hingabe zu den Pinguinen, zu den »edlen Königstieren« und »trippelnden Frackträgern« *(Süddeutsche Zeitung)*, zu den »wohl drolligsten von allen Vögeln« (*Pinguine hautnah – Das geheimnisvolle Leben tierischer Überlebenskünstler*, BBC 2013).

Lustig, komisch, witzig sind sie, genuine »Spaßvögel«. Ihre »Bedächtigkeit läßt an Karikaturen des Menschen denken« (Gerlach). Nachdem auf N24 die atemberaubend schöne Susanne Schöne das schöne Wetter bei uns präsentiert hat, bevölkern sie den Werbetrenner, unsere Sinne wieder abzukühlen. Und im Internet, dem Vatikanischen Konzil unserer Zeit, firmieren sie als »die besten Vögel der Welt«.

Statt durch die Luft fliegen sie durchs Wasser – man muß das mit den Elementen ja auch nicht immer ernst nehmen. Im Meer, das der Weltsicherheitsrat zur Tempo-30-Zone erklärt hat, halten sie sich an die Geschwindigkeitsbegrenzung, auf Landmassen, auf denen sie siedeln, gilt die deutsche Spielstraßenverordnung (höchstens 3,6 km/h). Seitens der Pinguine liegen bis heute keine Einwände dagegen vor.

Sie haben Augen wie Eulen und die bei Vögeln gewöhnlich pneumatisierten Knochen durch ein bleischweres, den Auftrieb unterbindendes Skelett ersetzt, um sich, dergestalt ans dunkle, nasse Element angepaßt, optimal nähren zu können.

Ans »Wunder der Feder« (Alfred Schürmann) glauben sie nicht, den häretischen Dogmen der progressiven Phylogenie schenken sie keinerlei Beachtung. Der »Lust zu fliegen« (*Nashorn, Zebra & Co.*, BR 2014) abhold, besteht ihr Kleid aus »in Hornplättchen umgewandelten Federn«, aus Schuppen, die »sich wieder dem früheren Reptilzustand annähern« (Fehringer). Involution statt Evolution ist also ihr Motto. Wer weiß, wofür es gut ist. (Zieht man allerdings in Betracht, daß bereits

Hegel in den *Vorlesungen über die Geschichte der Philosophie* zu dem recht ähnlichen Fall eines Vogels, der sich seinem Gattungsauftrag verweigert und seinem Gattungszwecke zuwiderhandelt, äußerte: »der Fisch unter den Vögeln ist der Strauß, weil er einen langen Hals hat« – so steht die Antwort fest.)

Mit der Sonne, der barmherzigen, haben es die Lummen und Alke des Südens nicht so. Sie »können […] durch ihre Wärmeisolation so stark erhitzen, daß nichts mehr geht« (Riechelmann) – sofern »gehen« bei Pinguinen der passende Ausdruck ist. Jedenfalls versuchen sie jedes einzelne Lichtteilchen (Photon) durch Schlagen und Wedeln mit den Flossenflügeln zu vertreiben. Dafür von uns: ein Eintrag ins Klassenbuch.

Anja ergänzt: »Reicht das nicht aus, hecheln Pinguine ähnlich wie Hunde.« (anjaspinguine.de)

Zu leugnen, daß der Vokalismus der Pinguine – vergleichbar jenem der Hunde und Mäuse – defizitär bis blamabel ist, wäre ein Verrat an der Objektivität. Sie röhren wie Esel auf Met oder Meth, quietschen wie die S-Bahn, die mit Müh' und Not in die Station Galluswarte einfährt, tröten wie verbogene Trompeten, schnarren wie rostige Ratschen und jagen den gesammelten Geräuschklumpatsch durch ein Boss-DS-1-Distortion-Effektgerät. Normalerweise gibt's dafür einen Satz heiße Ohren.

Unter unseren Bekannten finden sich, der Anständigkeit halber dürfen wir das nicht unterschlagen, ein paar Leute, die gern ein bißchen weiter gingen. S. Gärtner würde, säße er an den Schalthebeln der Macht, die »Popvögel« ob ihrer postdemokratischen Omnipräsenz in der Literatur *(Pinguine lieben nur einmal)*, im Animationsfilm *(Die Pinguine aus Madagascar)*, auf Kuscheldecken, Kaffeetassen, Küchenrollen, Bettwäschesets und in Form knuffig-plumper Plüschtiermonster »mit Feuereifer in die Schranken weisen«. Alexander B. (Fahrradhandel) bezeichnet den Pinguin »in all seinen Varietäten« schlicht als »einen Trägheitssack, der die ihm auferlegten Aufgaben aussitzt – kein Vorbild für meine Kinder!« Und Dr. Koch aus Langwasser (per Telephon befragt) nennt ihn einen »Vogel ganz ohne Verdienste. Da sind meine Goldfische doch deutlich seriösere Vögel! Was ich daraus schließe? Das kannst du dir denken!«

Versachlichen wir die Debatte. Den Pinguinen, diesen dubios-debil-odiosen Kitsch- und Tratschvögeln, die aussehen wie Sofakissen mit Rückenkratzer, verdankt die Kulturmenschheit etwelche gesegnete Postkartenfilmdokumentationen. Verbeugen wir uns, erweisen wir die Reverenz, gehen wir in die Knie.

Als »charmant«, »eigenwillig«, »unerschrocken« und, in summa, »schräge Vögel« rühmt sie beispielsweise der Dreiteiler *Pinguine hautnah*. Sie tippeln, stolpern, hopsen umher, schießen wie gedrosselte Torpedos durchs Wasser, katapultieren sich steile Klippen hinauf, stürzen sich in die wildeste Brandung.

»Wenige Vögel sind härter im Nehmen als Felsenpinguine«, »sie nehmen jede Anstrengung auf sich«, »Felsenpinguine geben niemals auf«, raunt eine Stimme, die uns aus *Panda, Gorilla & Co.*, *Giraffe, Erdmännchen & Co.*, *Elefant, Tiger & Co.*, *Leopard, Seebär & Co.*, *Seehund, Puma & Co.* und *Eisbär, Affe & Co.* allzu vertraut ist. Gesegnet seien die originellen Köpfe in den ARD-Sendungstitelfindungskommisionen, bejubelt sei die Frohbotschaft, die sie unters Volk juckeln (»Sympathische Tierpfleger zeigen, wie liebevoll sie das Futter für die Tiere zubereiten«; *Tierschutz Aktuell* 4/2006)!

Alles, ja, ist wohleingerichtet, die Welt, einigen hie und da bitteren Widrigkeiten zum Trotz, Beleg für ihres Erbauers grenzenloses Harmoniebedürfnis, und nirgendwo ist die Presse freier als in der Türkei.

Furchtlos, tapfer, beherzt sind Pinguine. Stellen sich den Humboldtpinguinen aus der Atacamawüste Seelöwen in den Weg, schließen sie die Reihen. Die zirkumpolaren, »tatsächlich sehr friedlichen« (Riechelmann) Kaiserpinguine haben die Armee als Organisationsform gewählt, das Prinzip der Massengefolgschaft verinnerlicht und – »Flosse gegen Flosse« – einen geradezu kirre machenden Zusammenballungsdrang entwickelt, bloß weil sie meinen, als einzige Tierart der Welt im antarktischen Winter brüten und ihr Habitat dem Kessel von Stalingrad nachbilden zu müssen.

Aber sie nicken sich doch manierlich zu! Ja. Männlein und Weiblein begrüßen sich innig! Ja. Teilen sich das Brutgeschäft und schieben sich behutsam das Ei zu, das sie in einer Bauchfalte verwahren, auf daß es nicht eine Sekunde mit dem Eis in Kontakt komme! Ja.

Aus Jux und Dollerei schütteln sie die Köpfe! Ja. Küken rufen noch

nicht geschlüpfte Kumpane dazu auf, in die Welt zu treten! Ja. Hernach werden sie in Krippen und Kinderläden von Kindergärtnerinnen betreut! Ja. Ja, ja und ja.

Es ist etwas anderes. Schnäbel dienen beim hirnrissigen Kraxeln als Kletterhaken, Klauen als Klettereisen. Die Gewaltmärsche: Defilees fehlerhaft aufgezogener Duracell-Tiere. Kaum eine existentielle Äußerung ohne »Komponenten von Kampf« (A. Merkel, 1. Dezember 2015). Der Aufwand ist grenzenlos stumpfsinnig, das Leben ein endloser Triathlon, schließlich ein »Hinausstehen ins Nichts« (Martin Heidegger). Wappentiere der Kraftraumgesellschaft. Selten dünkt einem Natur derart verfehlt und deprimierend. Pinguine? »Ein echter Fehlschlag der Evolution« (Henscheid).

Ständig hacken sie aufeinander ein, pöbeln, boxen und schubsen sich herum. Verirrte und Schwache lassen sie, anders als etwa die gnadenreichen Elefanten, voller Gleichgültigkeit zurück. Kükenkidnapping ist Volkssport, sogar unter den »friedlichen« (siehe oben) Kaiserpinguinen. Ganze Mannschaften stürzen sich auf die wehrlosen Nesthäkchen, die »Opferzahlen« *(Pinguine hautnah)* sind immens. Pinguine? Geschenke der Hölle.

Können wir es den prachtvollen Königskormoranen verdenken, daß sie im Gebaren der Pinguine einen Casus belli erblicken und in deren Kolonien einfallen? Daß die Skuas (Raubmöwen) in Teamarbeit Pinguineier klauen? Daß der Riesensturmvogel, durchaus kein besonders freundlicher Naturmitstreiter, Pinguinküken ausmerzt?

Vermögen wir es den genetisch zwischen Möwe und Pelikan einsortierten Tölpeln übelzunehmen, daß sie hin und wieder den Pinguinen auf den Wecker gehen? Daß die Tölpel, die sich ihrerseits des Fregattvogels, eines harten Knochens, zu erwehren haben, Pinguine aufmischen? Sie zu überrumpeln, geradezu zu übertölpeln versuchen?

Ja, die »lärmfrohen« (Fehringer), turtelnden Tölpel! Das sind mal Vögel! Beim Starten kämpfen die redlich-zutraulichen Stoßtaucher (Naumann: »Sie binden selbst mit den größten Möwen an«) wie der auch recht saubere und ebenfalls so gut wie überhaupt nicht zu den Schreitvögeln, sondern zu den Röhrennasen zu rechnende Albatros mit anatomiebedingten Schwierigkeiten, manchmal erliegen sie »den Anstrengungen gegen die empörten Elemente« (Naumann), daher der

»merkwürdig traurige Ausdruck ihrer Gesichter mit den großen Augen« (Conradi). Doch gegen einen Sturmangriff eines Tölpelschwarms auf offener See ist die Kanonade von Valmy ein Witz. Das glaubst du aber!

»Mit ihren nur sechzehn verschiedenen Arten [...] übertreffen sie global jede andere Vogelgruppe an Gesamtgewicht«, bringt Josef Reichholf die Pinguine wieder in Erinnerung. Megatonnenschwer lasten sie auf der unter ihnen ächzenden Erde. Gäbe es keine Eisbären, die die nördliche Hemisphäre von Pinguinen freihalten, wäre der Planet längst jämmerlich in sich zusammengestürzt.

Zurückhaltung macht sich wenigstens der Dickschnabelpinguin zur Pflicht, der es laut Tait/Tayler bei dreitausend Brutpaaren beläßt. Dafür zählen die beiden Briten achtzehn Pinguinarten, John Downer kommt in *Pinguine hautnah* wiederum auf siebzehn. Worauf ist in dieser Welt noch Verlaß, wenn nicht einmal mehr unsere smartesten Köpfe ordentlich zählen können?

Dessenungeachtet haben die achtundzwanzig Pinguinarten unserer Erde John Downers filmische Heroisierung der Härte, seine Feier des schneeüberzuckerten »Ornaments der Masse« (Siegfried Kracauer), seine Ästhetisierung der Entbehrung (breite Streicherflächen in Moll!) allesamt mehr als verdient. Verdient haben sie ein Produkt der Kulturindustrie, das vornehmlich die Instrumente seiner Herstellung (Spezialkameras, Attrappenkameras, Roboterkameras) zur Schau stellt und Posterbilder – durchaus vom Format eines Scorsese – aneinanderreiht. Je rasender die Auslöschung der Natur vonstatten geht, je größer der »Umweltkummer« (von Wulffen) wird, desto opulenter, ausgeklügelter und kunstvoller sind unsere Tierdokumentationen, und die irreführende Narration ersetzt die Explikation. Tierfilme, einst, technisch bedingt, zurückhaltend, keusch, die Kreatur achtend photographiert und mitunter pädagogisch brauchbar, sind heute zuallererst ein dickes Eigenlob der Medienindustrie, Zeugnisse einer Selbstberauschung, sich selbst adelnde, semicineastische Bilderwelten, die mit den Objekten, die sie abzubilden vorgeben, wenig mehr gemein haben als Werbespots einer Schnellbraterei mit den empirischen Fleischklumpen auf dem Tablett. Im Grunde wäre man genausogut mit den vom US-Militär und von sonstiger Großindustrie in Auftrag gegebenen »Dokumentationen« bedient, die auf N24 rauf- und runtergenudelt werden (*Die zweite Front, Zehn Jahre Afghanistan, Superschiffe, Brücken am Limit, Legenden der Luftfahrt, Abenteuer Autohof*).

Und ganz und gar haben die wackelig-autodackelig einherwankenden und -watschelnden und sackhüpfenden Popperpinguine, diese »grotesk wirkenden Vögel« (Fehringer, unser Mann!), den worst film about birds ever verdient: Luc Jacquets *Die Reise der Pinguine* (2005), einen infernalisch infantilen, nervenzerstampfenden Schleim, der mit einem Strauch Goldener Himbeeren hätte prämiert werden müssen.

Da schüttelt es sich, da robbt's, da paddelt's, zetert's und trottet's, dann hechten sie oder absolvieren ein paar betuliche Rutsch- und Schlittenpartien oder kugeln herum, und dann wird wieder etwas gewartet. »Ein Tag vergeht, dann ein weiterer, ein dritter Tag.«

Zwischen Blasmusik und gesanglichem Innerlichkeitsgequirle von unermeßlicher Geschmacklosigkeit ein Kollektivmonolog, der einen das Speien lehrt: »Unter uns summt das Magnetfeld der Erde seine uralte Melodie.« Warum kann man in Filme nicht reinschlagen?

Die alljährliche Zusammenkunft der Pinguine – siebzig Prozent ihrer Zeit führen sie »Fernbeziehungen« (*Süddeutsche Zeitung*, 10. September 2015; gutes Blatt!) – sei, please fasten your seat belts, »ein Rendezvous von Verliebten« in einer »Oase der Liebe«. Ein Rendezvous von Verliebten in einer Oase der Liebe.

Genauer: »Alle suchen in der Menge nach einer verwandten Seele. Überall hört man Liebesrufe.« – »Wir werden tanzen den ganzen langen Winter über.« – »Wir haben uns Liebe geschworen. Wir haben uns geliebt. Alle um uns herum schweigen. In der wohligen Wärme unserer Bäuche kündigt sich neues Leben an.« – »Immer wieder singen wir unser zauberhaftes Lied. Im Wiegen unseres Tanzes gelingt uns die entscheidende Bewegung.« – »Das Wasser streichelt uns.« – »Die Töchter der Nacht lassen ihre schönsten Schleier um die Sterne tanzen.« – »Nur Mut, gebeugtes Volk!«

Da kann einem die Lust an der Natur vergehen. Dogmatischer Abbruch bei Minute 38:04.

Mit der hehren »Ehigkeit« (Heinroth) der Pinguine ist es nicht weit her, ebensowenig mit der moralisch-morphologisch gefestigten Balz. Schon der Baseler Zoologe Adolf Portmann berichtete Mitte des vergangenen Jahrhunderts von einem Fall, »wo ein weiblicher Albino beim Königspinguin auf die Männchen eine größere sexuelle Anziehung ausübte als die normalen Weibchen«, und es gebe »auch Beispiele, wo Pinguine albinotische Ausnahmetiere mißhandelt haben«.

Das Pinguinweibchen ist, so Otto Fehringer, geschlechtlich gesehen schwer von Kapee, erst spät »antwortet es […] in sachgemäßer Weise auf die Bemühungen des Partners«. Das sind eisklare Worte. Um uns vollends die Augen betreffs der invariablen Verirrung der Pinguine zu öffnen, bedurfte es allerdings des Toppreßerzeugnisses *Süddeutsche Zeitung* (Ausgabe vom 20. August 2015, Überschrift: »Fiese Biester«), in welchem »das wahre Gesicht der Pinguine« derart ungeschminkt gezeigt ward, daß seither jedem gescheiten Ethologen der Schrecken ins Gesicht graviert sein müßte.

Nachbarn bestehlen sich gegenseitig und erschlagen gegenseitig den Nachwuchs. »Nähert sich eine Raubmöve, drücken zwei Pinguine einen dritten nach vorne, damit dieser den Feind abwehren muß.« Und bevor sie sich ins Wasser zu springen getrauen, schubsen sie den machtlosesten Artgenossen hinein, auf daß er den Seeleoparden zum Fraß falle.

Weibchen huldigen ohne Ausnahme der Prostitution, Männchen sind vollkommen ichsüchtige Spacken: »Sie verhielten sich entweder wie Kinder oder wie alte Männer, so sehr seien sie mit sich selbst beschäftigt.« Und bei Adeliepinguinen – um die kompromißlose, ausschweifendste Unwesenhaftigkeit der Pinguine auf den Punkt zu bringen – stehen die Masturbation mit Steinen, Massenvergewaltigungen verletzter Weibchen, Nekrophilie und Homoorgien auf der Tagesordnung.

Beschönigungen haben keinen Sinn mehr. Pinguine sind »eine heillos überschätzte Tierart« (ebenda), ein viehisches Vieh. Ihre Usancen sind mit der UN-Konvention unter keinen Umständen vereinbar. Solche Gepflogenheiten sind in Zeiten, in denen allerorten ein zutiefst humanistisches Weltbild unser Sinnen und Handeln bestimmt, nicht länger tolerabel. Wir müssen daher sämtliche Volkslieder über den Pinguin einer gründlichen Revision unterziehen, wir müssen unsere Volksliedbücher umschreiben. Der alteingesessene Verlag Penguin Books muß umbenannt werden.

Lange genug haben sich die Pinguine mit ihren Perversionen bedeckt gehalten. Sie haben sie vertuscht, verbrämt, bemäntelt – bemäntelt mit ihren gleisnerischen Livreen. Wacht auf! Niedliche Vögel? Jesusundjosef! Erlesene Vertreter der Aves? Ihr habt sie doch nicht mehr alle!

Nicht satisfaktionsfähig ist ergo der Pinguin, der infame »Herkules des Gehirns« (Mecki). Licht ist gebracht worden in die platonische Höllenwelt des Pinguins. Entzaubert und in den Senkel gestellt und widerlegt wurde der Pinguin in seinen degoutanten Daseinsgrundfesten.

Nein, bei aller Liebe, bei aller Nachsicht – hier wissen wir in Sachen Ehrenrettung, wenngleich womöglich scheinheiliger, nicht mehr weiter. Wir schreiben in Zukunft nur noch über Blauwale.

Oder über Delphine. Die sollen keinen Deut besser als Pinguine sein.

Oder, stop! – : vielleicht doch über jenen verhuschten, verwirrten Pinguinwinzling, den Werner Herzog für seinen Dokumentarfilm *Encounters At The End Of The World* (2007) eingefangen hat, als er sich aus seinem dem Meer zustrebenden Pulk, der Pinguinwelt restlos überdrüssig, löst, kurz innehält und dann ins Landesinnere aufbricht, zielstrebig, von allen und allem verlassen, seinem sicheren Tod entgegen.

Ihm, ja, ihm, dem qualvoll anrührenden depressiv-suizidalen Knopf – erteilen wir auf Bitten von Leo Fischer die vollumfängliche Absolution.

DIE GOLDAMMER

Sie hat zuletzt vieles richtig gemacht, die Goldammer. Als Kind wähnte man sie bereits verschwunden. Sie galt als »Geweste« (John Cleese). Man hörte sie nicht, wenn man über das ausgeräumte Land radelte, der Opa meinte, sie sei »fott«, und der Onkel erklärte es einem. Es war die Flurbereinigung (nicht die napoleonische, versteht sich), die Zusammenlegung der Felder zu ergiebigen großflächigen Produktionseinheiten, samt Trockenlegung und Begradigung, die Beseitigung der Hekken und ertragsschwachen Ackerraine, die Neuvermessung der Welt nach den Maßeinheiten und Maßgaben einer agroindustriellen Landwirtschaft, ja aggrokapitalistischen Weltanschauung. Mit dem Bauern, den man noch aus den Kinderbüchern kannte, machte sich auch der Bauernkanarie vom Acker. Er zog mit in den großen Trecks der Verstummenden und stillschweigend Verschwindenden, neben Kiebitz, Rebhuhn, Lerche, Weißstorch, Hamster, Hase und Karl dem Käfer.

Was man damals hätte vermissen müssen, wird einem jetzt erst richtig klar. Nicht, daß es sich bei der Goldammer um einen besonders kostbaren Vertreter der europäischen Vogelwelt handelte. Paarungs- und Brutverhalten sind ohne besonderen Befund, die Ernährungsweise ist angemessen, der Gesang charakteristisch, einprägsam, doch dabei von robuster Repetitivität, ohne größere Variation und Innovation, Raffinesse und Meisterschaft. Nicht umsonst heißt der Vogel in englischer Sprache Yellowhammer, gelber Hämmerling, nach einem Gesangsgesellen, der ebenso unermüdlich wie gleichmäßig seine paar Töne klopft.

Dieser Simpel kann gleichwohl auf unschätzbare Art, mit Stimme und Gestalt, eine Landschaft prägen. Das merkt, wer einige Zeit in der nicht bereinigten Flur verbringt, unter dem Gewebe des Goldammergesangs, geleitet von den Lichtflecken, die in den Bäumen, über den Hecken, zwischen Zweigen immer da entstehen, wo der Vogel sein »blütengelbes« (Gerlach) Gefieder zeigt.

Er tut das nun vor allem in den unaufgeräumten Ecken der zersiedelten Landschaft, auf nicht mehr verwertbarem Ödland oder subventionierten Brachen, den Rückzugsflächen des Naturschutzes, neben Kiesgruben, an den Rändern der Autobahnen und ausfransenden Ortschaften, auf den Ausgleichsflächen, mit denen die Gemeinden Ablaß entrichten für die Ausweisung immer neuer Gewerbegebiete und Wohnparks.

Hier singt die Goldammer nun von Rain zu Rain, markiert Revier um Revier und teilt das Land nach ihren Maßstäben ein. Wenn der Winter endet und der Frühling beginnt, wenn Eindruck und Nachwuchs gemacht werden muß, wenn gefüttert und für die Jungen geakkert wird, wenn's Morgen ist und Mittag und Abend, bewölkt, windig oder lichterfüllt, ob Flugzeuge lärmen oder Jogger joggen – sie bleibt dabei und klopft beharrlich ihre Töne. Der Gesang der Ammer, er ist wie eine klingende Gebetsmühle, eine stets wacker voranklimpernde Spieluhr. »Ziezisissisisühsissi-siehh.«

Selbst im späteren Sommer ist sie unüberhörbar, dann, wenn die anderen Vögel Ferien machen oder liegengebliebene Dinge erledigen, jedenfalls ihren Schnabel halten. Sie untermalt die Flugübungen der jungen Bussarde und Falken, begleitet die Bluthänflinge, Grünfinken und Zeisige, die körnerkauend über die Getreidefelder ziehen, weist den Krähenbanden ihre Sammelplätze zu, gibt dem Neuntöter eine Strophe zum Abschied und der allseits hin und her zappwippelnden Bachstelze einen beruhigenden Refrain mit auf den Weg.

Und den Spaziergängern, die sich von ihren zerfleddernden Ortschaften aus nun gelegentlich in die Natur verirren, weist sie die Richtung: flankiert ihre Schritte, fliegt kurz zur Seite, wenn man ihr zu nahe kommt – geht's halt weiter! –, und bezieht bald wieder Position, um ihn erneut zu schwingen, den kleinen gelben Hammer.

Der Bauernkanarie mag weg sein, und wenn wir etwas nicht vermissen, ist es jener volkstümliche Vogel, der dem »alten Landmann« am »lachenden Ährenfelde« von »Treu und Redlichkeit« gesungen haben soll.

Aber um die gelbe, fast goldene Ammer, die hartnäckig sich und ihre Landschaft besingt, wäre es schad'. Sie ist noch da, sie ist wieder da, the »yellowhammer is still a yellowhammer« (S. Barnes).

Thumbs up.

DIE DOHLE

Man muß auch mal bequeme Wahrheiten aussprechen. Etwa jene, daß die Dohle fabelhaft ist. Daß sie zu den interessantesten Repräsentanten der Avifauna gehört, unter den Fiederförmigen zu den Überfliegern zählt und im Haus der Schöpfung ganz oben wohnt. Das Thurmvögele, der Domrabe, das Dacherl. Schön ist die Dohle, mit ihrem tiefschwarzen, bei näherem Hinschauen feinschattierten, mitunter schillernden Gefieder, mit der dunklen Kappe sowie dem hellen Hinterkopf und Nacken. »Aschgrau« (Brehm), »rauchgrau« (Anton Vogel), »weißgrau« (Schuster), »samtgrau« (Stefan Bosch) ist der, mattes Silber, Schornsteinfegerfarbe, ausgeblichen unterm Licht des Himmels. Das Schwarz, das sie trägt, scheint die Strahlen der Sonne zu schlucken, und doch leuchtet es zugleich, intensiver als die bunten Prachtklamotten so etlicher anderer Vögel. Die wasserfarbenen, blauen oder grauen Augen wirken interessiert, lebhaft, offen; und was man in ihnen sieht, das ist ein wacher, umherwandernder Blick, kein dunkles, dumpfes Brüten, nervöses Äugen oder rasiermesserscharfes Fokussieren. Sondern man sieht einen Blick, der meinen läßt, die Dohle »habe die Fähigkeit, einen Menschen zu durchschauen« (Marcel Beyer).

Wie alle Rabenvögel gelten die Dohlen als intelligent, plietsch, ja als formidable Schlaumeier. Sie sind neugierig und haben ein gutes Gedächtnis, sie können Artgenossen (aber auch Nicht-Genossen) individuell unterscheiden, sie lernen von ihrer Umwelt und sind auch »in der Lage, Analogien zu bilden« (Wikipedia). Daß sie nur bis sechs zählen können, während Kolkrabe und Papagei den Zahlenraum bis sieben beherrschen, ist ihnen egal.

Persönliche Höchstleistungen kümmern den »hochsozialen« (Riechelmann) Vogel letztlich nicht, wohl aber ist er besorgt um das Leben der anderen. Einmal vermählt, bleiben Dohlenpaare meist ein Leben lang zusammen, in einer Paarbeziehung, die nicht nur durch Imponierrituale und Unterwerfungsgesten, sondern durch unermüdliche Gemeinsamkeitsbezeugungen, allerlei Zärtlichkeiten und Tandemflüge gepflegt wird. Dabei kennt *Corvus/Coloeus monedula* auch gleichgeschlechtliche Partnerschaften, denn als Wappentier des Konservatismus möchte sie nicht gelten, trotz ihres Mönchsgewands.

Anziehend erscheint vor allem das Gruppenbehaviour der meist in Kolonien lebenden Dohlen. Ihre Gesellschaft ist strukturiert durch Hierarchien, aber nicht geprägt von permanenten Balgereien um Rang und Namen. Hochstehende Vögel lassen niedrigstehende meist in Frieden oder greifen schlichtend in Auseinandersetzungen ein, und wenn eine Dohle einer anderen die bereits bezogene Nisthöhle streitig machen will, wird der Konflikt im allgemeinen Aufruhr der gesamten Kolonie erstickt.

Die älteren und erfahrenen Vögel bringen den jüngeren bei, wer als Feind zu fürchten ist, wie man an Nahrung kommt und wann es gilt, zum Schlafplatz zurückzukehren. Daß ihr Sozialverhalten nicht bloß den Instinkten, genetischen Programmen und mechanischen Bewegungsmustern folgt, ermöglicht ihnen, auch zu Menschen engere Beziehungen aufzubauen. *Coloeus monedula* offenbart uns Plastizität oder, Jesus, ja, Elastizität, Offenheit, Resonanzfähigkeit, ohne jedoch die Schlichtheit und Rätselhaftigkeit des Tiers preiszugeben.

Daß der Dohle auf Grund ihrer Kombinationsgabe und Wendigkeit im Reich der Fabeln allerhand Schlechtes angedichtet wurde – Selbstüberschätzung, Hochmut, Verstellung, Neid und allerlei Insubordination –, ist ohne Belang. Und auch, wenn sie zu den allseits verdächtigten, verfemten Schwarzfräcken gehört, erscheint sie nicht allzu beschwert von düsterer Rabenmythologie, die sie durch ihre muntere, »lebhafte« (Alfred Limbrunner und weitere) Erscheinung dementiert. Zumal durch ihre Laute, durch das Schnalzen, Klicken, Schnarren und Schnacken, das helle »Kjah« und tönende »Daah«, das »Jüpp« und »Kjack«, durch jene Rufe, die den Dohlen die schönsten lautmalerischen Namen eingebracht haben: Tschok (Lorenz), Czik (Andrej Tschichatschow) und Tachotschek (Ludwig Kaltenburg) heißen sie, Kasatschok (Russen), Schacques (Franzosen) und Jackdaw (Engländer).

Die Dohle verfällt auch einmal ins melodiöse »Schwätzen« (Limbrunner und so fort) und leise Singen; ihre Stimme ist aber Sprache, Unterhaltung, Signal und Geplauder in einem. Gesetzter Wohlklang, erschwingliche Schönheit, respekteinflößende Stärke oder rekordverdächtige Leistungen sind ihre Sache nicht. Sie ist eine Liebe auf den zweiten Blick, eine Freude für den, der Zeit hat, die Kreatürlichkeit zu schauen, der aufs Unvorhersehbare achtet, auf die feinen Unterschiede, die Möglichkeiten des Seienden innerhalb der Zwänge der Natur. »The daw [...] is always interesting.« (William Henry Hudson)

Der Flug der Dohle ist leicht und ungebunden, wagemutig und gewandt. Doch auch am Boden weiß sie Punkte zu sammeln. Wer die Dohlen während des Herbstzuges in Augenschein nimmt, bei der Nahrungssuche auf Feldern und Wiesen, der sieht keine »geschlossene Gesellschaft« (Popper, Schmidt), keine streng synchronisierte Freßgemeinschaft, sondern Zusammenhalt in gewürfelter Form. Wenn der Schwarm gelandet ist und sich über die Gemarkung verteilt, die kleinen Raben sich unter Krähen mischen, aus dem Pulk sich Paare oder kleinere Gruppen lösen, gerät der einzelne, der einzelne Vogel in den Blick. Und wenn dann eine Dohle mit leichtem Wippen übers Gras grackelt und zwischen den Halmen nach Eßbarem sucht, interessiert die Umgebung mustert, zu einem Artgenossen hinüberhüpft, um mit diesem ein wenig »Gekrakel« (Schuster) auszutauschen, fürder sich wieder dem Erdreich zuwendet oder kurz innehält, den Kopf erhoben, die Hände in den Hosentaschen, die schwarzen Rockschöße nach hinten geschoben – dann ist das eine Szene, die auch neben den erstaunlichsten Superzeitlupen der besten BBC-Dokumentationen bestehen kann.

Eine Dohlenkolonie im Kirchturm läßt selbst Atheisten andachtsvoll nach oben schauen, dahin, wo die Dacherl ums Gemäuer jagen, segeln und gleiten, sich zusammenfinden und auseinanderdriften, »wie Rußflocken am Himmel« (Tomas Bannerhed), sich hochheben und hinunterstürzen lassen, getragen von vielerlei Stimmen und großem Hallo. Und noch dann, wenn es tierischer Ernst wird und die Dohlen ihr Staatswesen gegen einen Greifvogel zu verteidigen sich gezwungen sehen, ist in ihren wütenden Manövern etwas Akrobatisches, das dem Kampf seine Unerbittlichkeit nimmt. Der Existenz ihre niederschmetternd simple Daseinshaftigkeit.

Man muß es zugeben und kann es nicht leugnen: Die Dohle ist spitze. Nur daß sie sich mit diesem Konrad Lorenz eingelassen hat, bleibt unerfreulich. Einen Text über die Dohle zu schreiben, ohne diesen »knorpeligen Mann« mit dem »silbernen Spatenbart« (Bruce Chatwin) zu zitieren, ist ein Ding der Unmöglichkeit geworden.

Und das hätte nicht sein müssen.

AMSEL UND STAR (MISZELLEN)

1) Ist – in der hiesigen Kulturnatur – Schmerzlicheres zu beobachten? Als ein wie ein schlaffer Sack in sich zusammengesunkenes, dem Anschein nach vor Angst vergehendes, geschupptes Amseljunges, das sich auf den Boden kauert und nun verschreckt, der Schweif in arger Unordnung, herüberlugt aus seinen ölig schimmernden Augen? Hat's, es friert vor uns, dort im Gebüsch, der Kindkollege weggehackt und vertrieben? Oder gar die garstige Mutter? Die ein paar Minuten später seelenstumm und -taub an uns vorüberflummiert?

2) 18. März 2015, vor dem dantesken Schiphol-Plaza-Shoppingcentre am Amsterdamer Flughafen: im pastösen Bodennebel Starkkonzert eines Einzelstars auf einem Betongraskübel inmitten einer Spatzenbande.

Am nächsten Morgen um sieben, zwei Stunden vor der Ankunft in Newcastle, wir stehen an der Reling, entbietet der Star mit einem kurzen Halbkreisvorbeiflug einen Gruß, auf offener See.

Er hatte uns zum Reisegefährten erwählt.

3) Himmelzwirn! Was ist denn los?

Ordentlich geriert sich der Grünfink an der Tränke. Nicht lungert, hängt und gammelt er da des Juxes wegen herum, sondern er verweilt dort allein auf Grund des Nutzens, was ihn zu einem umgänglichen Zeitgenossen bestimmt und als guten Mann auszeichnet.

Jetzt aber schlägt er im Pflaumenbaum kindisch sein krächzendes Geschall', sein Schwunschen an. Anselm, der Amselvater, steilt übermütig flötend und gebieterisch zum ausladenden Ast hinauf.

Herrgottnochmal, vertragt euch, ihr Rotzlöffel!

Zwei, drei Meter hat sich das Amseljunge durch ein Beet geschleppt. »Digger, tut was weh?«

Wir fürchten Elendes.
Auf allen vieren kriechen wir, irgendwas wispernd, zu ihm hin. Es linst – schmatzt – und fliegt von dannen!
Und scheißt en passant herzhaft auf die Gänseblümchenwiese.

4) »Das Lied, das aus der Kehle dringt, / Ist Lohn, der reichlich lohnet.« (Goethe) Begabung ist der Amsel, der »kleinen süßen Orgel« (G. Stein), nicht abzusprechen. Der festliche Flow des Amselliedes zeugt vom Triumph des »Kunsttriebs« (Schopenhauer) über den stummen, inneren Zwang zum stumpfsinnigen bevölkerungspolitischen Engagement, vielleicht. Barbara von Wulffen lauscht aus dem Vogelsang »eine gesteigerte Selbstdarstellung von Lebensintensität« heraus. Vermag sich Intensität selbst darzustellen? Eine Entität, etwas Seiendes, bestimmt, aber eine Intensität, eine Eigenschaft? Ist eine Eigenschaft nicht einfach *da*, kenntlich, wahrnehmbar? Und demzufolge halt doch etwas Seiendes? Das sich darob selbst zur Darstellung bringen kann? Nein – eine Eigenschaft ist immer nur *an etwas* da. Für sich ist jede Eigenschaft inexistent.

»Ernst ist das Leben, heiter ist die Kunst« – obgleich zum Kalenderspruch herabgesunken, beansprucht das Diktum aus Schillers *Wallenstein* sein Recht, im überzeitlich-naturontologischen Sinn. »Der Gesang der Vögel verkündet Fröhlichkeit und Zufriedenheit mit seiner Existenz.« (Kant)

Weshalb also nicht der Vogel, sondern der Gesang sich selbst darstellt und der Vogel: ein Nichts ist. Alexander, hau ihn durch, den Logikknoten!

5) Ein Uhu (finnisch Huuhkaja) war mal den Menschen gram und legte am 8. Juni 2007 in Helsinki das Fußballländerspiel Finnland gegen Belgien lahm, indem er sich nacheinander auf beiden Toren nieder- und nicht überreden ließ, die Mücke zu machen, bevor er eine Ehrenrunde durchs Stadion geflogen war. Ende desselben Jahres wurde er zum »Bürger Helsinkis« ernannt.

Der Star, der Tausendkünstler und Kasper und Quatschkopf, führt ähnliches im Schilde und bedient sich dabei artistischer Mittel. Als »Spaßvogel, der wie ein Schiri pfeift«, wird ihm dies zur Last gelegt:

»In England hat ein Star einmal ein Fußballspiel unterbrochen, weil er den Pfiff des Schiedsrichters so täuschend echt nachahmte, daß alle Spieler im Glauben, es sei abgepfiffen worden, wie angewurzelt aus vollem Lauf stehenblieben.« (mittelhessen.de, 16. Oktober 2010) Eindeutig ein akustisches Trompe-l'œil. Ein Übers-Ohr-Hauen.

6) Auf Iwan Turgenjew (»Die Drossel«) machte die Amsel den Eindruck, »auf sinnlose Weise jugendlich« zu sein. »Die ganze Kraft der Ewigkeit« strömte in der Morgendämmerung auf ihn ein und übermannte ihn, »die Stimme der Natur, jene schöne, unbewußte Stimme, die nie einen Anfang gehabt hat und die niemals enden wird«, der tönende Jungbrunnen hatte sich ihm geöffnet, weinen mußte er, sich geißelnd und zugleich im gleißenden Lautschmelz zerfließend und –

Unbestritten, die Amsel versteht es, wie dahinrinnend zu quinquilieren, zumeist ist ihr Gesang indes banal und plan einer des Kampfes, auf dem Quivive sein, laß keinen Schwanz rein, jede Singwarte eine Wartburg.

Unter den Amseln treiben sich gänzlich ordinär-platzhirschartige Monologschnabler herum. Sind sie dialogisch orientiert, ist ihr Kontergesang voller Improvisationen jedoch im wesentlichen ein Tonthrashcontest, von wegen »samtschwarze Komponistin mit goldenem Schnabel [...], die von der Schönheit des Universums singt« (von Wulffen), daß wir nicht lachen.

7) Die Amsel, schreibt Bernhard Kegel, hat »eine der spektakulärsten zoogeographischen Ausbreitungsgeschichten« geschrieben, »die man in geschichtlicher Zeit von Wirbeltieren kennt. Die Moskauer müssen allerdings (noch?) auf ihren Gesang verzichten«, zu Recht. Solange dieser Putin sich nicht der NATO beugen will, halten wir die Amsel zurück.

Ihren Sinn für reizvolle Landschaften hat sie überwiegend eingebüßt. Sie wurde zum Asphaltvogel, zum synanthropischen Syndonium, zu einem Dämon der Grünstreifen und Kurzrasenflächen, zum ungehemmt exploratorischen Exploiteur, zu einem Powerpicker und Profiteurprick.

Mit schräggehaltenem Kopf hört die Amsel das Erdreich ab – dachte man lange. Nein, sie scannt es »instinktfest« (Karl-Otto Apel) mit den gelbeingefaßten Augen. Eine weitere Futtersuchstrategie des Omnivoren, des »Gemischtköstlers« (R. D. Precht kürzlich in der *FAZ*, die auch immer besser und interessanter wird, halleluja!), ist das Blattwenden, »Katzenfutterklau ist ebenfalls verbürgt« (Lieckfeld/Straaß), bravo, bravo, bravo! – obwohl es »vom internationalen Genußmittelabkommen für Singvögel in der Bundesrepublik noch nicht erlaubt ist« (H. Jaeger).

8) Adorno erblickte im Amselgesang, im »ungebundenen Liede des Vogels« – in Analogie zur atonalen Musik – einerseits den Vorschein des kreatürlich gewordenen, von allen Regeln, Konventionen, Wiederholungen und Zwängen befreiten Geistes; ein Gedanke, den Kant in der *Kritik der Urteilskraft* ähnlich formuliert hatte: »Selbst der Gesang der Vögel, den wir unter keine musikalische Regel bringen können, scheint mehr Freiheit und darum mehr für den Geschmack zu enthalten als selbst ein menschlicher Gesang, der nach allen Regeln der Tonkunst geführt wird: weil man des letzteren, wenn er oft und lange Zeit wiederholt wird, weit eher überdrüssig wird.«
Andererseits sah Adorno in ihm das genaue Gegenteil. »Kein Fühlender, in dem etwas von europäischer Tradition überlebt, der nicht vom Laut einer Amsel nach dem Regen gerührt würde«, schrieb er in der *Ästhetischen Theorie*. »Dennoch lauert im Gesang der Vögel das Schreckliche, weil er kein Gesang ist, sondern dem Bann gehorcht, der sie befängt.«
Vögel singen, weil sie singen müssen.

9) Nun hat »die Vogelsache« *(Ein Jahr vogelfrei)* auch den Haken, daß zum Beispiel der Louisianawürger aus folgenden Gründen singend zeiselt: »Der imitiert den Gesang anderer Vögel, um sie anzulocken. Dann spießt er sie auf Dornen auf, bricht ihnen das Genick und frißt sie.« (Ebenda)
Die feine amerikanische Art?

10) Ungünstig für den Star ist, daß er sich zum Stubenkameraden des Kriegsgefangenen Konrad Lorenz herabzähmen ließ. Das muß in die Bewertung der Dimensionen seiner ethischen Integrität einfließen.

Ein Star war auch der erste Vogel, der beringt wurde, 1889 von dem Dänen Hans Christian Cornelius Mortensen. Das sollte uns zu denken geben.

Etwas besser sieht es für den Star aus, wenn man bedenkt, daß ein »Vogel Stahrl« drei Jahre lang Mozarts Hausgenosse gewesen ist und währenddessen beim Komponieren mitgeholfen hat. Er konnte das Rondothema aus dem Klavierkonzert Nummer 17 in G-Dur nachpfeifen und inspirierte das Wolferl zu seinem Quodlibet »Dorfmusikanten-Sextett« (Köchelverzeichnis 522). Das belegen das »unlogische Zusammenstückeln« der Melodien und die »ausgedehnten, wandernden Phrasierungen« (*American Scientist* 78/1990).

Ist der Star deshalb der Star unter den Vögeln? (*Die* Frage mußte mal gestellt werden.) Und darf sich alles herausnehmen?

Darf er die »Sonate in Urlauten« von Kurt Schwitters nachsingen? »Oder müssen Vögel um Erlaubnis fragen, bevor sie urheberrechtlich geschützte Werke nachzwitschern?«(heise.de, 22. Juni 2001) Ist es nicht lasterhaft, dem Künstler Wolfgang Müller einen Urheberrechtsstreit einzubrocken, weil der eine von Staren intonierte Version der Ursonate auf CD herausbrachte? Und war, andersrum, Schwitters überhaupt befugt, für sein Lautgedicht »Obervogelgesang« Elemente des Starengetöns zu verwenden?

Selbst Leute, die die »Starenkästen« an unseren Straßen hassen, könnten sich in einer ruhigen Minute gleichwohl geneigt fühlen zuzugeben: Er ist »schmitzig« (Anni Roth), der Star, und er übt sich früh.

Stare ahmen Hundebellen, Katzengemaule, Straßenverkehrsrauschen, Hupen, Hörner, Preßlufthämmer und Dampframmen nach, Stare feiern das Inferno des totaltechnischen Zeitalters durch situationistischen Spott.

Zwischeninformation: Die von uns hochgeschätzten Elefanten imitieren Lastwagen.

Stare »üben mit knappendem Schnabel auch die Instrumentalmusik: Es ratscht wie ein Schlagzeug, es knarrt wie ein Mühlrad und braust wie ein Wasserfall.« (Gerlach) Diese burschikosen Burschen »schreiten eilfertig dahin« (Bezzel) beziehungsweise »ganz bedächtlich und mit einem dummen Aussehen« (Johann Matthäus Bechstein) und »perlen« (Dittsche) gehörig, in optischer Hinsicht, und Bier und Whiskey vertragen sie sehr gut, wie alle Vögel.

Riechelmann jedoch stört sich an den kakophonischen Chören und dem »knarzenden Geschwätz« der Stare: »Die schnurrend-schnalzenden Töne können von knackend-scharfem Rätschen durchzogen sein und klingen wenig melodisch.«

Reichholf springt ihm bei und geht mit den Bauchrednern hart ins Gericht. Sie seien »nicht sehr musikalisch«, und was sie unter heftigem Flügelschlagen aus sich herauspressen, sei »der reinste Tonsalat«, was sie »aus sich herausquetschen, hört sich sehr stümperhaft an«, Donnerwetter, der Mann hat einen Braß!

Da grummelt und murmelt ein Schnackel- und Schnörrtonteppich vor sich hin und wirbelt Klapper-, Trommel- und Schlaggeräusche auf. Es zischt, gluckst, gurgelt, brodelt und sprotzelt, quäkt und leiert und quietscht und schnarrt, dazwischen feuert der Halunke eine schmalbrüstige Silvesterrakete ab und wirft die Luftalarmsirene an, und währenddessen ruckelt und wackelt er herum, als sei Karajans Geist oder der heilige Henker in ihn gefahren, es ist eine »Natur=Sauerei« (Thomas Mann) ohnegleichen, und Frau H. schreibt uns: »Übrigens zeigte ich heute dem Star, der regelmäßig in der Platane vor meinem Küchenfenster mit seinem Gesang brilliert, vorhin auch das Buch mit den integrierten Tonaufnahmen. Prompt imitierte er den Ruf des Gauklers! Wahrlich ein Artist, der Star.«

Hat er noch mal Glück gehabt.

11) Vieles ist: stumpfe Verstoffwechselung.

In »kompetitiver Umgebung« produzieren die Blaukehlhüttensänger, die zu den Drosseln gehören, wie unsere gar nicht g'schamige Schwarzdrossel, vulgo Amsel, Sonderrationen des Sexualhormons Androgen und verdrängen, dergestalt gedopt, die Berghüttensänger (siehe *Spiegel Online*, 24. Februar 2015). Liebesgrüße aus der Lederhose, unterm Dirndl wird gejodelt, dicke Eier und leck're Mädsche, das alles eben.

Vermaust die Amsel, ist sie übellaunig und sitzt phlegmatisch herum. Als »typischer Gebüschvogel« (Fehringer), der sie ist, schlägt sie sich in der übrigen Zeit des Jahres allerdings nur selten einmal feige in die Büsche. Ständig ist sie voller Prätention unterwegs, dauernd steht sie »unter Dampf« (Prof. Volker Tausch, Bonn) und »zigeunert herum« (Fehringer), hüpft und läuft und tupft im Vorbeigehen dies und das auf, beim Pan! Das arttypische Tixen, das Katzenekel und andere Mistkerle anzeigt (sogenannter Bodenwarnruf), schlägt sensiblen Menschen aufs Gemüt. Fälle von tixbedingter Krankschreibung nehmen zu.

Ehedem ein dezenter, gentiler, genügsamer Waldbewohner mit so gut wie keinen theatralischen Ambitionen, hat die Amsel als Urbanbürger eine rasende Prügellust entwickelt, die sie vor unseren Augen schamlos auslebt. Am Morgen des 10. März 2015 etwa kloppten und zerzausten sich zwei Amselhähne in unserem Hof so sehr, daß es uns schaudern und fast ausspucken machte.

Otto Fehringer versucht uns zu beruhigen: »Was im Frühjahr gelegentlich wie erbitterter Konkurrenzkampf aussieht, das gegenseitige Umtrippeln der Männchen in winzigen Schritten, das Verfolgen und Vertreiben, wobei sie sich mit leisem Gesang nachfliegen, ist meist nur Pose.«

So ist es eben nicht! Und ein Beweis für die »Herrlichkeit der Welt« (D. Rothenberg) ist es ebensowenig! Man muß doch nur die richtigen Bücher lesen!

Es ist ja nicht nur so, daß »sich der Vogel bei Unwetter angeblich reichlich blöde verhält« *(Mythos Vogel)*. Mit »schirkenden und tuxenden Schrecklauten« (Gerlach) und schurkenden und taktlosen Schreckschraubentonwindungen hooliganisieren die Amseln in Gärten und Parks vor sich hin, und im Zuge der Keilereien zwischen den Amselmackern, die ihre gelborangefarbenen Schnäbel wie Stichstocher vor sich her tragen, geraten dieselben ab und an derart außer sich, daß sie auf die gelben Krokusse in ihrer unmittelbaren Umgebung eindreschen, sie herausreißen und in die Luft werfen. Reichholf empfiehlt, diese Blumen nicht »als Sparringspartner« anzubieten.

Abgespreizte Flügel und wippend-zitternd-zuckender Schwanz bedeuten: »Was guckst du, Alter?! Machst du Fliege!« Amseln sind aggressive Abstandhalter und Wegpusher, der Garten dient ihnen als Muskelsalon oder Boxring, Betriebsstörungen werden nicht besprochen, sondern ausgefochten. Recte – weiß Gott kein Friedvogel, und auch das Amselweibchen ist kein Feinsliebchen!

Im strengen Winter 2010/11 hackte eine Amsel ohne vorherige Konsultation mit uns auf einen Apfel ein, den wir auf unseren Schreibtisch gelegt hatten, bevor wir hinauf in die Küche gegangen waren, um eine Tasse Kaffee zu kochen. Der Star hingegen entwendet Büroklammern und Stecknadeln, das muß auch gesagt werden.

12) Überhaupt dieser Gesang, da darf noch mal nachgefaßt werden – diese »gemeinen Liedchen« und die Weltzersingerei in den »Buchenhallen« (Cesar Bresgen) und andernorts.

»Die Gänse und die Anten, / das war'n die Musikanten«, schnabelt's aus dem Volksmund. »Die süßen Vöglein jung und alt« (»Nach grüner Farb'«), »die lieben Gänschen« (»Suse, liebe Suse«), »mit Sang und Schalle«, »feldaus, feldein« (Hoffmann von Fallersleben), machen sie Sperenzchen. »Und draußen auf der Landstraß', / da singt der Vogel frei« (»Mein' Schuhe sind zerrissen«), was »viel Freuden mit sich bringt« (Angelus Silesius), hurra, hurra, »und Vögel singen fern und nah, daß alles widerhallt« (»Was frag' ich viel nach Geld und Gut«), und »die Vöglein, sie sangen / so süß im Sonnenschein« (»Die Blümlein, sie schlafen«).

»Hör, zum Tanze singt ein klein / Vöglein seine Weise; / all die schönen Blümelein / nicken rings im Kreise.« (»Klein Marei«)

Fragen Sie die gelben Krokusse.

»Es ist eine Frage der Entfernung«, doziert Rayk Wieland. »Komme ich an einer Lerche in einer Entfernung von etwa dreißig Metern vorbei, ist die Sache klar und weithin positiv geregelt. Unterschreite ich den nämlichen Abstand, entpuppt sich das Ziehharmonikagebaren der Lerche samt tumultuarischem Geträller als Ärgernis von noch nicht abgeschätzten, geschweige denn gemessenen Ausmaßen. Es verhält sich hier ähnlich wie bei der Nachtigall. Da tut sich eine gewisse Eitelkeit kund, die nicht sein müßte.«

Ins Volk jedoch bringst du keine Aufklärung hinein. Nicht wenigstens in dubio pro reo verhandelt es die Sache, sondern in dulci jubilo verliert es den Restverstand. »Die Lerche singt aus blauer Luft, / die Grasmück' im Klee, / und dumpf dazu als Brummbaß ruft / Rohrdommel fern am See.« (»Wenn kühl der Morgen atmet«)

Na, das mag noch angängig sein. Aber »die hochbegabte Nachtigall« (Paul Gerhardt), ja »der Nachtigall« (Wilhelm Plesch), ist der volkläufige Nachtigall nicht recht eigentlich eine Zumutung? »Nachtigall, schöner Schall« (»In dem Walde sitzt ein Vogel«)? »Die Nachtigall tut singen, des Meisters Geld tut klingen« (»Mein Handwerk fällt mir schwer«)? »Sitzt auf dem Baume Nachtigall / und schläft im Grünen süßen Schall, / daß jeder, der vorübergeht, / gern lange horcht und stille steht.« Was ist denn da mit der Grammatik los?

Martin Luther, die »Nachtigall aus Wittenberg«, stümperte folgende, halb unrein gereimte Strophe zusammen: »Voran die liebe Nachtigall / macht alles fröhlich überall / mit ihrem lieblichen Gesang, / des muß sie haben immer Dank.« Zudem wird er mit den Worten zitiert: »Darumb, wenn du eine Nachtigal hörest, / so hörestu den feinesten Prediger.«

Nüchtern und »nachmetaphysisch« (Habermas) betrachtet, dürfte Mark Twain im Recht sein: »Der Gesang der Nachtigall ist der abscheulichste, welcher der Ornithologie bekannt ist. Ihr teuflisches Gekreisch' wirkt noch auf dreißig Yards Entfernung tödlich.«

Und da rettet halt wenig, daß die Ornitholinguistik eine Strophe des Nachtigallengesangs mit einem Satz in menschlicher Sprache vergleicht. Vergleichen kann man desgleichen Äpfel und Birnen, Schuhkartons und Kathedralen, Vogelbeeren und Planeten, Sandstrände, Sandregenwald-Corporate-Challenge-Läufer, Sanduhren und Sandaletten.

Und sowieso: »Daß die Vögel allein Gesang besitzen, ließe sich vielleicht daraus erklären, daß sie freier als alle andre Thiere in dem Elemente des Tons und in seinen reineren Regionen leben, wenn nicht so viele Gattungen derselben, gleich den auf der Erde wandelnden Thieren, an wenige einförmige Laute gebunden wären.« (Wilhelm von Humboldt: *Über die Verschiedenheiten des menschlichen Sprachbaues und ihren Einfluß auf die geistige Entwicklung des Menschengeschlechts*)

13) Paul Celan: »Vom Anblick der Amseln, abends / durchs Unvergitterte, das / mich umringt, / versprach ich mir Waffen.«

14) Macht der Pastichevogel Star im Herbst über die Berge (unterdessen »pfeift« er mitunter »auf den Winter«; *Augsburger Allgemeine*, 9. Januar 2015), schließt sich »das schwarze Volk« (Th. Lessing), schließen sich die Tataren des niedrigen Himmels, diese Heuschrecken unter den Wirbeltieren, zu ungeheuren Schwärmen zusammen.

In den pulsierenden Wolkenwellen, welche »die besten Formationsflieger der Welt« *(Federleicht und flügelweit)* vermöge eines sprachlos machenden Steuer- und Koordinationsverfahrens bilden, herrscht akustischer Fraktionszwang. Es ist ein Krakeelen und Ramentern, ein Sammelsurium ganz und gar unsinniger Laute, ein Kauderwelsch, ja Volker-Kauder-Welsch – *(Gedanken abgebrochen.)*

»Fliegt rascher, die Ebenen warten / Die Kälte nimmt zu und / Dort ist die Wärme.« (Brecht: »Lied der Starenschwärme«) Und da hat man dann nichts als Scherereien.

Jedes Jahr regnet es auf Rom Millionen von garstigen Staren, »und die betroffenen Stadtteile versinken im Kot« (*FAZ*, 14. November 2013). Sie »kreisen mit geschwätzigem Gesang über ihren Schlafplätzen, zischen, schnalzen und pfeifen in den Blättern der Platanen, um sich dann wie ein Wirbelsturm aus dem Baum zu erheben und noch einmal ein paar Kreise um die Kirchtürme der Stadt zu ziehen, bis es endlich ruhiger wird und es nur noch in den Bäumen raschelt und zirpt«.

»In der Formation von Schläuchen oder Vasen, Spiralen oder Tornados« schnüren sie die Altstadt förmlich ein, ihre Debatten übertönen Radio und Fernsehen, Regenschirme finden als Verkotungsschutz reißenden Absatz, und auf den Trottoirs am Tiber rutschen die Menschen reihenweise aus und legen sich flatschbatsch auf die Nase.

Verständlich, daß in den Kommentarspalten ein Sturm der Entrüstung tobt: »So eine Frechheit!« – »Was denken sich diese Stare eigentlich dabei?« – »Die abendlichen Vertreibungsversuche am Tiber zu beobachten war sehr lustig, bedauernswerte Mitarbeiter der Stadt wurden in Affenkostüme gesteckt und sollten, mit Megaphon bewaffnet, die Tiere vertreiben.«

»Fasse es, wer es kann.« (Reichholf)

15) Die kaum erforschte, adrette Meeresbodenamsel, soviel ist füglich festzuhalten, mag Stunk von Herzen nicht, ist ein maritimer Einsiedler und weltweit der einzige Vogel, der seine Eier nicht an Land legt.

16) Der Komponist Olivier Messiaen schrieb unter anderem die Klavier- und Orchesterwerke *Katalog der Vögel* und *Gesang der Vögel*. Er verehrte die Sperlingsvögel, die *Passeriformes*, für ihre »sanfte Virtuosität«, vergaß jedoch zu erwähnen, daß die talentiertesten, versiertesten unter ihnen diejenigen Kameraden sind, die ihr Revier am giftigsten verteidigen. (Der Stieglitz hat bei Vivaldi seinen Einsatz, die von Beethoven in der *Pastorale* und von Wagner im *Siegfried*, Passage »Waldweben«, gewürdigte Nachtigall lassen wir hier endlich gern außen vor.)

Die Amsel zum Beispiel. Ihr Revier- und Lockgesang setzt gegen Viertel nach vier ein. Sie ist ein derart einfallsreicher und gewandter Sänger, daß ihr der gottgleiche Gitarrist Jeff Beck auf seinem Album *You Had It Coming* (2001) das Stück »Blackbird« widmete. Nur ein Genie wie Beck vermag auf sechs Saiten das Repertoire der Amsel nachzuahmen. Man zählt bei der Amsel über dreihundert Motive, sie lernt unausgesetzt dazu und verfeinert ihren Gesang unablässig, und sie bildet regionale und sogar lokale Dialekte aus.

Amseln »achten bei Geräuschen, Lauten und Tönen auch auf die Klangstrukturen des Gehörten wie Melodie, Rhythmus und Klangfarbe« (Walther Streffer), und sie imitieren Zivilisationsgeräusche genauso wie etwa das Lachen der Spechte.

Die Amsel ist wahrlich ein komischer Vogel, weit mehr: Sie »genießt den Ton, den die eigene Kehle bildet« (Jacques Delamain). Dieses »mit Schönheitssinn begabte« (derselbe) Tier thront auf seiner Singwarte und reiht Motivketten, Dreiklänge, diatonische Intervalle, chromatische Sequenzen, Melismen und weiche, runde Tonleitern aneinander, daß es eine Pracht ist – »feinste Tongirlanden mit einzeln hervorleuchtenden Perlentönen« (Messiaen), mit teils unfaßlichen Wendungen. Ja, Töne »sprangen […] in die Luft wie Delphine« (Robert Musil: »Die Amsel«).

»Warum versucht man nicht, die Lieder eines Vogels zu verstehen?« fragte Picasso. »Verstünd' ich sein süßes Stammeln, / gewiß sagt' es mir was« (Wagner)! Ist ja nicht so schwer. Die Kohlmeise singt bloß: »Da sitzi, da sitzi«, die Goldammer lediglich: »Ich, ich, ich hab' dich lieb.«

Doch wie hält es der Gimpel, dessen Stimmfühlungsruf sich in einem bescheidenen »Bit-bit« äußert? Es sind Exemplare gesichtet worden, die sich Volksweisen und Nationalhymnen angeeignet hatten, ohne zu fragen, und andere Gimpel, die des Menschen Gesang nachmachten und – verbesserten!

Auch Haubenlerchen korrigieren Menschen, und der Gesang des Rohrschwirls gleicht »dem Aufspulen einer Anglerrolle« (Reichholf).

Nein, da hört der Spaß auf. Mögen die Kaiser der »tönenden Umwelt« (*a tempo* 6/2009), mögen die Singvögel, die als jüngster Zweig des Vogelstammbaumes auch der fortschrittlichste sind, ob ihrer rasanten Tempi, blitzsauberen Intonation, hohen Register, ob ihrer Improvisationen und Glissandi »das wahre, verlorene Gesicht der Musik« (Messiaen) zeigen, diese »Liturgen« und »Diener der immateriellen Freude« (derselbe) – Messiaens Schüler Pierre Boulez hatte laut eigenem Bekunden für Vögel nichts übrig, und Strawinsky fand sie ebenfalls doof.

17) Und wie bestellt meckert und motzt und schimpft gerade, nebenan, die Amsel. Haben des Pärchens Verteidigungskampf gegen die unhaltbare Elster vor ein paar Tagen durch unbändiges Brüllen aus dem Fen-

ster unterstützt. Wir haben gewonnen! Wobei einem nicht einleuch-
tet, warum die Amsel immer nur drei Meter fliegt (mit einer Frequenz
von fünf bis sechs Flügelschlägen pro Sekunde, beim Kolibri sind's
etwa achtzig, der Durchschnitt liegt bei vierzig), landet (und dabei den
Stoß als Balancierstange einsetzt), dann herumtrippelt und schließlich
ziemlich ungenau in die Gegend guckt.

Im Grunde geht es so nicht. Aber es geht so.

Schon richtig, Heino Jaeger lehrte, daß die Amsel manchmal ein
Wesen ist, das uns »kostenlos erfreut und zum Nachdenken anhält«,
ja daß die Amsel »sehr bescheiden« ist – und »ein Vogel, der sehr viel
fliegt«. Doch insgesamt sollte sie sich ein Beispiel an den friedsam und
diszipliniert ausschwärmenden blaßgrauen und über Gebühr scheuen
Tauben nehmen, ja, das sollte sie tun, wergli woar.

Beziehungsweise einfach mal die Syrinx halten, Freundin der Nacht!
Oder wenigstens sotto voce!

(Die ersten Revierflötenkonzerte des Jahres – wie am 19. Februar
2016, in den frühen Abendstunden – möchten wir trotzdem nicht mis-
sen. Und man komme uns nicht damit, Gesangsreichtum, Lautstärke
und Ausdauer seien einzig Kriterien der sexuellen Selektion! Und von
der »Vogelgezwitscherauslösetemperatur«, die das – es gibt halt wirklich alles – Hamburger Institut für Wetter- und Klimakommunikation
dingfest gemacht hat, wollen wir nie mehr was hören!)

18) Vergleiche den Buchfink: Der Buchfink singt *eine* Melodie pro Jahr
eine halbe Million Mal. »Er hat […] im zentralen Nervensystem vor-
gegeben Sollmuster, gegen die er einkommende Meldungen prüft. Das
sind Referenzmuster, und er weiß dann: Das Richtige nimmt er sich
dann als soziales Modell.« (Irenäus Eibl-Eibesfeldt) Prof. Antal Feste-
tics ergänzt, es seien »etwa zwei Drittel des immer wiederkehrenden
und völlig monoton vorgetragenen Finkenschlags angeboren«, und der
Buchfink sei ein Vogel, »der eine relativ schwache Leistung bringt in
der Endphase«.

19) Stadttiere investieren mit Gewalt in den Nachwuchs, und Amseln schuften wie die Ackergäule. Nach vollbrachter Arbeit sind sie im
Eimer, »zerzaust sitzen sie in den Bäumen oder Büschen. Nur noch

leise, mit geschlossenem Schnabel summen sie unstrukturiert vor sich hin und nutzen jede Gelegenheit, die ausgebleichten Federn in die Sonne zu halten. Manchmal verschaffen Ameisen den Amseln etwas Erquickung. Haufenweise schaufeln die Vögel sie in den Schnabel, stecken sie zwischen die Federn oder unter die Flügel. Die Ekstase, in die sie dabei offensichtlich geraten, läßt vermuten, daß ihnen das guttut. Die Säure, die die Ameisen verspritzen, entspannt die strapazierte Amselhaut ebenso wie Staub und Wasser.« (Riechelmann)

Testen sie unser neues After-shave »Axeman Ameise«!

20) Wodurch empfiehlt sich die Amsel des weiteren?

»Amseln, die in der Nähe von Straßenlaternen leben, haben sogar mehr Nachkommen als ihre Verwandten auf dem Land. Die Vögel passen sich den Stadtbedingungen immer besser an, und je besser sie sich anpassen, desto mehr werden sie sich auch ausbreiten – vielleicht sogar mehr, als uns lieb ist.« (Deutsche Welle, 2014)

21) Andererseits, mehrere Beobachter aus dem Odenwald berichten uns, daß die Amseln ebendort eine letale Form von Autoaggression entwickelt haben. Immer wieder passiere es, daß sie sich mutwillig vor ein Auto werfen. Die Amseln im Odenwald, heißt es, begingen regelmäßig Selbstmord.

22) »Seit jeher war ihm die Diskrepanz zwischen dem Verhalten der Menschen und dem restlichen Universum eine Quelle tiefer Besorgnis.«

In Italo Calvinos Erzählung »Das Pfeifen der Amseln« verbringt Herr Palomar den Sommer in einem Garten. Da »entfalten die im Gezweig verborgenen Vögel rings um ihn ein Repertoire der verschiedensten Lautbekundungen, hüllen ihn in einen ungleichmäßigen, diskontinuierlichen und zerklüfteten Klangraum, in dem sich jedoch ein Gleichgewicht zwischen den unterschiedlichen Tönen herstellt, da keiner die anderen durch höhere Intensität oder Schwingungszahl überragt und alle zusammen ein homogenes Gezwitscher bilden, das nicht durch Harmonie zusammengehalten wird, sondern durch Leichtigkeit und Transparenz«.

Es sind nur die Amseln, die Herr Palomar herauszuhören vermag. Und er stellt sich die Frage, ob sie in einen Dialog miteinander treten oder lediglich ein Programm abspulen. »Handelt es sich, im einen Falle oder im anderen, um Fragen und Antworten (auf den Partner oder sich selbst) oder um Bestätigungen von etwas, das letzten Endes immer dasselbe ist (die eigene Anwesenheit, die Zugehörigkeit zur Gattung, zum Geschlecht oder zum Gebiet)?«

Und was wäre, wenn uns die Bedeutung des Amselgesangs erst eine Linguistik des Schweigens erschlösse? »Wenn die Bedeutung der Botschaft nun in der Pause läge und nicht im Pfeifen? Wenn es das Schweigen wäre, in dem die Amseln miteinander redeten? (Das Pfeifen wäre dann nur eine Interpunktion, eine Formel wie ›Ich übergebe, Ende‹.) Ein Schweigen, das scheinbar identisch ist mit einem anderen Schweigen, kann hundert verschiedene Intentionen ausdrücken.«

FINKEN

Finken – kannste nichts sagen. Mußt ja nur schauen, wie die ausschauen. Ganz verschiedene Farben, Grau, Schwarz, Blau. Schönes Blau, so an den Federn. Der eine sitzt immer in der Tanne gegenüber. Oder Fichte. Gelb ist der, singt wie ein Zeiserl. Grüne gibt es auch, ganz dikke Schnäbel haben die. Und runde Bäuche. Bei dem einen meinst, es ist ein Kardinal. Oder Probst, mit rotem Gewand. Der flötet wie ein dicker Flötist. Und der Buchfink ist da immer in der Linde. Jedes Jahr, jedes Frühjahr, jeden Sommer, jeden Tag, morgens, abends. Singt und singt. Schönes Lied, von oben nach unten, und dann ein Triller. Kannst immer hören. Übrigens auch der Distelfink, ganz schön. Hat ja auch dieser Schriftsteller, Mandelbaum oder was, hat der geschrieben: »Gelb und weiß, und schwarz und rot!« – »Stieglitz, komm, ich leg' den Kopf nach hinten«. Kannst nix sagen.

DER MÄUSEBUSSARD

Es mag ja dem einen oder anderen nicht gefallen, daß »Bussardmilane faustgroße Steine in die Krallen nehmen und mit dieser Last im Tiefflug einen Scheinangriff auf die friedlich brütenden Emumänner starten« (Birmelin). Uns jedoch geht ein Mann auf den Wecker, der im Hauptstadtbüro des *Spiegel* arbeitet, bislang zweimal den Egon-Erwin-Kisch-Preis erhalten hat und reihenweise respektive seitenlang solche Sätze zusammenhackt, die dann sogar in einem bei Hanser verlegten Buch landen: »Die Illustrierte *stern* setzte einen weiteren Aufreger ...« – »Da waren die Frauen von Femen, einer Organisation, die mit situationistischen Protesten auf Diskriminierungen aufmerksam macht und dabei ihre nackten oder halbnackten Körper zeigen.« – »Insgesamt zeigen Frauen einen ziemlichen Punch, um ihre Interessen durchzusetzen.« – »Ende 2013 widmete die *Zeit* den Männern ein bedauerndes Dossier, in denen nachgewiesen wurde, daß sie das eigentliche Problem sind.« – »Zu Beginn der neuen Legislaturperiode rückte der Diskurs um Familie und Arbeit eine Stufe weiter.«

Das sind Sätze von vier beliebigen aufeinanderfolgenden Seiten aus einem haargenau in dieser Manier auf fast dreihundert Seiten vor sich hin walkenden Buchstiefel. Eingefallen sind sie Dirk Kurbjuweit. Wer so schreibt, läuft auch mit einem vermüllten Kopf durch die Gegend, begrüßt noch das allerletzte megalomane Infrastrukturvorhaben und wettert gegen die hinterwäldlerischen »Wutbürger«: »Soll ein Windrad aufgestellt werden, heißt es oft, das gefährde die Milane. Tiere sind ein beliebtes Argument gegen den Wandel, der Juchtenkäfer, der Milan.«

Radiert sie aus!

Aus guten Gründen guckt der Mäusebussard dieses und ähnliche Exemplare des »Homo nichtsosapiens« (Kay Sokolowsky) nicht mal mit der Kloake an. Hat er nicht nötig. Muß er sich nicht antun.

Sein Antlitz ist ungleich weicher als das des Habichts, dieses Hekkenschützen, das Auge dunkelbraun, die Wachshaut auf dem Culmen meist gelblich. Für die permanente »gespannte Aufmerksamkeit des Sperbers« (Bezzel) hat er nichts übrig, ebensowenig für dessen Durchtriebenheit.

Weise wirkt der Mäusebussard, stoisch, es umgibt ihn die Aura der Abgeklärtheit. Unbestechlich, wie er ist, muß er sich weder profilieren, noch muß er herumpromenieren.

Er ist ein glanzvoller Hocker, der sich in jedem Wirtshaus bestens machte, ein Experte in der Kunst des Zeit-verstreichen-Lassens, ein begnadeter Verweiler, ein Niederlassungsherold, ein Spezialist fürs Angenehme. Als Ansitze dienen ihm Zaunpfosten, Erdhügel und Steinhaufen, Bäume und Scheunen und was sonst noch rumsteht.

Nachdem er aufgeblockt, aufgehakt oder aufgebaumt hat, schaut er in die Gegend. Naumann meint, der Mäusebussard habe »im Sitzen ein trauriges Ansehen«. Ist das schlimm? Und wieso unterstellt er ihm darüber hinaus »dummen Trotz und Starrsinn«? Will er insinuieren, der »Bussard mit Fischerhosen« (so ein älterer Trivialname) sei kognitiv nicht auf der Höhe? Habe wenig bis nichts drauf?

Die Sippe der Bussarde zeichnet, allgemein gesprochen, ein »grilliges« (Brehm) Gemüt aus, eine gewisse Trägheit oder, wie's beliebt, Unbekümmertheit. Bequemlichkeit ist Trumpf, durchaus, daher belegt der Mäusebussard bei der Notengebung höchstens einen mittleren Platz, das muß in unseren änderungssüchtigen Zeiten wohl so sein.

Dabei stellt der Mäusebussard gleich keinem anderen Vogel in Mitteleuropa Vielfalt in Sachen Gefiederfärbung unter Beweis und präsentiert eine unüberschaubare Menge an intermediären Morphen. In Frankreich tituliert man ihn deshalb als »buse variable«, bei uns fängt er sich dafür allerdings wieder mal Attribute wie »formlos«, »salopp«, »hemdsärmelig« und »unzuverlässig« ein.

Desgleichen bei der Wahl seines Habitats ist ihm Verstocktheit wahrlich nicht vorzuhalten, Wüst hebt seine »nistökologische Anpassungsfähigkeit« hervor. »Heimatberechtigt« (Schuster) ist er, das strenge Gegenteil eines Endemiten, durch eigenen Entschluß nahezu überall, er bequemt sich beinahe sämtlichen Verhältnissen ohne Murren an, und die vom Menschen um- und zugekrempelten Landschaften gereichen ihm zum Vorteil oder gar zum Segen. An Autobahnen und Bundesstraßen, deren Zahl Gott sei Dank nach wie vor wächst, findet er sich, die normale Fluchtdistanz nonchalant stark unterschreitend, häufig und zuweilen zuhauf ein, da ihm jederzeit genügend plattgefahrene Igel und Hasen und anverwandtes Fallwild angeboten werden – was allerdings etliche Jäger, die die Natur praktisch ausschließlich aus der Perspektive hinter dem Volant kennen, zu falschen Annahmen über die Dichte des Taggreifvögelbestandes verleitet.

Wer wollte es dem Mäusebussard verdenken, daß er halt gemütlich am gedeckten Tisch sitzt und »wegkapert« (Naumann) und sich zuführt, was man ihm serviert? Daß er genüßlich ruht? Sich im »Zeitwohlstand« (Christian Haase, CDU) vorzüglich einrichtet?

Gelassen und nie herablassend sitzt er da. In seiner formidablen Faulheit ist er allenfalls mit den Todityrannen aus der in der Neuen Welt ansässigen Familie der Schreivögel vergleichbar. Der Weißflügeltodityrann zum Beispiel »ist nie dabei erwischt worden, weiter als vierzig Meter von Baum zu Baum zu fliegen« (Tait/Tayler). Danach sitzt er neuerlich mit der allergrößten Unnachgiebigkeit herum.

Der Mäusebussard sitzt genauso gern und viel. Er sitzt oft sehr lang und mit viel Geduld. Von Zeit zu Zeit schüttelt er eventuell das Gefieder kurz durch (seine Art der Stoßlüftung), sehr viel mehr macht er nicht. Es muß genügen.

Wie geht ein ewigkeitsgesättigter Dialog zwischen den zwei Genies Gerhard Polt und Otto Grünmandl, »Net vui« aus *Fast wia im richtigen Leben*? Polt: »Was machen S' sonst immer so?« Grünmandl: »Ja mei. Eigentlich nix. [...] Na, nix is' vielleicht zuviel g'sacht.« Polt: »Ja sagenhaft! Da machen Sie solche Sachen!«

Den Lebensvorstellungen der zelotischen Anhänger des Wandels spricht der Mäusebussard hohn, ein Staat ist mit ihm insgesamt nicht zu machen, Umtriebigkeit ist nicht sein Ding. Zu fragen steht und tut da unter Umständen, ob das »politmoralisch« (Radio DDR II: *Studio 80 am Vormittag*, 24. Januar 1987) klargeht. Irgendwie in diese Richtung dachte Brehm, als er sich mopste: »Wenn er aufgebäumt hat, glotzt er den sich nähernden Jäger mit seinen großen Augen an und denkt an alles andere, nur nicht an das Fortfliegen.«

Trotzdem gestand Brehm dem Mäusebussard zu, er könne »sitzen wie ein Mann«. Denn der Mäusebussard betreibt das Sitzen mit bärenruhigem Enthusiasmus und beweist hierbei eine »gute Moral« (BR). Was er sich währenddessen in seinem Kopf zusammenbrüht, ist kaum erklärlich. Vermutlich dreht es sich um Mäuse.

Die Natur hat dem Mäusebussard eine exquisite Begabung zum Sitzen und zum Wohlbehagen mitgegeben. Selbst eisiger, schneidender Wind scheint den gemeinen, volkstümlichen, etwas unordentlichen Beutegreifer beim Sitzen nicht anzufechten.

»Die energiesparendste Form der Kleinsäugerjagd« sei »das geduldige Warten«, legt Einhard Bezzel dar. Klaglos und ungebunden wartet Vogel Wladimir, weil er das Warten aus dem Effeff beherrscht. »Daß Perfektion für Greifvögel sich nicht an den Normen und Regeln einer sportlichen Disziplin orientiert« (derselbe), ist dem Mäusebussard ohne jede Einschränkung klar.

Für ein Gerücht halten wir, daß der Mäusebussard bisweilen jedes Maß verliere. Naumann hängt sich da weit aus dem Fenster: »Zu manchen Zeiten frißt er Regenwürmer in solcher Menge und stopft seinen Kropf so voll damit, daß sie einst einem von uns Geschossenen aus dem Schnabel, in einem großen Knäuel zusammengewickelt, hervorquollen, worauf, weil die meisten noch am Leben, dieser Knäuel sich entwickelte, die Mehrzahl munter fortkroch und sich wieder in die Erde zu verbergen suchte.«

Natürlich, die Suprematie der Greifvögel beansprucht auch der Mäusebussard für sich. Kevin Spacey lehrt uns in der Rolle des Frank Underwood in *House Of Cards* (Staffel 2, Episode 1): »Für die von uns, die zur Spitze der Nahrungskette unterwegs sind, ist Erbarmen keine Option. Ist natürlich beschissen, aber okay.«

Der Mäusebussard unterschreibt das, wenngleich ein bißchen mißmutig den Krummschnabel wetzend. Dennoch, mit einer gewissen Regelmäßigkeit obliegt der Grifftöter, der, anders als die Griffhalter und Bißtöter, die Falken, seine Beute mit den Fängen durchknipst, der Jagd auf Maulwürfe und ähnlich praktikable Happen.

Er tut dies im Rahmen sogenannter Fußjagden – das sind im Grunde Spaziergänge über Wiesen und abgeerntete Äcker – oder aus dem kommod-legeren Streif- und Gleitflug heraus. Mit seinen Teleskopaugen vermag der Fänger über dem Roggen einen Maulwurf aus drei Kilometern Entfernung zu eräugen, das Urteil über den pelzigen Knuddel ist dann jedoch noch längst nicht gesprochen. Noch ist er nicht gerupft und gekröpft. Er hat eine ziemlich faire Chance, da »die meisten Bussardangriffe mit einem Fehlschlag enden« *(Das Leben der Vögel).*

Man muß festhalten: Die feldpolizeilich-regulative Übersicht des Mäusebussards ist über den Daumen gepeilt so oder so hervorragend, er ist ein Ausbund an Ansätzen von Lauterkeit und Angemessenheit. Unter wirklichen Schädlingen schließlich räumt Kamerad Schnürschuh gut und gern auf, sofern es nicht zu sehr anstrengt.

Sein Name ist an das Wort »Buse« (Katze) angelehnt, seines abfallend miauenden, Kritiker monieren: einfallslosen »Hiäh«-Rufes wegen. Im seit der Einführung durch Carl von Linné weltweit gültigen taxonomisch-binomischen System (Gattungs- und Artname; maximal eine Unterartbenennung nach farblicher Variation oder geographischer Rasse) firmiert er als *Buteo buteo.*

Das ist eine saubere, mnemonisch entgegenkommende, in ihrer Kargheit schöne Lösung. Wie augenquälend unleserlich und jedes ordentlich geölte Gedächtnis überfordernd sind dagegen diese binären Wortbrummer (seien sie deskriptiv bezüglich der Farbe, der Form, der Verbreitung oder des Verhaltens, seien sie von der Mythologie inspiriert oder von einer Person inspiriert): *Campylopterus largipennis* (Graubrustdegenflügel), *Loxops caeruleirostris* (Kauai-Akepakleidervogel), *Tachycineta cyaneoviridis* (Bahamaschwalbe), *Pomatorhinus erythrocnemis* (Drosselsäbler), *Coccyzus erythropthalmus* (Schwarzschnabelkuckuck), *Machaerirhynchus nigripectus* (Brustfleckflachschnabel), *Megalaima haemacephala* (Kupferschmied), *Pseudocalyptomena graueri* (Blaukehlbreitrachen), *Rupicola peruvianus sanguinolentus* (Andenfelsenhahn).

Das sind Zumutungen der gröbsten Sorte. Nun riß bereits Goethe bei einem Schnack mit Eckermann verständlicherweise die Klappe auf: »Die Herren Ornithologen sind wahrscheinlich froh, wenn sie irgendeinen eigentümlichen Vogel nur einigermaßen schicklich untergebracht haben, wogegen aber die Natur ihr freies Spiel treibt und sich um die von beschränkten Menschen gemachten Fächer wenig kümmert.« Doch was sich die in den Klassifikationsamtsstuben vergammelnden Erbsenzähler seither meist leisten, geht auf keine Kuhhaut.

Sehr viel besser ist es da schon, wenn beide Bestandteile des wissenschaftlichen Namens identisch sind. Der Gartenrotschwanz heißt etwas sperrig, aber immerhin recht übersichtlich *Phoenicurus phoenicurus*, die lauthals verzierte, der Tarnanzüglichkeit abholde Kragenente – in Anbetracht derer Conradi sagt, niemand könne »erklären, warum sie sich so exaltiert kostümiert, es kann keinem denkbaren evolutionären Zweck dienen« – ein wenig übertrieben, doch stimmig *Histrionicus histrionicus*, der Zaunkönig einprägsam, indes vollkommen unsinnig *Troglodytes troglodytes*. Ein Höhlenbewohner soll er sein?

Als Sonderfall lassen wir *Argusianus argus argus* (Argusfasan) zu. Gut gefallen uns, soundmäßig, akustopoetisch, darüber hinaus zum Beispiel *Aix sponsa* (Brautente), *Gavia immer* (Eistaucher), *Struthio camelus* (der Strauß; wörtlich heißt das »Kamelsperling«; doch, Goethe lag schon völlig richtig mit seinem Urteil, unter den Ornithologen hampelten etliche intellektuell besonders Gehemmte und Eingedämmte herum), *Hemicircus concretus* (Kurzschwanzspecht; klingt nach einer Doom-Artrockband auf Kokain), *Strix nebulosa* (Bartkauz) und *Nectarinia famosa* (Malachitnektarvogel); – und eben:

Cardinalis cardinalis (Rotkardinal). *Limosa limosa* (Uferschnepfe). *Regulus regulus* (Wintergoldhähnchen). Der Stieglitz, »diese dekorative Existenz«, das »I-Tüpfelchen der Madonnenmaler« (Brigitte Kronauer), »der farbenprächtigste Singvogel Europas« und »Botschafter für blühende Landschaften« (Carl-Albrecht von Treuenfels, H. Kohl), der anspruchslose Distelfink also, den wir bereits kurz würdigten und den der flämische Meister Carel Fabritius mit einem grandiosen stillen Gemälde ehrte – er frißt zu des Menschen Freude Unkrautsamen, führt vor unseren Augen im Pflaumenbaum eine vor Vergnügen fiepende Kindergartengruppe aus und trägt einen kleidsamen Fachnamen: *Carduelis carduelis*.

Sowie, da gibt es kein Vertun, einleuchtend und -schmeichelnd sind: *Todus todus* (Grüntodi), *Pica pica* (Elster; wir geben's zähneknirschend zu), *Crex crex* (Wachtelkönig), *Oriolus oriolus* (Pirol), *Anser anser* (Graugans), *Alle alle* (Krabbentaucher), *Bubo bubo* (Uhu) und, on top, *Buteo buteo*.

Was übrigens die hiesigen Sprachschöpfungen anbelangt – auch da gibt es zweifellos Verbesserungsbedarf, vornehmlich dann, wenn sich die betreffenden Arten im fernen Ausland aufhalten. Das Ungetüm »Kauai-Akepakleidervogel« hatten wir schon. Wäre nicht gleichfalls an die Rostflankenbülbülgrasmücke, die Grünscheitelflaggensylphe, die Brustfleckenpapageimeise, den Gelbbrauenbreitschnabeltyrann, den Albinobraunkopfkuhstärling und den Kastanienohryuhina der Sprachhobel anzusetzen?

Bleiben wir beim Altbekannten, dann hat sich das Verfahren der Onomatopoesie bewährt (Uhu, Zilpzalp, Kuckuck). Den in jeder Hinsicht unantastbaren, seine alsbald nestflüchtenden, in der Mimikry hochgeübten Kinder durch die Vorspiegelung von Verletzungen vor dem Feinde schützenden Kiebitz, der in den neunziger Jahren aus unserem Gesichtskreis verschwand und dessen wie besoffen taumelnde Gauklerflüge wir so sehr vermissen, ruft der Engländer auf Grund seiner Stimme »Peewit«; was unser Herz hüpfen läßt, denn einer unserer wenigen wahren Dichter ist Hermann Peter Piwitt.

Die Wissenschaft hat sich dazu durchgerungen, dem Kiebitz den schmelzfeinen Namen *Vanellus vanellus* zu genehmigen.

Wenn *Buteo buteo* nicht sitzt, fliegt *Buteo buteo*. Und wenn *Buteo buteo* fliegt, dann fliegt *Buteo buteo*!

Es ist ja nicht falsch, wenn Einhard Bezzel seinen tollen Bildband *Greifvögel* mit dem Satz beginnen läßt: »Fast unwillig, so scheint es, schwingt sich ein Mäusebussard vom Pfosten des Weidezauns auf breiten Flügeln in die Luft.« Aber in einer älteren Quelle, in Hildegard von Bingens *Naturkunde*, heißt es: »Der Mäusebussard entsteht aus der warmen Luft der Sonne«, und das dürfte stimmen.

Denn wenn wir ihn uns so ansehen, an einem vergoldeten Mai- oder an einem leisen meeresblauen Julitag, dann ist er im Freileben, das sich dort oben in wärmender und weiter Ungezwungenheit entfaltet, sehr geübt. Nicht die geringste Mühe kostet es ihn, ob als Terzel oder Mademoiselle oder im Zweierpack, mit seinen Schwung-, Schweb- und Steuerfedern den Wanderwegen des Windes zu folgen, vorausgesetzt, die Wohlraben und Übelkrähen, die schwerlich einmal fünf gerade sein lassen können, unterlassen es, ihn aus Jux, Dollerei und Maxnmacherei anzuhassen.

Es ist dieser klassische Bussardflug: faul wie die Sau, bloß keinen Flügelschlag zuviel. Der Büchner-Preisträger Jürgen Becker, ein lakonischer Wahrnehmungserotiker, wie es im hiesigen Sprachraum vielleicht keinen zweiten gibt, hat das in seinem Gedichtband *Aus der Kölner Bucht* gewürdigt: »Die Wiesen sind trocken. Am Wiesenrand / stehen Männer und schauen hoch in die Luft, in der / sich der Bussard kreisend entfernt.«

Jetzt »baut sich über einem der Bussard auf, bald über den Wolken, nur ein paar Fußbreit unter der Sonne, effektvoll angestrahlt« (*Dr. R. auf der Suche nach mehreren Formen der Schwerelosigkeit*, Hörspiel, WDR 2014). In die Ringe des Aufwindes hängt er sich, der Segler und Therminator und Zelebrator, seine Flügel »ganz leicht über der Horizontalen und seine gefingerten Flügelspitzen leicht nach oben gebogen« (Bezzel), ein hocheinfaches und hochehrliches und hochbeschwingendes aufwindiges Ausdrucksgebaren.

Wie er fliegt, wie er fliegt. Wer ihm nicht die Gunst erwiese und ihn schmähte gar, der sündigte. Wer sein Fürsprecher nicht wäre. Wer sich nicht für ihn verwendete. Wer ihm Freunde nicht würbe.

Vogel, gütiger, großmütiger, großmütiger friedliebender Geist! Gütiger, generöser! Winde die Winde, gleite dahin, wilder Wohlsohn, wilde Wohltochter! Günstling des Elements! Müssen und Sollen seien dir fremd, edler Genius, entsprungen und entkommen der Erde!

So also lebe, so also lebt der Mäusebussard.

»Man darf die Akten über ihn schließen; der Prozeß ist zu seinen Gunsten entschieden.« (Pfarrer Schuster)

DER ZILPZALP

Viel kann man gegen den Zilpzalp nicht sagen. Viel hat er uns aber auch nicht zu bieten. Kleiner, zarter und schlanker als der Spatz, gräulich-braun, mit eher verwaschener als leuchtendweißer Bauchseite, der Schnabel schnabelfarben, Knopfaugen und dunkel getönte dünne Beine, beweglich im Gezweig, aber nicht akrobatisch, munter, aber nicht kapriziös, von allenfalls mattem Glanz. Er baut ein schön geflochtenes Nest, aber kein Kunstwerk, er leistet Beträchtliches, wenn er seine wenigen Gramm alljährlich von den nord- und mitteleuropäischen Brutgebieten bis in die Golfregion oder Gebiete jenseits der Sahara schafft, aber rekordverdächtich is' das nun ooch wieda nich'. So ist das Aufregendste an ihm wohl, daß noch erfahrenste Vogelwissenschaftler ihn selbst aus nächster Nähe mit einem Fitis verwechseln können.

Der Zilpzalp ist ein Allerweltsvogel, er besiedelt Friedhöfe, Stadtparks, Minigolfanlagen, Freibäder, Biergärten und andere Orte geselligen Zeitvertreibs. Doch zur Zwiesprache mit dem Menschen scheint er kaum bereit. Man mag dem dieserorts ebenfalls oft anzutreffenden Sperling einiges vorwerfen, nicht jedoch, daß er nicht bereit sei, dem Menschen durch possierliches Verhalten die Laune ein wenig aufzubessern. Wer nascht aus unserer Eiswaffel, nippt an unserem Kristallweizen und stößt die Kuchengabel vom Tisch? Der Spatz. Dem Zilpzalp hingegen beliebt es, im Hoch der Bäume zu verweilen und durchs Laub hindurch auf uns hinabzuschauen. Wenn er wenigstens sänge, wie ihm als Laubsänger aufgetragen ist, wenn er uns ein wenig Poesie anböte wie sein Zwillingsbruder, der Fitis, der sein kurzes Lied wie eine verschliffene, etwas melancholische Variation über die Strophe des Buchfinks klingen läßt. Aber der Zilpzalp: hat nicht viel kundzutun. Außer: »Zilpzalp.« Oder »Chiffchaff«, wie die Birder sagen. »Tschipptschepptschipptschepptschapptschipptschipp. Zipzapzep.« Und nochmals: »Zilpzalpzilpzalpzapp.«

Es gibt auch andere Vögel, die sich beliebt zu machen versuchen, indem sie ihren Namen rufen, Didaktiker, die gerade den Anfängern der Vogelbeobachtung und -stimmenkunde leichte Erfolgserlebnisse bescheren: den Kuckuck, den Uhu, den Kea etwa, die Krächze oder den Miau (Katzenbussard). Doch deren Rufe evozieren noch etwas anderes. Wenn der Uhu ruft, ruft der Totenvogel, der dunkle Ritter, der Herrscher der Nacht. Hingegen wenn der Zilpzalp ruft: ruft der Zilpzalp. Er ist kein Charaktervogel unserer Fluren oder Künder des Frühlings (denn wenn er da ist, ist auch der Lenz längst da); er erinnert uns nicht an bedrohte Natur und die Stimmen der Kindheit, er läßt uns nicht nachdenken über Rabaukentum und »rabenschwarze Intelligenz« (J. H. Reichholf). Der Ruf des Zilpzalp sagt uns nicht mehr, als daß er es ist: der Zilpzalp. Daß er da über uns sitzt. Daß er sagt, daß er da sitzt. Daß wir hören, daß er da ist. Und es sagt. Und so entsteht, wenn man ihn aus den Baumwipfeln vernimmt, ein kurzer Moment purer, unverstellter, bedeutungsloser Präsenz. Zilp und Zalp.

Ja, »der Zilpzalp kann kein ›zizidä‹, doch ›zilpzalp‹ kann er gut«, wie der Lyriker Josef Guggenmos schrieb. Das ist nicht viel. Aber genau so viel, wie man manchmal brauchen kann.

DER ROTRÜCKENWÜRGER

Neulich konnte man ihn wieder einmal sehen, durchs Glas, auf dem Zweig eines Weißdorns sitzend, im Wind schaukelnd, in eine Welt schauend, die nicht ohne Gefahr ist. Ein anderes Mal war er in einem Brombeerbusch neben dem Feldweg nur einen Armbreit entfernt, graue Kappe, schwarzer Augenstreif, Kriegsbemalung, ein kleiner Kraftbolzen mit aufgestellten Flügeln, der dem Eindringling beschied: Du bist zuviel hier.

Später erblickten wir ihn auf einer Warte, den kräftigen Schnabel mit dem deutlich sichtbaren Haken geöffnet, plaudernd, singend, doch einer jener Sänger, die nicht »zwitschern und tirilieren« und sich in unser Herz hineinschmeicheln »mit zierlicher Grazie und feenhafter Luftigkeit« (W. H. Hudson), sondern ein Würger mit rostfarbenem Rücken, drosselgroß, der Rotrückenwürger, hinter dessen farbenfroher Erscheinung sich etwas verbirgt: ein Räuber, der nicht bloß von Tau und Blüten und Mücken lebt, sondern Großinsekten jagt, der kleine Säuger fängt und sich junge Singvögel greift, sein Lied schillernd, aber nicht eigentlich schön, der Gesang eines Spötters, der nachahmt, was ihm vorgetragen wird, der sich seinen Opfern anverwandelt, mit den Goldammern singt, bevor er sie schlägt, und die Grasmücke beschwatzt, deren Nachwuchs er nimmt, einer, der die Beute, die er nicht gleich verzehrt, an Dornenbüschen und Stacheldraht aufspießt, um sie zu präparieren und zu präsentieren, der Dornstecher und Dorndreher, vom Volksmund Neuntöter genannt, weil er neunmal tötet, bevor er frißt, und wenn er fressen möcht', so zerreißt und vierteilt er die Körper und trinkt zuliebst das Gehirn seiner Opfer, in den Wintermonaten Heimsuchung des Südens, im Sommer gen Norden ziehend, um dort in der offenen Flur seine Schädelstätten zu errichten, in blühenden Hekken Äste, an denen Eidechsen hängen, verendete Frösche, schillernde Libellen am Spieß, die weichen Mäuseschnauzen unter der Sonne mürbe geworden für baldigen Verzehr, zwischen Rosen, Schlehen, Hummelgesumm und springenden Schrecken Kalvarienberge, errichtet von einem, der die lieblichen Landschaften verdüstert und die trostlosen Gegenden sucht.

Er besiedelt abseitige Areale und die verwilderte Flur, sein Reich ist die gottverlassene Heide, und auch wer ins Teufelsmoor geht, hört ihn singen, an abgestorbenen Bäumen seine Speisezettel, und sein liebstes Revier liegt am Neuntöter See, ein trübes Gewässer, das vom Tod murmelt, dunkles Ufer, an dem die Ferienhäuser der Diktatoren und Kriegsverbrecher stehen, Mußestunden zu verbringen im Land des Würgers, des Neunmörders, der auch Metzgervogel heißt, Finkenbeißer, Radbrecher, Steinfletscher, der Sprockheißter, der ein Würgengel ist.

Egal.

DER EISVOGEL

Er ziert das Cover von Einhard Bezzels mit eindrücklichen Photos bestücktem Buch *Deutschlands Vögel*. Hans-Jürgen Zimmermann läßt zu Beginn seiner zweiteiligen Dokumentation *Deutschlands wilde Vögel* erzählen, was bei ihm schon als Kind den Wunsch weckte, Tierfilmer zu werden. Es war »eine kurze Begegnung mit einem Eisvogel, die er bis heute nicht vergessen hat. Nur für einen kurzen Augenblick, fast zum Greifen nah, setzte sich der fliegende Diamant direkt vor ihn. Das hat ihn schon als kleines Kind berührt. Und als Erinnerung hinterließ ihm der Vogel eine wunderschöne blaue Feder.«

Der »Edelstein am Wasser« (Bezzel), schimmernd, azur-, lasur- oder kobaltblauer Rücken, »vor allem leuchtendes Türkis und Orange in exquisiter Musterung« (von Wulffen), »der Smaragd unter unseren Vögeln«: »Ein beryllblauer Streif glänzt über seinem Rücken. Wenn ein Schatten auf ihn fällt, leuchtet er dunkler«, Potzblitz, »wie Lapislazuli. Unterseits hat er den Rosthauch des Karneols.« Du liebe Güte, da braucht man ja ein Mineralienlexikon! Herr Gerlach, reißen Sie sich zusammen!

»Der Regenbogen dich gebar / Und gab dir schönste Farben mit«, tiriliert William Henry Davies in dem Gedicht »Der Eisvogel«. Und bei Wikipedia – die Einträge zu heimischen Vögeln sind oft ausgesprochen kenntnisreich und sorgfältig, muß man konzedieren – greifen wir folgende Phänotypcharakterisierung ab: »Oberkopf, Flügeldecken, Schultern und Schwanzfedern sind dunkelblaugrün bis grünblau gefärbt, wobei sich an den Kopffedern azurblaue Querbänder und an den Flügeldecken azurblaue Spitzen befinden. Der Rückenstreifen ist leuchtend türkisblau. Bis auf die weiße Kehle ist die Unterseite beim Altvogel rostrot bis kastanienbraun gefärbt. Die Kopfzeichnung ist durch rotbraune Ohrdecken, scharf abgesetzte weiße Halsseitenflecken und einen blaugrünen oder blauen Bartstreif charakterisiert. Auf der Stirn

befindet sich vor jedem Auge ein kastanienbrauner Fleck, der von vorn gesehen weiß erscheint. Zur Brutzeit sind die Füße orangerot.«

Der Eisvogel kann sich, klammern wir die Fischwirte und die Fließgewässerbetonbauer aus, vor Zuneigung kaum retten. Auch Naumann legt sich ins Zeug. Das sommerliche Gefieder des Isenbarts gleiche einer Farbe, »welche das rötlichgelbbraune seidenartige Papier hat, worin man das Buchbindergold eingepackt findet, oder die wie verschossenes braungelbes Seidenzeug aussieht«.

In welchen Aufsatz man auch seine neugierige, witternde Nase steckt, welchen Film man auch zu Rate zieht – Einstimmigkeit wie in Chinas Nationalem Volkskongreß. Keine Ausnahme macht Arnulf Conradi in dem autobiographischen Schmuckbüchlein *Vögel*. In seiner Kindheit zeigte sich ihm das Tier zum erstenmal an einem Kanal: »Der Anblick war wie ein Schock. Er saß smaragdgrün auf einem langen, dünnen, kahlen Zweig, der am anderen Ufer ein Stück weit über das Wasser ragte, etwa einen halben Meter über der Oberfläche, und das Sonnenlicht ließ ihn geradezu aufleuchten. […] Dann flog er auf, stand einen Moment rüttelnd und farbensprühend in der Luft, setzte zum Sturzflug an und schoß mit ein paar hellen Spritzern ins Wasser, war ganz verschwunden, tauchte aber fast sofort, schwer mit den kleinen Flügeln schlagend und Wasser um sich herumwirbelnd, wieder auf, um wie am Faden gezogen zu seinem Platz auf dem dünnen Zweig zurückzukehren. Ein paarmal stürzte er sich auch direkt von dort ins Wasser. […] Eine Brise kräuselte die Federspitzen der Flügeldecken und ließ das Schilf auf meiner Seite leise und tief aufrauschen. Mir brannten die Augen, als ich dem langsamen Auf und Ab des grünblau strahlenden Vogels vor dem dunkleren, verwischten Grün der Böschung mit dem Glas folgte, ich riskierte nicht einmal einen Lidschlag, um ihn nur nicht aus den Augen zu verlieren.«

Finden wir trotz der Eintracht, die in Gelehrten- und Schriftstellerkreisen herrscht und die einen in anderen Fragen stutzig machte, nicht doch ein Salzkorn in der Suppe? Wo können wir »den Finger drauflegen, um die Suppe zu verderben« (Richard D. Precht, 3sat, 7. Februar 2016)? Ist, zum ersten, das aus den tropischen Breiten importierte kokette Kolorit des Eisvogels (althochdeutsch: isarno vogal, also Eiserner Vogel) in seiner Vollkommenheit, die den ansehnlichsten Schmetterlingen den Krieg erklärt, nicht ein wenig dick aufgetragen? Vollkommenheit dick auftragen? Geht das? Kann man Vollkommenheit dick auftragen?

Wie wäre es, zum zweiten, mit seiner im Grunde ungünstigen, gedrungenen Statur, mit dem Stummelschwanz, dem mächtigen Kopf, dem ellenlangen Schnabel, dem Stiernacken, den mickrigen Füßen? Widerspricht das alles nicht sämtlichen kanonisierten Lehren über die Verhältnisse, in denen Kopf, Rumpf und Gliedmaßen zueinander stehen sollten? Darf einer aus dieser »schneidigen Vogelsippe« (Fehringer) wie zusammengepappt und -gequetscht wirken? Beinahe wie ein Stück Formfleisch?

Der Eisenhans könnte seines »geschmückten Kleides wegen den allerschönsten unter den einheimischen Vögeln den Rang streitig machen, wenn er nach unseren ästhetischen Begriffen nur besser gestaltet wäre«, eilt uns Naumann im weiteren Verlauf seiner Untersuchungen zu Hilfe und verteilt dann einen Anschiß dergestalt, dieser Sonderling habe »nun außer seinen schönen Farben fast gar nichts Empfehlendes«.

Nachdem wir lange genug in Pfarrer Schusters Œuvre herumgesucht hatten, waren wir dort detto fündig geworden. Das »Überbleibsel der Vogelwelt Deutschlands zur Tertiärzeit« »erinnert an das seltsame Volk der Zwerge, deren kleine Beinchen an übergroßen Köpfen viel zu schleppen haben«. Woraus folge: »Er kann nur sitzen, nicht gehen.« (Vorsicht, Sitting Disease!)

»Er sitzt […] ungemein viel und anhaltend«, kritisiert auch Naumann. Der mürrische Solitär tut das, um, »wenn den Erfordernissen seines Magens Genüge geschehen soll« (Brehm), von seiner Warte aus Fische zu belauschen, zu ertauchen (er hat eine eingebaute Brille, die Spiegelungen auf dem Wasser minimiert) und anschließend, erneut sitzend, zurechtzustauchen. »In der schwerfälligen Einrichtung der Flugmaschine« macht Naumann den Grund dafür aus, daß sich der Einzelgänger gezwungen sehe, »sich wie ein Bleiklumpen ins Wasser zu stürzen oder wie ein Frosch hineinzuspringen«, platsch, patsch, batsch.

Nisthöhle und -kessel gräbt er in steile Löß- und Lehmufer (was für ein beknackter Aufwand), er legt – bisweilen, sind »Eisvogel-Übermänner« (Grzimek) beteiligt, in Schachtelbruten – fast runde porzellanweiße Eier und zieht seine nach Moschusochsen riechenden Nestlinge unter erheblichem Streß groß, bloß um sie so flott wie möglich wegzubeißen und zu vertreiben.

Ein anderes Defizit, das für eine profunde Abwertung des »Neidhards« (Naumann) nutzbar zu machen wäre, stellt Cord Riechelmann in seinen Reflexionen über den Eisvogel heraus: »Bei vielen aufwendig gefärbten Vögeln scheint es, als hätten sie damit ihr Ausdruckspotential erschöpft. Ihre Laute sind oft wenig variantenreich und eintönig.« Aber – vielleicht will die Natur einfach die Balance halten, die Fertigkeiten (sofern gut aussehen eine Fertigkeit ist) fair verteilen, Ausgleich schaffen, Harmonie hervorbringen. Ein Eisvogel, der auch noch musizierte wie eine Singdrossel? Was zu weit ginge, ginge zu weit.

Deutlich schwerer fällt eine elementare, ja *die* elementare Eigenschaft des Eisvogels ins Gewicht. Nämlich:

»Um Vögel zu sehen, muß man ein Teil der Stille werden« (Robert Wilson Lynd) und sich auf »das Abenteuer der Geduld« (von Wulffen) einlassen, schon richtig. Aber dann müssen die Vögel, insbesondere die Eisvögel, auch den Willen zum Gesehenwerden aufbringen (vergleiche die hiesige Abhandlung über die Limikolen), den Willen, in Erscheinung zu treten, den Willen, anwesend zu sein und ihre Termine wahrzunehmen. So, wie das die Eisvögel bislang handhaben, geht es doch nicht! Das ist doch nicht zu billigen! Diese Widerwilligkeit! Diese Abgeneigtheit! Das ist doch mehr als ärgerlich! Das ist doch ein Affront uns vorsichtigen und leisetreterischen Federviehfreunden gegenüber! Eine einwandfreie Beleidigung ist das! Das ist doch ignorant und arrogant in einem! Da ist jetzt aber mal Schicht im Schacht! Mein lieber Scholli! Himmiherrgottsakramentzefixhallelujamilecktsamoarschscheißglumpverreckts!

Geh aus mein Herz und suche Freud'? Ha! In dieser lieben Sommerzeit? In der es uns den vor sich hin brütenden, dampfenden Schädel versengt und vernichtet durch allerlei Sonne und Ausharren und Temperatur und diesen ganzen Quark! Die Wiesen liegen hart dabei / und klingen ganz vom Lustgeschrei? Nix da! Hat sich was! Beine in den Bauch gestanden! Fast verdurstet! Kurz vorm Durchdrehen gewest! Ach, denk' ich, bist du hier so schön / und läßt du's uns so lieblich geh'n?

Freunde, versteht uns nicht falsch. Aber wenn's langt, langt es! Ende der Fahnenstange! Schluß mit lustig und trallala und fideldumdei! Jetzt explodiert uns gleich die Hutschnur! Jetzt kratzt uns gleich der Kragen! Jetzt juckt's uns gleich am Kopf!

Mann, Mann, Mann.

Der Gipfel des Hohns und der Verhöhnung, der ätzenden und gemütszersetzenden Verspottung: die Frau H. Die Frau H. ist der Gipfel. Schreibt die uns doch Mitte Juni 2015 eine SMS folgenden Wortlauts: »Ich hab' den Himmel auf Erden gefunden! Kiebitze, Störche, Wasservögel, Distelwiesen ... Ich hab' Dauergänsehaut. Was ich sagen will: Setz Deinen Hintern ins Auto, und komm in die Wetterau (Echzell, Bingenheimer Ried)! Hier gibt es das einfache und wahre Glück!«

Haben wir natürlich nicht gemacht. Mußten ja für dieses Buch »recherchieren«. Und als die Frau H. dann abends strahlend in die Kneipe kam, erzählte sie sogleich, vor Inflammiertheit übersprudelnd, was? »Und ich hab' einen Eisvogel gesehen! Mehrere Male! Einen Eisvogel!«

Ja, einen Eisvogel. Wir haben in natura et realiter noch nie einen Eisvogel gesehen, verdammte Hacke! Noch nie! Never! Eisvogel? Never ever! Wir sind fix und foxi. Total am Arsch. Echt am Ende. Mensch Meier. Auweia.

Genau.

Um aber dem Gipfel die Krone, die gerade noch gefehlt hatte, aufzusetzen, betrat diese unglaubliche Frau H. im November des Jahres schon wieder unsere liebreizend-bescheidene Kneipe und flötete sofort und ohne jede Rücksicht auf unseren demolierten Geist hinaus: »Ich hab' heute im Osthafen einen Eisvogel gesehen! Der saß nur zwei Meter von mir entfernt am Kai! Du mußt einfach mal in den Osthafen fahren!«

In den Osthafen. Soso. Im Frankfurter Osthafen quartiert sich der Eisvogel also ein. In diesem dümmsten aller deutschen Stadtviertel, in diesem architektonischen Rotzagglomerat aus EZB, Skateboardplätzen, kopftoten Cafés und Eigentumswohnungsschachteln fürs Bankergeschmeiß. Da setzt er sich hin, der Eisvogel, da sollen wir hin.

Noch nie haben wir einen Eisvogel gesehen, außer auf diesen schafsblöden Bierflaschen. Er leistet uns keine Gesellschaft, studieren läßt er sich nicht, und William Henry Davies versichert: »Nein, Vogel, eitel bist du nicht, / Dir Herrlichem liegt Hoffart fern.«

Also gut.

Und für den ersten deutschen Film über Naturschutzmaßnahmen und deren Dringlichkeit ist er gleichfalls verantwortlich, für die ausschließlich aus privaten Mitteln finanzierte, an der Nidda in Osthessen gedrehte und 1960 uraufgeführte Dokumentation *Im Tal der Königsfischer* (Herta Bartl/Fritz Eller).

Somit, Eisvogel: biste gebongt.

KRÄHEN-, RABEN-, HÄHER- UND ELSTERMELDUNGEN SOWIE -PETITESSEN

Elstern, ist kürzlich im Rahmen einer an der Universität Vermont durchgeführten Studie festgestellt worden, machen mehr Lärm als ein besserer Elektromotor. »Sie krakeelen und ramentern noch unnachgiebiger, als wir das erwartet hatten«, sagte Dr. Smith, der Leiter der zwölfköpfigen Forschergruppe, gegenüber der Zeitung *Boston Globe.* »Wir waren überrascht und sind nicht sicher, welche Konsequenzen daraus zu ziehen sind.«

*

Aus der Schweiz erreicht uns der Hinweis, daß Elstern diebisch sind. Man müsse deshalb heute davon ausgehen, daß Rossini gewußt habe, was er tat, als er einer seiner Opern den Titel *Die diebische Elster* gab.

*

Kriminaloberkommissar Thomas Schaefer vom Dezernat IV in München-Mitte teilte gestern abend auf einer eilends einberufenen Pressekonferenz mit, daß es in der Occamstraße um die Mittagszeit zu einem ernsten Vorfall zwischen einem gebürtigen Münchner und einer vermutlich zugezogenen Krähe gekommen sei. Die Krähe habe einen murmelgroßen Stein aufgelesen, sei auf eine Traufe hinaufgeflogen und habe den Stein alsdann, weil ihr offenbar langweilig gewesen sei, gezielt auf den besagten Münchner Passanten hinabgeworfen und ihn am Kopf, der von keinem Hut bedeckt war, getroffen.

Daraufhin habe der Mann die Fassung verloren und die Krähe, die auf der Dachrinne sitzenblieb und sich keiner Schuld bewußt war, als »Schweinsdrecksack, verreckter!«, als eine »Scheißbürst'n«, einen »Oarschkrampler« und einen »Gottseibeiuns« beschimpft. Es sollen noch weitere Ausdrücke in dieser Richtung gefallen sein.

Sachdienliche Hinweise nehmen Kriminaloberkommissar Schaefer und seine Sekretärinnen unter der bekannten Nummer entgegen, gegen den Münchner ist ein Ermittlungsverfahren in Gang gesetzt worden, zu Recht, wie der Oberbürgermeister ausrichten ließ.

So weit ist es mit dem Abendland gekommen.

*

Im Voralpenland hat sich laut einem ausführlichen Bericht der *Süddeutschen Zeitung* die Zahl der Rabenkrähen und der Elstern in den vergangenen dreißig Jahren verdoppelt, regelrecht ins Kraut geschossen sind diese Kappesvögel. Die Zunahme habe ihre Ursache nicht in einer veränderten, auf Grund von Einsicht seit einiger Zeit vorbildlichen und geschickten Lebensführung der beiden Arten, was die Menschen und Bauern fälschlicherweise dazu veranlaßt haben könnte, ihnen nachsichtig gegenüberzutreten, sondern im Klimawandel. Eine flugs gebildete Vereinigung besonders geeigneter Land- und Kreisräte berät daher seit Mittwoch darüber, in welchen Gemarkungen man in Bälde Kältemaschinen und Schneekanonen aufstellt, die ganzjährig in

Betrieb bleiben werden, um der Krähen- und Elsternflut Einhalt zu gebieten, mal sehen.

*

Der verfehlte Teich in Hamburgs Mitte heißt Alster, mithin Elster. In Sachsen liegt das Elstergebirge, im Vogtland, welches zu Thüringen gehört, gibt es einen schauerlichen Ort namens Elster (Landkreis Greiz) und den Fluß Weiße Elster.

Daß in der großmäuligen, unannehmbaren Elster der Sparifankerl und die Hexen hausen, glaubte früher halb Europa (siehe ohnehin auch Pieter Breughel, »Die Elster auf dem Galgen«!). In die Elster ist ein nicht zu tilgender Malus eingebaut, sie trägt ein dickes pechschwarzes Minus auf dem Scheitel. Eine Welt voller Elstern ist zum Teufel. Schon der Heiland sprach: »Du, Elster, wirst [...] von allen verachtet werden«, du schlampiges, schwarzmagisches Stück Unheil!

Sie weiß um ihren Nimbus, daher sie ein Wehrnest mit Dach errichtet, um so weitermachen zu können wie bisher. Ungerührt dekapitiert sie Kleinsäuger. Gleich ist ihr alles.

Der Schriftsteller Michael Rudolf lebte im Vogtland, in Greiz. In einem umfangreichen, seinem Andenken gewidmeten Buch (*Der Mann mit den neunhundertneunundneunzig Gesichtern*, Münster 2008) erinnert sich der Kollege Rayk Wieland:

»Wie unsere Differenzen bezüglich Elstern thematisch Gewicht erlangten und immer wieder neue Debatten heraufbeschworen, krieg' ich nicht mehr ganz auf die Reihe. Sie zogen sich länger hin und führten zum Austausch von Noten. Ich betrachtete diesen Typ Vogel ohne großes Gewese. Wie jeder weiß, kann er sich weder anständig benehmen noch richtig singen. Wichtigtuerisch Patrouillen fliegen und kleinere Sänger vergraulen, das ist alles. Seine Nester gleichen Baracken. Sein Flug ist ein ruckartiges, groteskes Vorwärtsgeschiebe. Zeitlebens ist ihm die Überwinterung in Afrika ein Rätsel. Nur zu logisch, daß das Finanzamt sich an diesem komischen Vogel ein Beispiel nimmt und sein Onlineportal nach ihm benannt hat.

Rudolf konnte die Viecher auch nicht leiden, lobte allerdings ihren ›anarchistischen Auftritt‹ und ging die Frage insgesamt mit mehr Anteilnahme an. Am 30. April 2003 schrieb er mir: ›die elsterfrage ist auch hier noch in der schwebe. die nachbarei äußert wilde vermutungen über die verheerungen, die das hiesige elsternpaar anzurichten imstande wäre. diese bemerkungen erhalten einen leicht auffordernden charakter durch den hinweis, das paar niste auf unserem grund, auf einer unserer ungeliebten blaufichten ›mithin‹ (f. schäfer). mein liebes weib protestierte überdies mehrfach gegen den neuerlich vor dem schlafzimmerfenster statthabenden vogellärm und kündigte maßnahmen an. nun ist am gestrigen tag eine der blaufichten unter des holzfällers hand gefallen. ich unterrichtete ihn zwar über die elstervorgänge und ein evtl. nest, konnte jedoch den abschluß seiner tätigkeiten und die letztgültige aufklärung des neststandortes nicht mehr verfolgen, weil ich zur fraglichen zeit in plauen dinge tat. gesetzt den fall, die elstern nisteten in der beschriebenen fichte, traute ich dem holzmann eine durchaus profan zu nennende beherztheit zu, die sich u. a. in der schonungslosen entfernung des nestplatzes äußern könnte. ein überzeugender appell an das vogelpaar muß ausscheiden. so schätze ich den mann nicht ein. nun warten wir ab.‹«

Michl, carry on!

*

Puchheim leidet unter einer Krähenplage (übereinstimmende Berichte von dpa, im ARD-*Brennpunkt* und vom Institut Dr. Sailer). Das Maß ist übergelaufen, das Faß ist voll, die Stimmung ist im Sack.

Unser Mann vor Ort, G. Knoll, bestätigt, daß die Situation untragbar ist. »Menschen können mit den Tieren oft wenig anfangen. Sie jagen ihnen womöglich Angst ein und produzieren Lärm und Schmutz. Und das Problem ist nicht auf Puchheim beschränkt. In Unterhaching haben die Krähen zuletzt sogar den Fußballbetrieb lahmgelegt.«

Unhaltbare Zustände. Aufgebrachte Bürger nehmen die Angelegenheit deshalb in die Hand und greifen zu rabiaten regulativen Mitteln. Jeden Montag finden in Puchheim Sternspaziergänge zu den Krähenlaubenkolonien statt, anschließend werden Heliumballons an den Nistbäumen angebracht, atonale Volkslieder gesungen und Plakate mit Piktogrammen (durchgeixte Krähensilhouetten in roten Kreisen) hochgehalten, um den quarrenden Krähenkollektivbetrieb empfindlich zu stören.

Der Erfolg der »Events«?
Die einen sagen so, die andern sagen so. Das neuartige Gemeinschaftsfeeling ist aber in jedem Fall »okay«.

*

Same shit in Soest: »Die Krähen in Soest bleiben auf dem Vormarsch. Trotz mehrerer Aktionen (Nesterklau, Umsiedlung) in den vergangenen Jahren hat der Bestand der Vögel weiter zugenommen. Waren vor zwei Jahren noch tausendfünfzig Nester in Soest gesichtet worden, sind es dieses Jahr bereits tausendzweihundertdreißig. Hinzu kommen dreihundert weitere Nester im OGA-Wäldchen am Schwarzen Weg. [...] Eine lebhafte Diskussion dürfte also garantiert sein, wenn das Thema Donnerstag übernächster Woche auf die Tagesordnung des Umweltausschusses kommt.« (*Soester Anzeiger*, 7. November 2015)
Yes, man, da kannste einen drauf lassen.

*

Botmäßigkeit ist die Sache der Raben nicht, eher schon konterrevolutionäre Bandenbildung (Wolfgang Pohrt), aufrührerische Infiltration anderer Tiere (Guerillastrategie), luziferische Planung, letztlich das Liebäugeln mit der Apokalypse.
Das sind keine Mätzchen, das sind keine Kinkerlitzchen. Doch der Prophet sagt ja Gott sei Dank: »Sie werden gerichtet, ein jeglicher nach seinen Werken.«

*

Eichelhäher transportieren in ihrem Kehlsack nicht nur Samen, Beeren und Nüsse von A nach B, sondern neuesten Erkenntnissen zufolge auch Alkohol, den sie ihren Verwandten mißgönnen und daher verstecken und später auch dann konsumieren, wenn sie schon genug haben.
Unter den Tieren saufen nur Elefanten und Polizeihunde noch mehr als die Jackl. Eichelhäher, das hatte bereits Jaroslav Hašek heraus-, ohne daß er Gehör gefunden hätte, sind Gewohnheitstrinker, die es oft deutlich übertreiben, schwer über die Stränge schlagen und in solchen Zuständen Waldkäuze belästigen.
Der flatternde Streckenflug und der knarrende, holzrasselnde, rät-

schende Ruf, das ist jetzt klar, sind auf die Alkoholsucht des Eichelhähers zurückzuführen. Genausowenig hatte man bislang begriffen – hatte man es nicht begreifen wollen? –, daß das markante, manches menschliche Auge umschmeichelnde rosa-graubraune Äußere und die blauen, schwarzgebänderten Spiegel am Flügelbug (an der Flügelbeuge) der konstanten Einlagerung von Alkoholmolekülen zu verdanken sind. Offen bleibt, ob Eichelhäher Bier, Wein, Fanta mit Rumschuß, Grappa oder hellen Schnaps bevorzugen. Am wahrscheinlichsten ist heller Schnaps.

*

Erste Kränkung des Menschen: die kopernikanische Wende (Heliozentrismus). Zweite Kränkung des Menschen: Abstammung der Arten (Darwin, vom Affen zum Menschen). Dritte Kränkung des Menschen: die Entdeckung des Unbewußten durch Sigmund Freud (das Ich ist nicht Herr im eigenen Haus). Vierte Kränkung des Menschen: Digitalisierung (ois nemmer brivaat). Fünfte Kränkung des Menschen: Werkzeuggebrauch bei Krähen.

Neukaledonische Geradschnabelkrähen »sind Werkzeugnarren« (*Superhirn im Federkleid – Kluge Vögel im Duell*, WDR 2013) und basteln aus den Blättern des Schraubenbaums Angeln, um an Larven und Maden in Baumritzen und Erdspalten heranzugelangen. In dem populärornithologischen Mitteilungsblatt *Süddeutsche Zeitung* war am 5. Dezember 2014 zu lesen, ebendiese ozeanischen Repräsentanten der Singvögel (Oui! Sic!) seien obendrein in »Links- oder Rechtsschnabler« zu zergliedern. Sechste Kränkung des Menschen.

Die siebte Kränkung des Menschen wird sein (behördliche Bekanntgabe im Juli 2023): Neukaledonische Krähen sind Links- oder Rechtsträger.

*

Pfarrer Wilhelm Ludwig Schuster von Forstner, Ehrenmitglied der Société des Naturalistes Luxembourgeois, des Österr. Reichsbundes für Vogelkunde u. Vogelschutz in Wien, der Ornithologischen Vereine in Düsseldorf, Stargard, Aschersleben, Außerord. Korrespond. Mitgl. der Zoolog. Sektion des Provinzialvereins für Kunst u. Wissenschaft in Westfalen und Lippe, der Wetterauer Gesellschaft für die gesamte Naturkunde (Hanau) des Vereins f. Naturk. in Offenbach a.M., des Ornithol. Vereins in Stettin, sprach: »Nur der Deutsche hängt so sehr an seinen Vögeln, das ist ihm in Fleisch und Blut übergegangen, denn es ist eine alte germanische Landesart und Volkssitte«; und er ermittelte unter den Rabenvögeln folgendes: »Positives verhält sich zum Negativen bei der Elster *(Pica caudata)* wie 10 zu 14, beim Eichelhäher *(Garrulus glandarius)* wie 14 zu 14. [...] Beim Nebelraben *(Corvus cornix)* Nutzen zu Schaden wie 19 zu 14, bei der Rabenkrähe *(Corvus corone)* wie 18 zu 15, beim Kolkraben *(Corvus corax)* wie 20 zu 24« – ja, da hat es sich für den Raben mit dem Schaukeln, mit dem Rodeln, mit den Flugspielen (Trudelloopings, Rollen vorwärts, Rollen rückwärts, Purzelbäume, Fangen). All dies hilft ihm jetzt auch nicht mehr.

Unter den *Corvidae* sind die gediegenen, ja feierlichen, sturen (Kolk-)Raben (»Kolk« lautmalerisch für »Rabe«) vermutlich die ärgsten. Die »größten Singvögel der Welt« *(Vogelstimmen)* ziehen Lummen am Lauf, bewerfen Möwen mit Grasbüscheln und zwicken Kälbern in die Hinterbeine. Der Wotansvogel verdient sich darob keine von Zuneigung zeugende Beurteilung, obgleich Schuster ihn als »selbstbewußtes und selbständiges Tier« sowie als »interessanten Warner vor Gewittersturm« befürwortet oder irgendwie durchwinkt. Dann soll es so sein. Obwohl wir, rekurrierend auf Cord Riechelmann, heftig zu bedenken geben: »In Gebirgsgegenden lösen sie gern kleine Steinlawinen aus und hüpfen dann entweder mit sicherem Abstand dem Geröll hinterher oder erfreuen sich einfach am Anblick« – der nächsten von einer Moräne zerquetschten Seilschaft.

Die rauh-heiser krächzende Rabenkrähe? »Zur Brutzeit sehr räuberisch.« (Schuster) Das gefällt uns schon besser. Schlußfolgerung? »Kann geduldet werden.« Tatsächlich? »Empfehle gewissen Schutz.« Jawoll, Herr Kaleu.

Die bläulich-metallisch schimmernde Saatkrähe ist »psychologisch« undurchsichtig und, weil »völlig hemmungslos« *(Rabenvögel – Gaukler der Lüfte*, hr/arte 2009), ernährungsphysiologisch ein eindeutig harter Widersacher des Menschen. Saat, die noch grün hinter den Ohren ist und die sie im Sondierungs- und Wackelgang einsammelt, »Kartoffeln, Oliven« (Schuster), Salami, Fleischsalat, Sojawürstchen, Walnüsse, Gummibärchen – wahllos greift sie zu (Aristoteles: Krähen »fressen ja alles«) und verstaut die »Erträge« in ihrer Unterzungentasche. Tritt zudem oft auf Supermarktparkplätzen als Taschendieb in Erscheinung. Daumen runter. Viel ist für sie fürderhin nicht mehr drin.

Der Eichelhäher, »der richtige Buschklepper«, hat eine Spitzhacke als Schnabel, ein »kriegsmännisches Aussehen«, schreit Zeter und Mordio und »hat hündische Sitten und ist in sich unrein« (Hildegard von Bingen), und das genügt.

*

Der Unglückshäher *(Perisoreus infaustus)* hat es faustdick hinter den verborgenen Ohren, »geht seinen Geschäften meist ruhig und vertrauensvoll nach« (Lars Svensson), verführt »Waldwanderer« (ebenda), fliegt »lautlos« (ebenda), ist, der Name verrät's, kein faustischer Charakter, sondern Mephistopheles himself und lebt vorzugsweise unter den Russen, in kleineren Kontingenten aber auch klandestin in Norwegen, was jüngst durch die Fernsehserie *Occupied* (TV 2 Norway/arte 2015) bestätigt wurde.

Dränge er in unsere Breiten vor, wäre die sofortige höchstrichterliche Kondemnation anzuordnen. Die Amerikaner, uns prophylaktisch zu warnen, führen ihn unter dem Namen Siberian Jay.

*

»Am Friedhof soll es knallen« *(Fränkische Landeszeitung)*. Oberbayern ächzt (Puchheim), Mittelfranken (Forchheim) stöhnt unter »Tausenden Krähen, die jeden Tag am späten Nachmittag aus der Fränkischen Schweiz einfliegen«.

Am Ort der letzten Ruhe soll es nun »hoch« hergehen: »Die Stadt will zum einen Böller knallen lassen. Die Krähen sollen dadurch aufgescheucht werden und begreifen, daß der Friedhof für sie kein friedlicher Ort zum Übernachten ist.«

Zum anderen werden Habichte in die Luft gelassen, sobald die Lohnverhandlungen zu einem für beide Seiten zufriedenstellenden Abschluß gelangt sind.

Ob es klappen wird? Wer steckt schon drin ...

*

News of the world: »Krähen haben in Japan ein Großaufgebot der Polizei mobilisiert. Dutzende Bewohner der Stadt Matsue hatten sich gemeldet, weil jemand ihre Autoscheibenwischer beschädigt habe. Die Polizei stellte fünfzig Mann zur Ermittlung der mysteriösen Vandalismusfälle ab und patrouillierte Tag und Nacht in der Gegend. Mit Überwachungskameras konnten die ›Täter‹ festgestellt werden: Krähen. Die gefederten [sic!] Räuber bauten aus den Gummibeschichtungen der Scheibenwischer ihre Nester.« (*Fränkische Landeszeitung*, 18. Juni 2015)

Endlich mal teeren und federn und tätscheln sollte man die corvidisch-abundanten Gefederten, diese Vernichter von Volksvermögen!

*

Der Sachverständige und Ornithokriminologe Peter Burri (Südwürttemberg-Hohenzollern-Neckar-Zollernalb) plädiert auf vogelfachlichen Systemsymposien und synoptischen Synonymsynoden unermüdlich dafür, über die angeblich keineswegs verschlagene, sondern bloß »unternehmungslustige und neugierige« (B. Kegel) Elster in ihrer Funktion als Singvogelnachwuchsverschlingerin nicht den Stab zu brechen: »Raubtiere sind Jäger, und Jagd ist nicht strafbar.«

Da macht er es sich einfach. Es könne »keine kriminelle Gattung an sich geben«, gibt er konziliant zum besten, jener der Echten Elstern stellt er damit fahrlässig einen Freifahrtschein aus und garniert das mit dem kryptischen Lehrsatz: »Was der Vogel frißt, verschmäht der Affe.«

Einen Freispruch kann es für die Elster, obwohl Burri zu den zwölf stärksten Köpfen des Landes zählt, nicht geben. Hier irrt er nämlich. Es kann ihn für die Elster, die am häufigsten in Sofia/Bulgarien vorkommt, nicht geben, so, wie es ihn für die Pet Shop Boys, K.-H. Förster, A. R. Penck, Andy Borg, Haggis, Mohammed, Bumbum Bohlen, Oettinger und die Orthographiereform nicht geben kann.

Alea iacta sunt, Pardon wird nicht gegeben, keinen Fußbreit den Elstern, »wir werden sie in ihren Löchern aufstöbern und ausräuchern« (Präsident Bush), Sense.

*

Vielleicht ist es angebracht, in der Eichelhäherfrage ob der weiteren Klärung auf Theodor Lessing zurückzukommen. Er tituliert die nämlichen Vögel »mit stumpfen, hakigen Schnäbeln« und dem »Kleid eines Narren« als »Schwätzer«, Klatschbasen und Petzliesln. Sie seien »immer [...] auf Gaunerei bedacht« und charakterlos und in höchstem Maße aufdringlich, »alles müssen sie durchhecheln, in alles stecken sie den krummen Schnabel«, »diese«, um einmal etwas deutlicher zu werden, »Prahlhänse und Hanswürste«, diese Stußmacher und postmodernen, rückgratlosen Saftsäcke, die sämtliche Begriffe verwirren und alle Koordinaten durcheinanderbringen: »Man weiß auch nicht, ob man ihn Zugvogel oder Standvogel, Nesthocker oder Nestflüchter nennen soll.«

Man gewahrt aber dies: »Wenn man eine Schar beisammen sieht, schwatzend, nickkoppend, tratschend, ratschend, querrend, plärrend, schnurrend, burrend, hampelnd, strampelnd, quiekend und schnalzend, so glaubt man, in ein Tollhaus zu schauen.« Ja, in eine Irrenanstalt ohne Mauern, in der sich diese Kreaturen in »albern übertriebenen Sprüngen« gefallen, vier, fünf, viele, und »ein dritter stochert im Maulwurfshügel herum und trägt dann ganz sinnlos Moos und Hölzchen auf einen Haufen. Sie überlassen sich ihren Launen, nervöse Übertreiber und voll Hysterie. Jeder brave Vogel hat seine festen Gewohnheiten, auf die man rechnen kann. Der Häher, dieses Zerrbild des Genies, lebt unberechenbar, weder ordentlich noch unordentlich.«

Und worin gipfelt die desaströse Unberechenbarkeit des Eichelhähers? »Tagelang freut er sich mit den kleinen Buchfinken, plaudert und ist nett mit ihren Jungen; dann eines Tages hat er mörderliche [sic!] Gelüste, gefällt sich in der Sperberrolle und fällt über die Nester her vor Tau und Tag.«

Nachtgestalt! Natter!

*

Sprachliche Bilder/Gedichtverse, die so lala sind: »Müde in die Zeilen blickend und zuletzt im Schlafe nickend, / Hört' ich plötzlich leise klopfen, leise, doch vernehmlich klopfen / Und fuhr auf, erschrocken stammelnd: ›Einer von den Kameraden‹, ›Einer von den Kameraden.‹«

»Klopfen« – »Kameraden«: Das geht gerade noch so als Goethescher unreiner Reim durch (»neige« – »Schmerzensreiche«); aber es läuft gleich voll aus dem Ruder: »Seltsame, phantastisch wilde, unerklärliche Gebilde, / Schwarz und dicht gleich undurchsicht'gen, nächtig dunklen Nebelschwaden / Huschten aus den Zimmerecken, füllten mich mit tausend Schrecken, / So daß ich nun bleich und schlotternd, immer wieder angstvoll stotternd, / Murmelte« – mei, schleicht euch halt.

»Tiefes Schwarz auf Schwarz geschichtet« – es klopft weiter vor sich hin, und dann »ein Rabe, groß und nächtig«, tritt ein ins Gemach, und »ob des herrischen Verfahrens und des würdigen Gebarens« des Totenvogels und »Künders göttlichen Gerichtes« phantasiert das lyrische Ich sich ins gar arg orgelnd Ominöse hinein und –

»Seist du Vogel oder Teufel« – darauf hätten wir schon eine ornitheologisch brauchbare Antwort erwartet. Schließlich aber vernehmen wir lediglich: »Aus diesen schweren Schatten hebt sich meine Seele nimmer.« (E. A. Poe: »Der Rabe«, Übersetzung: Hedda Moeller-Bruck/ Hedwig Lachmann)

Nun, kann man machen, bitte, Bücher sind Brutstätten des freien Geistes. Den Leser zu locken und zu laben, bieten wir dennoch aus häuslicher Produktion einen Vierzeiler mit der Überschrift »Dumm gelaufen« an:

»Ein Reiher steht am Weiher / Und schaukelt sich die Eier. / Er steht auf einem Bein, / Das schläft ihm dabei ein.«

Bitte wählen Sie eine Bewertung für Ihren Verkäufer.

*

Fränkische Landeszeitung, 1. Juni 2015: »Krähe blockierte in Fürth einen ICE – Fürth – Eine Krähe hat am Fürther Hauptbahnhof einen ICE lahmgelegt. Die Fahrgäste mußten den Zug verlassen und konnten ihre Reise mit einer späteren Verbindung fortsetzen.«

Morgen tagt die Arbeitsgemeinschaft Energieeffizienz und Landschaftspsychologie im Karl-Liebknecht-Keller in Hersbruck (Mauerweg 17a, zweites Untergeschoß, für Bier ist gesorgt, gez. Gölling).

Gutes Gelingen!

*

Barbara H. und Andreas S. aus München-H. meldeten vorgestern bei der für sie zuständigen Polizeidienststelle, die Zahl der Eichelhäher in ihrem Garten sei mittlerweile so groß, daß sich das ihnen seit Jahren zugetane Rotkehlchen »in einem Maße fürchtet, daß es keine ruhige

Minute mehr findet, und deshalb nicht mehr in der Lage ist, uns beim Her- und Hinrichten des Abendessens von der Fensterbank aus zuzuschauen«, wie ein Sprecher der Polizei das Ehepaar zitiert.

Es wurde ein Streifenwagen in die Terhallestraße geschickt. Über die weitere Entwicklung halten wir unsere Leser auf dem laufenden.

*

Hilpoltstein. »Die Bäume biegen sich in vielen Städten schon unter der Last der Saatkrähen, die sich dort in großen Kolonien niederlassen« (dpa/*Fränkische Landeszeitung*, 7. April 2015) – so eben auch in Hilpoltstein. Dort hat man hundertzwanzig Krähennester heruntergeschlagen, ausgebrannt und in der Kompostieranlage ergonomisch und aerothermisch verwertet. Ergebnis? »Die Vögel haben alle hundertzwanzig Nester wieder aufgebaut – und zwar stabiler als zuvor.«

Die Hilpoltsteiner haben jetzt die Faxen dicke. Sie schicken Drohnen in den Kampf, aus deren Lautsprechern die Schreie des Wanderfalken erschallen, und entsenden eine »batteriegesteuerte Uhuattrappe« an die Front.

Im Liveticker der Stadt Hilpoltstein heißt es dessenungeachtet: »Mission not accomplished.«

Die Ratlosigkeit im städtischen Rat ist die größte. Es wird erwogen, einen Abt hinzuzuziehen. Wir wünschen a little bit lucky.

*

Einige Vogelversteher billigen den Elstern die Rolle von Ordnungshütern oder Schutzleuten zu, die den Amselbesatz in unseren Städten kontrollieren und gegebenenfalls in jener Phase des Jahres, in der sich die arbeitsamen Frechdachse anschicken, Junge auszubringen, Radikalräumungen veranlassen (für geringes Entgelt werden sie von Wieseln, Mardern und Hermelinen übernommen) oder diese selbst vornehmen. Ganze Amselgrundschulen bleiben da mitunter auf der Strecke, und die Politik sieht tatenlos zu.

Ein halbwegs bekanntes Mitglied des Werkkreises Literatur der Vogelwelt hingegen schimpfte neulich in der Fachzeitschrift *Der Falke*, das seien »kolumbianische Verhältnisse«, und die Elster sei nichts anderes als »ein Haufen neuronaler Niedertracht«, dem es »an jeder Form von Schuldbewußtsein« gebreche. »Elstern«, fuhr er fort, »bedienen sich bedenkenlos an gedeckten Tischen und partizipieren aufs forscheste und unverfrorenste an den Gaben der Natur. Das war so nicht vorgesehen! Elstern sind nicht zu retten! Diese Barbaren gehören zur Rechenschaft gezogen!«

Sein Beitrag war zwar als »Glosse« ausgewiesen worden, »deren Inhalt die Redaktion nicht zwangsläufig teilt«. Doch seit dem Erscheinen des Einspalters ist die Zahl der Abokündigungen nach oben geschnellt. »Hiermit kündige ich mein Abonnement mit sofortiger Wirkung!« – »Ich lese den *Falken* seit dreißig Jahren, aber so etwas Widerliches, Unfundiertes und Gehässiges habe ich noch nie lesen zu müssen. Es ist der Redaktion unwürdig, einen solchen Schund und Schmutz und Sudel in Druck zu geben. Ich bin zutiefst empört! Ich kündige mein Abonnement ohne schlechtes Gewissen und mit sofortiger Wirkung!« – »Sind in der Redaktion jetzt unsägliche Neoromantiker am Werk? Reaktionäre Schwärmer? Ich verachte Sie. Ich kündige mein Abonnement mit sofortiger Wirkung.« – »Ihr seid ekelhaft! Was für eine Entgleisung! Was werdet ihr wohl als nächstes den Falken anhängen? Werdet ihr euch hinter dem ach so witzigen Wilhelm Busch verstecken? ›Im Süden fern die Feige reift, / Der Falk am Finken sich vergreift‹? Nein, da mache ich nicht mehr mit. Ich kündige hiermit mein Abonnement mit sofortiger Wirkung!«

Nun ist in den Schreibstuben in Wiebelsheim guter Rat teuer.

*

Lisa Politt ließ es sich am 28. April 2015 nicht nehmen, in der ZDF-Sendung *Die Anstalt* Martin Luther als Urheber des irreführenden Wortes »Rabenmutter« dingfest zu machen. Daraufhin entfuhr Politts Bühnenpartnerin, der Päpstin in spe Carolin Kebekus: »Ach fuck! Weil ein Mann ein Scheißornithologe war, hab' ich jetzt Schiß davor, 'ne Rabenmutter zu sein?«

Die Empörung der Kirchenvertreter im Fernsehrat hält bis heute an.

(Zurück geht das Bild der »Rabeneltern« notabene aufs Buch Hiob, in dem es heißt, die Hampelmänner kegelten ihre Sprößlinge aus dem Nest, »entnesteten« sie; siehe *Lexikon berühmter Tiere.*)

*

Übersehen wird meist, was der hibbelige und »gewitzigte« (Gerlach) Eichelhäher (»Markwart der Häher«; H. Löns) beim »Einemsen« mit den Amseln, sorry: mit den Ameisen anstellt. Bebend kauert er am Boden, den Kopf gesenkt, die Flügel gespreizt, was Hunderte Waldarbeiter als Einladung verstehen, auf ihn hinauf- und auf ihm herumzukraxeln. Zu dumm. Sie enden allesamt in seinem feisten Schnabel.

Man mag das unter »gewiefte Ernährungstechnik« abhaken; man mag des Eichelhähers von feurigem Gefluche begleitete Flugsprints furios finden; man mag – wie Richard Gerlach – sein »Gepfeif' und Gegurgel«, sein »Bauchrednergemurmel«, sein »Geraspel und Geschnalz'«, sein Gewetze und Gegacker und Miauen (Nachahmung des Bussards) auf der Habenseite verbuchen – nur gerecht scheint es zu sein, ihn trotzdem engagiert zu stigmatisieren und mit ihm folgendermaßen zu verfahren: »Eichelhäher schmecken gut. Allerdings gilt das Lob des Fleisches überwiegend den jüngeren Vögeln. Das jedenfalls war die Erklärung, die mir vor etlichen Jahren ein Jäger auf die Frage gab, warum er frischgeschossenen Vögeln den Daumen auf den Kopf setzte: ›Jungen Vögeln kann man ganz leicht den Schädel eindrücken, den alten nicht, die bekommt der Hund!‹« *(Mythos Vogel)*

Und nicht vergessen: »Wie mir scheint, ist die Ameise ein hinsichtlich ihrer Intelligenz erstaunlich überschätzter Vogel.« (Mark Twain)

*

In Frankfurt am Main wurde ein Mann mittleren Alters auffällig, der in heftiger Erregung versuchte, den Überfall eines Atschelpaars auf die brütelustige Amselfamilie in der urbanen Grenzkleingemeinde zu unterbinden. »Sagt mal, ist der Weltarsch jetzt endgültig offen?!« tobte er, während er mit den Armen fuchtelte. Und noch mal: »Ist es so? Findet ihr das? Der Weltarsch ist jetzt wirklich endgültig offen? Und deshalb könnt ihr euch wie runtergelassene Hose benehmen?«

Die Elstern hatten diesmal ein Einsehen. Sieh an, es ist nicht alles umsonst. Und ausgeschlossen mag nicht sein, daß das »üble Volk« (Anni Roth) auch bei anderen Gelegenheiten der Belehrung gegenüber als aufgeschlossen sich erweist, daß sich die Dreckselstern beispielsweise auch dann beeindrucken lassen, wenn sie scheinbar (!) nichts im Schilde führen und scheinbar (!) lediglich zum Vergnügen durch eine

Dachrinne stolzieren und es, Sadisten, die sie sind, in vollen Zügen genießen, die Mikrovögel in der näheren Umgebung in kräftezehrende Aufregung zu versetzen.

Es gibt viel zu tun, Comrades! Venceremos! Ça ira! Ah!

*

Plinius indessen vermerkte: »Sie [Elstern] finden Gefallen daran, bestimmte Wörter zu äußern, und lernen diese nicht nur, sondern lieben sie, denken insgeheim sorgfältig über sie nach und verbergen nicht, wie sehr sie das in Anspruch nimmt.«
Insgeheim! Insgeheim!

*

Der eben erwähnte Mann ertappte am 14. April 2015 zwei Elstern dabei, wie sie sich am Bastfußabstreifer vor seinem Haus rupfend und reißend zu schaffen machten, vermutlich um Nistmaterial zu »besorgen«, wie diese Vögel, deren Verständnis von Eigentum problematisch und nicht grundgesetzkonform ist, ihre Vorgehensweise zu beschönigen pflegen.

Da hatten sie sich abermals verrechnet. Es konnte jedoch bei einer gelassen ausgesprochenen Ermahnung belassen werden. »Ey, ihr Eierköppe! Macht das nebenan!«

*

Nicht aber vermochte ebendieser Mann einen Verbund von Jubeltrubelkrähen zu stoppen, die im November, in jenem Monat, der vortrefflich zu ihrer Artung paßt, auf dem Gründach seines Hauses eine Versammlung abhielten und beschlossen, Kieselsteine von der Einsäumung zu entfernen, mit ihnen aufzufliegen und kurzerhand den Hof und das Flachdach der Werkstatt rechter Hand zu bombardieren, um nach wenigen Minuten das Interesse an den verbumfiedelten Gegenständen wie selbstverständlich zu verlieren und »schwirren Flugs« (Nietzsche) von dannen zu ziehen.

Entgeistert kauerte der Mann am Fenster seines Arbeitszimmers, fühlte sich vorgeführt, »verarscht« (Sebastian Vettel), gedemütigt, angelangt »am Skalen-Nullpunkt der Lebensfreude« (Mythos Vogel), schmächtig, unbedeutend, hilflos und erschöpft wie ein kurbedürftig wassertretendes Odinshühnchen.

Niemand wundert sich, daß Raben-, daß »Wolfsvögel« (Bernd Heinrich; neben den Wölfen Geri und Freki begleiten die Raben Hugin und Munin, diese beiden verdammten Journalisten, den Wotan) in der düsteren nordischen Mythologie Boten-, Wappen-, Kriegs- und Blutvögel waren, die in höchstem Ansehen standen (die Walküren trugen Krähen- und Rabenhemden). Niemand. Im Mittelalter wendete sich das Blatt. »Nichts hat ihnen Freunde verschafft, nicht ihre mutige Kühnheit, ihre wachsame Klugheit, ihre zähe Treue und nicht ihr wunderlich ferner Gesang«, schreibt Theodor Lessing über die Adjutanten der bösen Mächte. »Welch ein Dämon birgt sich in diesen wetterzähen, winderprobten schwarzen Gestalten«, in der »Polizeigarde des Pan«, in diesen Mordbuben!

Uns schaudert schrecklich – stellvertretend für alle Tiere, denen das robuste Rabenvolk »im Daseinskampf« (Fehringer) auflauert und »in unverschämtester Weise« »den Krieg erklärt« (Brehm).

*

Die Elster genießt in *Ein Jahr vogelfrei* das Privileg, die Nummer eins auf der Liste von Stu Preissler (Steve Martin) zu sein – im Gebirge gesichtet, den grünglänzenden Besenstielschwanz nachschleppend und, »schmierig geschminkt« (R. Wieland), schackernd an schorilohenden Skifahrern vorbeieiernd.

Wir fordern die FSK auf zu handeln!

*

Von der Fisch- bis zur Dschungelkrähe: »De facto findet man sie überall auf der Welt – abgesehen von der Antarktis.« (*Raben – Unterschätzte Genies*, MTV/CBC/arte 2009)

Und dort haben wir die Pinguine. O Elend der Welt.

*

Raben haben sich den Ruf erworben, dem See- und dem Steinadler, der laut Karl Valentin kein Tintenfisch ist (»Des is' doch kein Tintenfisch, des is' ja a Steinadler«), beim Fressen äußerst lästig zu werden und ihre

Besitzrechte streitig zu machen. Die Pestilenz- und Satansvögel »lieben Aas« (WDR/arte), sie sind (neben den Geiern) die Abrißbirnen der Natur. Sie sind Streithansel, »Schlitzohren und Betrüger« *(Unterschätzte Genies)* und hopsen wie Halbstarke um die Majestätsdarsteller herum, als sei die Natur eine Hüpfburg. Außerdem provoziert der kühne Rabe Füchse, weil er sich schlauer dünkt, und er »lebt in Feindschaft mit Stier und Esel: Diese schlagen ihn, und er fliegt sie dafür an und hackt ihnen die Augen aus.« (Aristoteles) Als »Ur- und Fabelwesen«, das »zum Menschen gehört wie Hund und Pferd und Kuh« (G. Stein), zeigt er sich diesen gegenüber jedoch wohl etwas verträglicher und schont sie gelegentlich. Sein Fleisch aber »ist dem Menschen gar nicht bekömmlich, hat er doch die Natur von Räubern und Dieben« (H. v. Bingen).

Daß Raben, die in England zum Teil Mitglieder der britischen Armee sind, das Prinzip der Einehe strikt ein- und sich aus Spaß an der Freude angeregt unterhalten, daß ihr Gehirn in Relation doppelt so groß wie das von Hunden und ihnen kausal-flexibles, kontextualisierendes Denken nicht fremd ist, daß sie Baupläne für Haken entwerfen und »die besten Werkzeugmacher des Tierreichs sind« *(Einfach clever – Wie Tiere denken,* BBC 2014), daß sie den familiär-geschwisterlichen und den Großgruppenzusammenhalt kennen und Kollegen zum Tafeln einladen, daß sie sich Gesichter merken, Freund und Feind unterscheiden und vom Menschen lernen (ob das eine gute Idee ist?), daß ihnen der Instinkt nicht selten stinkt und sie folgerichtig in Sprache und Kultur machen – das macht wenig wett, das macht sehr wenig wett.

Romane schreibt der widrige Rabe vorerst noch nicht. Seine Überheblichkeit, die in der Welt der komplexeren Organismen ihresgleichen sucht, ist dennoch spätestens 1991 aktenkundig geworden, als der Rabe in Gestalt einer schweizerischen Kulturzeitschrift *(Der Rabe* Nr. 30) den Chemienobelpreisträger Heinrich Boll zur Schnecke machte und als »steindumm«, »talentfrei« und »korrupt« denunzierte.

All die Raben, die in Shakespeares Werk herumtapern (in *Macbeth, Titus Andronicus, Heinrich VI.* et cetera), sind nicht ernst zu nehmen. Die Krähe sagt in dem Märchen »Der Zaunkönig« von den Gebrüdern Grimm: »Quark ok!« Und satisfaktionsfähig sind die Raben bei Wilhelm Busch genausowenig. In »Das Rabennest« treten sie als schaden-

frohe Penner auf, und der sprichwörtliche Unglücksrabe Hans Hucke-
bein, »der alte Schlingel«, ist selbst schuld an seinem Verderben – weil
mißtrauisch und eine »schwarze Seele«, ein »Rabensohn« (Schiller),
ein Mundräuber und beißender Bastard, der die Tierkollegen gegeneinander aufhetzt, die Menschenseele reizt (»Patsch! fällt der Krug. Das
gute Bier / Ergießt sich in die Stiefel hier«) und auch in dieser Höhe
verdient wegen überbordender Lasterhaftigkeit, »roher Lust«, Likör-
abusus und schwindender Sinne am selbstgewirkten Strick sein Ende
findet.
Klappe.

*

Zum amerikanischen Kiefernhäher wäre geflissentlich nachzureichen,
daß er ein Kaliber und kognitiver Knaller sein, »mentale Zeitreisen«
(BBC) antreten und sich zehntausend Futtervorratsplätze merken soll
(Objektpermanenz).
Warum?
Das gälte es herauszubringen.

*

Interessantes Detail: »Anfangs, ehe es Krähen und Dohlen gab, stahl
die Elster Eier der Raben, setzte sich darauf und brütete sie aus. So ent-
standen die ersten Dohlen und Krähen.« (Frau von Bingen)
Das kommt auch noch strafverschärfend in die Akte.

*

Weiteres interessantes Detail: »Die [gegenüber dem Kolkraben; d.
Verf.] weniger kluge Dohle vergräbt oder versteckt auch im Alter einen
Futterbrocken ruhig vor den Augen ihrer Genossen oder ihres Pflegers,
was natürlich ziemlich wenig Zweck hat.« (Heinroth)
(Dohlen-Kapitel überarbeiten? Dohlen-Kapitel entlassen?)

*

Dialog während einer lesetourbedingten Überlandfahrt. Roth: »Die
Saatkrähe – bei der fällt bei mir die Klappe. Die kann ich ums Verrek-
ken nicht leiden.« Wieland: »Na, na, da wäre ein Pro und Contra an-

Dohle

Saatkräh

Nebelkräh

F.W.Bernstein

gebracht, pro und contra Saatkrähe. Schon eher der Kolkrabe. So einen Zinken von Schnabel trägt man einfach nicht herum.« Roth: »Der Kolkrabe ist aber selten. Der steht auf der Roten Liste.« Wieland: »Das halte ich für übertrieben.«

Let's call it a draw.

*

I-Tüpferl-Filmtip: »Sperber ertränkt Elster« (YouTube).
(Könnte man das nicht trotzdem anders regeln?)

*

Von allem anderen »abbetrachtet« (H. Jaeger, apokryph): Die Stichpunkte, die wir hier ins Feld der Erforschung der mythen-, sagen- und legendenbefrachteten Rabenvögel (Höllenfahrtsvögel) führen, mögen vielleicht für eine einstweilige Verfügung langen. Lach indes die Wand an. Sollen die ruf- und prozeßfreudigen Rabenvögel doch daherkommen mit ihren Anwaltslegionen, mit ihren Winkeladvokaten, mit ihren windigen Rabulisten, ihren käuflichen Kauderwelschianern und Kapitalgaunern, sollen die Rabenvögel doch vor Gericht und auf hoher See den Bach runtergehen, sie werden's schon sehen, diese –

*

Vertreter der kritischen Polizeigewerkschaft haben dieser Tage empfohlen, den Reichholf (*Rabenschwarze Intelligenz*) und jene anderen zweihundertzweiundachtzig amtlich anerkannten Monographien über die bis ins letzte Gen durchdeklinierten Rabenvögel zu studieren, die in wohlsortierten Bibliotheken der zoologischen Fakultäten an Universitäten in der Bildungsrepublik Deutschland einsehbar sind.

Künftige Erkenntnisse werden die Behörden berücksichtigen. Nicht weniger wird von Bedeutung sein, daß der Wissenschaftsstandort Deutschland dergestalt weiter gestärkt werden wird, damit Deutschland im internationalen Wettbewerb auch in Zukunft bestehen und seinen Leisten leisten kann.

Mein lieber Schavan! The ravens don't suck! The ravens rock! Spread your wings and fly away!

DER NASHORNVOGEL

Evolution ist das Spiel von Variation und Selektion, genetischer Differenzierung und Auslese, Zufall und Bewährung. Mag sein, Gott würfelt nicht, die Evolution jedenfalls tut es – und schaut dann, wie die dabei entstandenen Lebensformen zurechtkommen, ob sie ihre ökologische Nische finden und jene Techniken entwickeln, die ihnen kontinuierliche Reproduktion und Arterhalt ermöglichen.

Das hat zu einer kaum faßlichen und faszinierenden Vielfalt von Vogelarten geführt. Da gibt es ästhetische Feinheiten wie beim karmesinroten Karmingimpel und beim fedrig gefiederten Fau, anpassungsfähige Opportunisten wie die Maus- und Ameisenvögel neben seltenen Exemplaren wie dem Andenkondor und dem Yodafalken, da gibt es die handwerklichen Spezialisierungen der Schmuck- und Töpfervögel, des Hammerkopfes oder des Schuhlöffels, die unterschiedlichen Temperamente von Trauerschnäpper und Lachendem Hans, die Robustheit der Tyrannen, Schrei- und Lärmvögel einerseits, andererseits die zarteren Arten: Rotkehlchenmirabelle, Flageolettseeschwalbe oder den Saskatchewanwaldundwiesenfliegenfänger.

Doch hat der faszinierende Prozeß der Evolution auch einige Eigentümlichkeiten hervorgebracht, die man nicht recht begreifen kann. Der Kakapo etwa, ein flugunfähiger Papagei, wird erst nach mehreren Jahren geschlechtsreif, ist in der Folge auch nur alle Jahre paarungsbereit und hat sein Balzverhalten so kompliziert gestaltet, daß eine Fortpflanzung nahezu unmöglich wird. Der Waldrapp, ein ausnehmend geselliger, in Kolonien brütender Vogel, hingegen entwickelte ein derart aufwendiges, allseitiges, konviviales Begrüßungsritual, daß er kaum noch zu anderen Tätigkeiten kommt. Der Eulenschwalm, ein Bewohner der Pampas Lateinamerikas, der einer Mischung aus Ziegenmelker und Frosch gleicht, versucht sich bei Gefahr als »Kuhfladen« (Riechelmann) zu tarnen und zwischen den Hufen weidender

Rinder zu verstecken, während die Galapagos-Spottdrossel die sich ihr nähernden Feinde nicht naturgemäß verspottet, sondern durch Zutraulichkeiten und Neckereien zu besänftigen versucht. Das Riesenbläßhuhn wiederum plaziert sein Nest auf einem Floß aus Pflanzenteilen, das oft nach kurzer Zeit den nächsten Wasserfall hinuntertreibt. Arterhaltung und artgerechte Reproduktion sind unter solchen Bedingungen natürlich beträchtlich erschwert.

Ähnliches gilt für den Nashornvogel, dessen Existenz kaum glaubhaft erschiene, würde man durch Reinhard Westermanns *Lexikon der kauzigen Tierarten* oder Professor Grzimeks Alterswerk *Vögel, einmal anders* nicht einigermaßen präzise über ihn informiert. Interesse geweckt hat die Familie der Nashornvögel schon seit jeher. Bereits Herodot erzählte von diesen in Waldgebieten Afrikas und Asiens lebenden Tieren, die »wie Rhinoceros und Papagei erscheinen und doch nicht wie diese«. Auch Aristoteles setzte sich mit dem Vogel eingehend auseinander, ließ ihn aber auf Grund seiner inkommensurablen Merkwürdigkeit in seinem zoologischen Grundlagenwerk »Historia animalium« lieber unberücksichtigt. Und während Hildegard von Bingen zum »Rhinocessus« nur den Volksglauben festhielt, des Tieres Schnabel tauge, abgeschnitten und zermahlen, als Pulver und mit gutem Weine eingenommen, »den Leibe zu erwärmen«, warf Friedrich II. nach dem Studium des Nashornvogels erstmals die weitreichende Frage auf, ob man bei der Naturbeobachtung notwendigerweise auf einen göttlichen Plan stoße.

Die Evolution hat der ungefähr fünfzig Arten umfassenden Familie als Charakteristikum einen beträchtlichen, oft gebogenen, durchaus überdimensionierten Schnabel mitgegeben, über dem sich ein ebenso beachtlicher wie dysfunktionaler Aufsatz erhebt, der sich oft bis über die Stirn des Vogels erstreckt – das namens- und nasengebende Horn. Obgleich dieses Horn meist Luftkammern enthält, wird der Kopf bei manchen Arten durch die abnormen Wucherungen und Wülste so schwer, daß die Nackenmuskulatur über die Maßen beansprucht wird – mit der Folge von Hypertrophien und Verspannungen, kulminierend im chronischen Schmerzsyndrom.

Mitunter läßt sich beobachten, daß Nashornvögel ob des Gewichts ihres Kopfes unvermittelt nach vorne kippen und auf die Schnabelspitze fallen. Um solche – gerade auch bei Freßfeinden oder Nahrungskonkurrenten zu begreiflicher Aufmerksamkeit führende – Vorkommnisse zu vermeiden, hat die Evolution den Nashornvögeln lange und schwere Schwanzfedern spendiert, die das Tier zwar die meiste Zeit ins Gleichgewicht zu bringen vermögen, reibungslosen Bewegungsabläufen aber kaum zuträglich sind. Für die zu kurz bemessenen Flügel ist auch der allzulang geratene Hals kein rechter Ausgleich. Und was aus ihm ertönt, ist lediglich ein lauter, indes eintöniger Ruf, der je nach Art als Bellen und Quaken, Schnarren, Schreien oder Krächzen wahrgenommen wird.

Die für den menschlichen Betrachter komisch, ja mißraten wirkende Gestalt versuchen die männlichen Nashornvögel durch einen auffälligen, ja outriert wirkenden Kopfschmuck auszugleichen. Biologen sprechen hier von klassischer Überkompensation: Hautsäcke, epilierte Augenpartien, Schnabelstreifen, Horn, Haut und Gefieder in Farben, die weniger der Palette des Regenbogens als dem Angebotsspektrum einer Lackierwerkstatt zu entstammen scheinen. Das Ergebnis ist selten ausgewogen und erinnert nur ausnahmsweise an die geschmackvolle Malerei eines Alex Katz, viel öfter jedoch an Wham, Kajagoogoo, Johnny Rotten oder Akrobat schööön. Mit einer derartigen Ausstattung um ein Weibchen zu werben ist schwierig, scheint aber möglich.

Nach der Vermählung und der nicht immer »prophylaktischen« Paarung (H. Jaeger) suchen sich die Nashornvögel eine geeignete Bruthöhle. In der mauert sich das Weibchen alsbald ein, wobei es als Baumaterial einen Brei aus Pflanzenteilen, Essensresten, Erde, Kot und anderem Unrat verwendet. Das Männchen, das außerhalb der Höhle bleibt, sieht sich nun allerdings nicht nach einer besseren, reinlicheren und für die Reproduktion geeigneteren Partnerin um, sondern verharrt in der Nähe. In den folgenden Wochen versucht es, seine schwer erreichbare Frau und die demnächst schlüpfenden Kinder mit der notwendigen Nahrung zu versorgen, wobei seine Bemühungen dadurch beeinträchtigt werden, daß die Öffnung der Bruthöhle für seinen gewaltigen Schnabel zu klein ist. Zwar scheinen sich manche Nashornvogelarten, wie Westermann schreibt, um die Bildung symbiotischer Fütterungsgemeinschaften mit Kolibris zu bemühen, meist läßt sich der kleine Nektarfresser jedoch nicht auf die für ihn unvorteilhafte Verbindung ein.

Während das Nashornvogelmännchen auf Grund der Anstrengungen der mehrwöchigen Fürsorge rasch deutliche Zeichen von Abmagerung und Auszehrung zeigt, ergeht es dem Weibchen kaum besser. Nicht nur haust es während der Brutzeit in bedenklichen hygienischen Verhältnissen, es verliert durch die Mauser eine Vielzahl seiner Federn und vernachlässigt mangels Außenkontakten die Körperpflege. Beendet es nach mehreren Wochen seine Höhlenexistenz, indem es den Verschluß seines »Kerkers« (Brehm) durchbricht, bietet es ein nach menschlichem Ermessen jammervolles Bild: schmutzig, räudig, gerupft, abgemagert und in noch schlechterer Konstitution als das Männchen. Den Jungvögeln, die nackt und blind aus den Eiern schlüpfen, geht es, wenn sie nach Wochen in einer dunklen, verkoteten, mit Kot verschlossenen Behausung das Licht der Welt erblicken, wie den Eltern – nur noch schlechter. Wallace zufolge ähnelt beispielsweise das Junge des Homrai-Doppelhornvogels »eher einem Klumpen Gallerte mit angesetztem Kopf und Füßen [...] als einem wirklichen Vogel« (zitiert nach Brehm).

Nach dem kaum glaubhaften Flüggewerden des Nachwuchses ist die Nashornvogelfamilie den Rest des Jahres damit beschäftigt, zu Kräften zu kommen. Auch der Nahrungserwerb ist allerdings beschwerlich, da sich Insekten und Kleintiere den Nachstellungen des Vogels durch Verstecken oder Fortfliegen entziehen. Nur »täppische« (Brehm) Tiere kann er bisweilen erhaschen. Seine Konkurrenten – Baumnager, Schlingschlangen, Grunzaffen – haben deutliche Vorteile in Sachen Beweglichkeit; Kletterversuche der Nashornvögel auf dünneren Ästen und Zweigen enden dagegen häufig mit Abstürzen.

So sehen sie sich immer wieder gezwungen, die Baumkronen zu verlassen, um vom Waldboden jene Früchte aufzusammeln, die von ebenfalls fehlgebildeten Bäumen gefallen sind. Dabei geraten sie auch an verdorbene, überreife, vergorene Kost. Sie hilft zwar, die arttypischen Kopf- und Gliederschmerzen zu lindern, führt jedoch bisweilen, wie Gustav Schneider berichtet, zu Desorientierung, torkelndem Sinkflug und heftigen Zusammenstößen der im Grunde alkoholintoleranten Tiere.

Die Nahrungsaufnahme im engeren Sinne ist merkwürdig, aber mehrfach wie folgt bezeugt: Aufgesammelte Früchte werfen die Nashornvögel in die Luft, um sie dann mit geöffnetem Schnabel aufzufangen, offenbar damit die Schwerkraft helfe, das Obst in den Schlund und durch den langen Hals in den Magen zu pressen. Die Altvögel haben hierbei eine gewisse Geschicklichkeit entwickelt und gelernt, vor allem ausgereifte und weiche Früchte zu verwenden. Dagegen erleiden juvenile Exemplare, die anfangs zu frischerem, noch knackigem Obst greifen und weniger treffsicher sind als ihre Eltern, vielfach ernste Kopfverletzungen. Die so verwundeten Jungtiere werden meist leichte Beute von Räubern wie dem Kronenadler, dem Mantelkragen und der Rotgesichtcarnivore.

Der Nashornvogel ist kein Einzelfall. Wir wissen von etlichen Vögeln, deren Lebensverhältnisse so widrig sind, daß man die Sinnhaftigkeit des evolutionären Prozesses in Frage zu stellen geneigt ist. Wenn Arten derart komplizierte Verhaltensschemata abarbeiten müssen, daß sie diese selbst kaum noch nachvollziehen können, wenn manche Vögel nur dann eine evolutionäre Nische erhalten, wenn sie entwürdigende Lebensbedingungen zu akzeptieren bereit sind, wenn die Partnersuche über alle Maßen erschwert wird und alles noch so aufopferungsvolle »Investment« in den Nachwuchs ohne »Ertrag« bleibt, dann fragt man sich schon mit den Worten des Ornithologen Harry Rowohlt, ob das denn wahr sein könne. Die Evolution mag würfeln, so der Entwicklungsbiologe und Neorevisionist Bernhard Scheurich, manchmal gewinne man jedoch den Eindruck, sie spiele Mäxchen.

Vor diesem Hintergrund kann man es nur bewundern, daß der Kakapo weitermacht, daß Eulenschwalm und Riesenbläßhuhn den Selektionsprozeß nicht in Frage stellen, daß der Waldrapp weiter die Rolle eines evolutionären Exzentrikers übernimmt und der Nashornvogel sich Jahr für Jahr von neuem dem Survival of the Fittest, Baddest und Badassest stellt. In diesem Beharrungsvermögen, in dem unverdrossenen Einstehen für die Launen der Natur und dem Festhalten an einer vergeblich wirkenden Existenzform liegt eine eigene Stärke, liegen Schönheit und Würde.

DER ORTOLAN

Wie man aus der einschlägigen Literatur erfahren kann, badet der Ortolan, auch Gartenammer genannt, gern in Armagnac. Nicht selten begegnet man diesem chickennuggetgroßen Vogel, der früher wohl vornehmlich auf freier Flur zu Hause war, in Gaststätten. Häufig trifft man gleich mehrere Ortolane zusammen an Pasta oder Polenta. Offenbar sucht die Gartenammer – gerade im Herbst, vom Vogelzug erschöpft oder der permanenten Arterhaltung überdrüssig – die Nähe des Menschen. An Bäumen angebrachte Netze und extra aufgestellte Körbe sind beliebte Sammelpunkte.

Unter menschlicher Obhut und bei lückenloser Fütterung kommen die Ortolane dann schnell zur Ruhe und bald zu deutlich mehr Gewicht, als sie bei permanentem Herumfliegen und umständlicher Futtersuche je erreichen könnten. Zwecks Nahrungserwerbs suchen sie oft Garküchen auf; manche finden vorübergehend Unterschlupf in Mundhöhlen.

Gefiederfarbe und Gesang der Gartenammer sind weithin unbekannt. Unter Connaisseuren genießt sie jedoch wegen ihrer Zartheit Ansehen. In der Kokotte geröstet, bestreut mit Pfeffer und Meersalz, am Spieß gegrillt oder im Topf bei leichter Hitze in einer Sauce mit Weißwein, Marsala und Thymian weich gegart, im Stück serviert, findet sie Gefallen.

Ortolan, wie kann das sein? Ist das dein Ernst? Gartenammer, was ist los mit dir? Und wie lange soll das weitergehen?

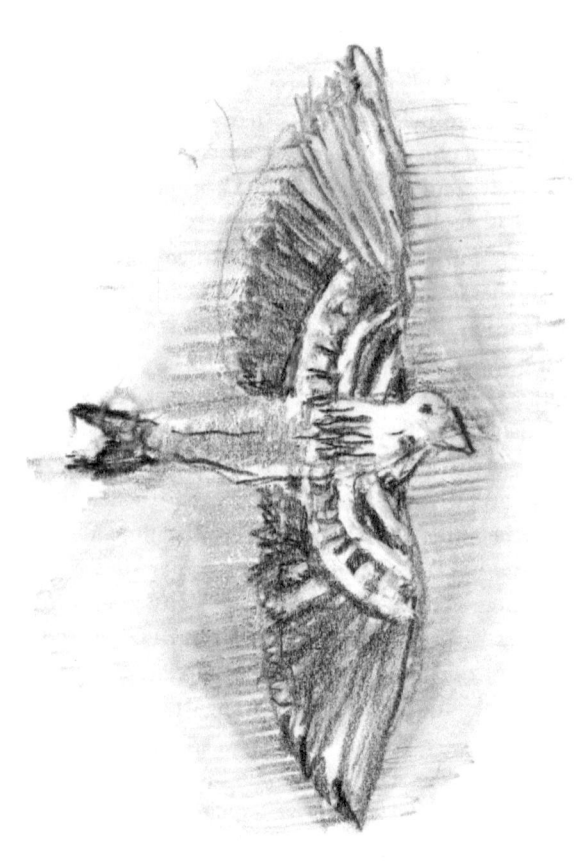

DIE WACHTEL

Seit Nimrods und früheren Tagen drängt sich den Menschen immer wieder – und sonntags in höchstem Maße – die belastende, bedrängende und biestige Frage auf: Was wollen Wachteln? Und wieso wollen sie was – und warum wollen sie nicht vielmehr nichts?

»Weh, weh, weh! / Wachtel in spe!« lautet ein Kinderreim, der vom Nordkap bis zum Kap Hoorn aus christbaumkugelhellen, vor Angst vibrierenden Kehlchen schallt. Und »Wachtel? / Alte Schachtel!« war der Leiderfahrungen bezeugende Leitspruch des Ornithologischen Mittwochsstammtisches der Bremerhavener Watvogelfreunde, der von Mitte 1947 bis Anfang 1948 in der ersten Woche jedes Dezembers in einem geraden Jahr tagte und dessen Motto dieser Tage in Birder-Kreisen rund um den Globus zirkuliert. Im angelsächsischen Sprachraum zum Beispiel raunen sich Avi-Aficionados zu: »Quail? / Don't trail!«

Überall und über alle Zeiten hinweg warnen wir Menschen uns gegenseitig vor den Wachteln, vor den im verborgenen wühlenden Erdfasanen, deren schaurige Schlagrufe (»Dig! Digdig!« / »Grab! Grabgrab!«) uns als Menetekel zu Ohren gelangen, auf daß wir uns, den Schrecken zu bannen, umgehend ungeheuren Mengen Schnaps anvertrauen.

Eine Ausnahme machte der sogenannte Freigeist Heinrich Heine. In der Briegleb-Ausgabe der *Sämtlichen Schriften* findet sich der apokryphe Vierzeiler »Zum Wein, zum Wein, zum welschen Wein! / Wer will des Trankes G'nießer sein? // Lieb' Hahnenland, magst ruhig du sein, / Die Wachtel säuft dein' Hammerwein!«

Der besänftigende, bacchantisch-ontologische Endreim »Wein / Sein / Sein / Wein«, der auf allzu täppische Weise das im Wachteligen wabernd wütende Wilde wohlbedacht wimmernd wegwischen will, konnte allerdings bis vor kurzem selbst aufs äußerste wohlwollende Philologen nicht über das Wesen und den Willen der Wachteln täu-

schen; bis, bis, bis – vor einigen Tagen in einem sechshundertseitigen Buch ein Gedicht entdeckt wurde, auf der versteckten Seite 41, verfaßt von einem Magister Fritz »Wachtel« Bernstein. Drei Strophen umfaßt es, und im Titel heißt es alternativlos alliterativ-interrogativ: »Weltmacht Wachtel?«

»Schaut euch nur die Wachtel an! / Trippelt aus dem dunklen Tann; / tut grad so, als sei sie wer. / Wachtel Wachtel täuscht sich sehr. // Wär sie hunderttausend Russen, / hätt den Vatikan zerschussen / und vom Papst befreit – ja dann: / Wachtel! Wachtel Dschingis Khan! // Doch die Wachtel ist nur friedlich, / rundlich und unendlich niedlich; / sie erweckt nur Sympathie. / Weltmacht Wachtel wird sie nie!«

Nun und fortan seien mithin Kinder, Greise, Radfahrer, Altvögte, Atomphysiker und Hirnforscher froh! Seien wir all' erlöst von Erd- und Erzübeln vielerlei! Vielerlei Frohheit und viel »Weltheit« (Michael Tetzlaff) und viel Frauheit obsiege und herrsche, und balde werde der 1. FCN Deutscher Meister, und die Eintracht – Braunschweig, Frankfurt oder Trier? Egal! – werde Vizechamp, und es sei prima, cheerefe, Wachtel, juchhe!

Wachtel, heißa! Wachtel, Wachtel, Wachtel, Wachtel!

BACHSTELZE UND GOLDHÄHNCHEN

Boxbrunn im Odenwald, ziemlich exakt auf der Grenze zwischen Bayern und Hessen. Die Sonne quetscht sich gerade wieder an gestreiften Lappenwolken vorbei. Apfel-, Birn- und Nußbäume säumen die Wiesen. Am Horizont steht der Wald. Eine Bachstelze, eben noch durch einen kurzen kecken Sprung dem Unfalltod entkommen, trippelt nun interessiert über den Mittelstreifen der kerzengeraden Straße. In unserem Kopf macht sich langsam ein angenehm ätherischer Schwurbel und Schwabbel breit. Eine Bachstelze. So was Feines, so was Feines.

Als wir noch in Freibäder gingen, an trockenen, glühenden Tagen, um in den Himmel und den Frauen hinterherzuschauen, an kühlen, garstigen, verschnürlregneten, um fünfzehnhundert Meter zu kraulen und, waren innere und äußere Umstände günstig, den Fluß der Bewegung und die Entkrampfung der Muskeln und des Hirns zu genießen, erfreute sie uns oft – durch ihre dezenten Spaziergänge am Beckenrand, durch ihre Flanierrunden über die Liegewiese, durch ihre Stippvisiten am Kiosk.

Sie ist ein »netter« und »angenehm gebildeter Vogel« (Naumann), »eine der ersten Zierden unserer Natur« (Schuster). Schulmeister Johannes Erler verleiht ihr das Prädikat, sie sei »unter dem kleinen Federvolk« das »zutraulichste und flinkeste Tier. Ihr Federkleid ist reinlich und sauber.«

Das weiß-sammetschwarze Mieder und den gesäumten grauen Mantel des »Sommervogels« (L. Svensson) kann niemand anstößig finden. Wir jedenfalls sehen nicht, daß diesbezüglich Korrekturen fällig wären. Sie führt ihre klassisch-geschmackvolle Bekleidung auf Flächen vor, »auf denen es sich rasch und elegant laufen läßt« (Bezzel), und bisweilen tut sie es dem zu ehrenden Kuhreiher gleich und landet auf dem Rükken eines grasenden Rindes, um jenes, »immer mit dem Köpfchen nikkend« (Erler) und dergestalt ihres und des Wiederkäuers Tun sichtbar

bejahend, von lästigen Bremsen, Mücken, Zecken und anderen Quäl-
geistern zu befreien. Wer das als verwerflich erachtet, hebe die Hand.

Ab und an fragen wir uns schon, was für Männer in der antiken Philosophie zugange waren und das Sagen hatten und darob von Welt-
imperatoren (Alexander) zu Lehrern erwählt wurden. Aristoteles
scheute sich nicht, ungeprüft vom Stapel zu lassen: »Die gelbe Bachstelze ist dem Pferde nicht grün.« Na freilich, wer gelb ist, kann einem anderen nicht grün sein – und die Bachstelze (er meinte wohl
den Schafspelz, Blödsinn, die Schafstelze) ist es selbstverständlich auch
deshalb nicht, »weil das Pferd sie von seiner Weide vertreibt. Die Bachstelze weidet nämlich Gras, hat einen weißen Fleck auf dem Auge und
sieht nicht scharf. Sie macht das Pferdewiehern nach und das Pferd
scheu, wenn sie es anfliegt.«

Da ihm offenbar vier, fünf Läuse über die Leber gelaufen waren, in
der die alten Griechen bekanntlich den Sitz der Seele vermuteten (wie
war es um Aristoteles' Leber, wie um seine Seele bestellt?), ließ er keine Ruhe und kompromittierte die Bachstelze als »listig«, fügte hin-

zu, »ein Mangel an ihr ist, daß sie ihres Hinterleibs nicht recht Herr ist (wippt)«, und verpaßte bei der Gelegenheit obendrein dem unanfechtbaren Zaunkönig, dem Schlüpfer, Witscher, Wintertenor, dem »Schelm« (Brüder Grimm) und Eulenbekämpfer (siehe Shakespeare), den wir in unserem bescheidenen Werk, dessen Umfang der Herr Verleger meinte streng begrenzen zu müssen (»Immer an den Leser denken!«), nicht gesondert zu würdigen vermögen, einen miesen Leberhaken: Er sei »scheu und schwächlich in seinem Wesen, aber genügsam und geschickt. Er wird auch ›Der Alte‹ genannt und ›König‹. Daher soll der Adler ihn bekriegen.«

Nein, das soll er nicht, denn der Zaunkönig legt Spielnester an.

Wir müssen uns an eine andere Autorität halten, an Hildegard von Bingen, die allerdings auch nicht jeden Tag nach dem Aufstehen alle Tassen in der richtigen Reihenfolge sortiert hatte. Von der Bachstelze jedoch sagte sie, sie habe »etwas von der Natur der Wirbelwinde, ›de turbinibus est‹«. Der unruhige Wind also habe sie geboren, allezeit zeichne sie knapp überm Erdreich Kreise mit kurzen Radien in die Luft, davonstürzend, hinforteilend. In ihrem ausdauernden, hurtigen, eilfertigen, »starkbogigen« (Fehringer) Wellen- und Schlangenflug, der keineswegs, wie allerlei Trantüten unter den Ornithologen maulen, von Unentschlossenheit und Orientierungslosigkeit Zeugnis ablegt, beweist sie das Temperament eines freundlich-anarchistischen Erdlings, der, kommt es ihm in den Sinn, über Kiesbänke läufelt, durchs Naß, den anziehenden Wasserschwätzer neben sich duldend, watet oder an Bächen, Gräben und kleinen Flüssen lustwandelt, »immerzu Umschau haltend« (Brehm), Insekten beschleichend und geschwind mit seinem pfriemenförmigen Schnabel an sich nehmend.

Zugestanden – die »Flügel: mittelmäßig« (Naumann), und »selbst ernster zu raufen« (Brehm) vermögen sie. Üppige, mit Blumen und würzigen Kräutern aufgepeppte Wiesen sind »diesen Vögeln überall zuwider« (Naumann), und fürs Singen wollen Queckstelzen so gut wie keine Zeit erübrigen. Im Netz fanden wir trotzdem folgende gelungene Schilderung: »Seinen plaudernden Zwitschergesang läßt das Männchen nur selten hören. An einem bewölkten Oktobertag in Rom, der mediterrane Wärme mit herbstlichen Windböen zu einem etwas gewöhnungsbedürftigen Wettercocktail mixte, erhielt ich eine Gesangsdarbietung auf dem Forum Romanum: Auf einer Steinplattform lief der Vogel, vielleicht ein Wintergast aus Mitteleuropa, gewichtig hin und her und zwitscherte dabei aus voller Kehle. Ein wenig erinnerte er mich an einen Touristen, der mit einem Song die legendäre Akustik eines antiken Amphitheaters erprobt.« (Dr. Anton Vogel, gebaeudebrueter.de)

Es ist unschwer einzusehen: Was die Bachstelze, das kinetische Bündel, so anstellt, das ist »große Klasse« (Sigmar Gabriel, Parteitag Berlin, 11. Dezember 2015), großes Damentennis, das ist ganz großer Sommerschlußverkauf. Ihr Liebeswerben geht »in ungemein zierlicher und anmuthiger Weise« (Brehm) vonstatten, Herberge nimmt die immerzu tänzelnde »Balletteuse unter den Vögeln« (Gerlach), die sich als wahrer Beistand der Menschen »allen Verhältnissen anbequemt« (Brehm) und »so zutraulich und kirre wird, daß sie ihr Wesen vor denselben ganz ohne Scheu treibt« (Naumann), zum Beispiel beim Geyer Schorsch zwischen einigen Scheiten Holz, und wenn das »Ackermännchen« eine andere Unterkunft bevorzugt, geht es ebensowenig fehl. Brehm ist entzückt: »Das Weibchen brütet allein; beide Eltern aber nehmen an der Erziehung der Jungen theil, verlassen sie nie und reisen sogar mit Fahrzeugen, auf denen sie ihr Nest erbaueten, weit durch das Land oder hin und her.«

Am Ende eines jeden Tages, den das Weltall hat werden lassen und den es wieder vergehen läßt, hat die Bachstelze ganze Arbeit geleistet, und sie ist problemlos ohne »taktischen Plan« (S. Gabriel) ausgekommen, Gratulation. Von Grund auf zufrieden ist sie, kaum einmal mürrisch, kaum einmal boshaft, kaum einmal auf Bambule aus – es sei denn, der so verwegene wie vorbildlich altruistisch-solidarische Wassersterz sieht einen horriblen Sperber nahen. Dessen »Kühnheit ist zuweilen wirklich maßlos«, entrüstete sich Brehm, doch die Bachstelzen sichern sich und andere gegen ihn ab, um ihm nicht zu erliegen. Im näheren: »›Wenn die Stelzen einen solchen erblicken‹, sagt mein Vater, ›verfolgen sie ihn lange mit starkem Geschreie, warnen dadurch alle anderen Vögel und nöthigen auf solche Weise manchen Sperber, von seiner Jagd abzustehen. Ich habe hierbei oft ihren Muth und ihre Gewandtheit bewundert und bin fest überzeugt, daß ihnen nur die schnellsten Edelfalken etwas anhaben können. Wenn ein Schwarm

dieser Vögel einen Raubvogel in die Flucht geschlagen hat, dann ertönt ein lautes Freudengeschrei, und mit diesem zerstreuen sie sich wieder. Auch gegen den Uhu sind sie feindselig; sie fliegen auf der Krähenhütte um ihn herum und schreien stark; doch zerstreuen sie sich bald, weil der Uhu nicht auffliegt.‹«

Anzurechnen, bitte, sei der Bachstelze das alles. Nur – geschieht es? Mitnichten.

Die Bachstelze, die »Ballerina bianca«, dürfte Alfred Brehm vor Augen gehabt haben, als er sein berühmtes Diktum formulierte: »Kein anderes Geschöpf weiß so viel zu leben, wie der Vogel lebt. Ihm ist der längste Tag kaum lang genug, die kürzeste Nacht kaum kurz genug.« Aber der Vogler vom Fach beachtet und achtet sie nicht, zuckt mit den Achseln, macht ein miesepetriges Gesicht und kann ein Gähnen nicht unterdrücken, weil er Vögel – und zwar bestimmte Vögel, nämlich die entrückten, die vertriebenen, die von jenem Geschlecht, dem er selbst zugehört, an den Rand der Ausrottung gebrachten – wie quasisakrale, einer leeren höheren Sphäre entstammende Luxusartikel besieht – und nicht wie jene profane Kostbarkeiten, die für ein paar Augenblicke unseren Alltag und die »Mühen der Ebene« (Brecht) vergessen lassen. Eine Bachstelze, die um die Ecke huscht und sich, vibrierend vor Begeisterung, ein Teil der Welt und zugleich bloß sie selbst zu sein, in einem Lichtfleck am Bordstein sonnt: Das ist ein entzeitlichter Funke, ein Moment luzide-kalmierender Weltverbundenheit in feierlicher Leichtigkeit und Sorglosigkeit.

Nicht, daß die Vogelaficionados die Bachstelze nicht ertragen und daher zu relegieren wünschen. Sie gehen einfach kaltherzig über sie hinweg, sie dünkt ihnen gleichgültig, und diese Gleichgültigkeit, die in gleichem Maße unsere Goldhähnchen trifft und abstraft, ist ein Übel, ein noch weit größeres Übel als Sigmar Gabriel.

Bachstelzen vertreten die Familie der Stelzen und Pieper, die zeisiggrünen und safrangelben Goldhähnchen vertreten die Familie der Goldhähnchen, obwohl Brehm die »Kronsänger« noch, nachdem sie »vielfach hin- und hergeworfen« worden waren, von »der Unterfamilie der Laubsänger« hatte adoptieren lassen, ungeachtet der ihm bekannten Tatsache, daß sich Goldhähnchen nahezu ausnahmslos in Nadelwäldern niederlassen.

Das Sommer- unterscheidet sich vom Wintergoldhähnchen durch einen weißen Überaugenstreif und einen ausgeprägten schwarzen Strich über ebenjenem. Beide sind sagenhaft geringe neun Zentimeter lang und fünf/sechs Gramm schwer, sind, der Kälte zu trotzen, »reichlich und weich befiedert« (Fehringer) und haben mit Schwielen oder Warzen bewehrte Kletterzehen.

Ihr lockender und Stimmfühlung herstellender Ruf/Gesang ist eine Abfolge gehetzter hoher, dünner, spitzer Töne (»Si-si«), ein atemloses, für uns nur unter Mühen gänzlich wahrnehmbares Causeurgeschnabel mit Schlußtrilleremblem, gewissermaßen mit dem gewissen »Pfiff«.

Goldhähnchen neigen zu sonderbaren oder undurchsichtigen Handlungen (Torheiten), streichen stets in nervlichem Aufruhr umher, plustern sich auf (Imponierverhalten), frönen der Hetzkopulation (kein schöner Zug) und gelten als putzsüchtig (zwangsneurotisch). Zufriedenstellend bewiesen ist letzteres jedoch nicht.

Nahrung wissen diese Kobolde unter Umständen in einem kolibriartigen Schwirrhubschrauberflug zu finden, sie erwerben »sich durch Wegfangen von Fliegen nicht geringere Verdienste als draußen im freien Walde durch Aufzehren von forstschädlichen Kerbthieren« (Brehm). Äßen Menschen so viel wie Goldhähnchen (Gesetz der kleinen Körper), müßten sie fünfzehn Stunden am Tag ohne Unterbrechung Bratwürste, Koteletts und Pökelfleisch in sich hineinschichten. Aristoteles, dem das Goldhähnchen entgangen war, hätte es mißbilligt (Theorem von der Goldenen Mitte).

In der Kinderwiege der Goldhähnchen kommt ein geradezu überdimensioniertes Gelege unter. Sämtliche Vögel verlassen sich zwecks Reproduktion auf das einzellige »Wunderwerk Ei« (*Mythos Vogel*, Reichholf, Wiesenhof), auf »das Symbol der Vollkommenheit«, das in der altgermanischen oder wenigstens christlichen und schokoindustriellen Ikonographie (Überraschungsei/Ferrero) allerhand Segen und Zugewinne verbürgte und verbürgt. Und »wußten Sie schon, daß man ein weiches Ei nicht als Zahnstocher benützen soll?« (Karl Valentin)

Ja, das Ei, »diese elliptische, faßbarste, schönste Form, die so fast gar keine äußeren Angriffspunkte bietet«, es »vermittelt die Vorstellung [...] einer völligen Harmonie, von der es nichts hinwegzunehmen, zu der es nichts hinzuzufügen gibt. [...] Das Wunder eines Kolibrieis wiegt nicht geringer als die Milchstraße.« So sah es auch Michelet. Und das Ei, es spricht mit der Mutter und hört auf sie, es kommuniziert und interpretiert vielleicht sogar, »welch vollkommener Zustand im Schoße einer nährenden Wohnung! Und wieviel besser als alles Säugen!«

Nicht war im Anfang das Wort; im Anfang war das Ei.

Man spricht bei Vögeln (und Reptilien, die man hier bedauerlicherweise noch mal zu berücksichtigen hat, diese unansehnlichen Pfundskerle) von der zweifachen Geburt. Das mag bereits übertrieben erscheinen, aber die Goldhähnchen legen dann eben, analog zu ihren Ernährungsgepflogenheiten, eine weitere Schippe drauf. In *Mythos Vogel* heißt es: »Für Vögel ist diese Zweistufigkeit eine ideale und geniale Lösung eines Dilemmas: Müßten Vogelweibchen nämlich nach Säugetierart in einer Plazenta Junge austragen, hätten sie ein Problem. Nicolai *(Naturerlebnis Vögel)* schreibt: ›Ein Sommergoldhähnchen legt sieben Eier, deren Gesamtgewicht das der Mutter übersteigt [obschon jedes Ei nur kirschkerngroß ist; d. Verf.]. Wäre der Vogel lebendgebärend, wäre er einige Zeit vor der Geburt flugunfähig.‹«

Und gelangte nach einem Waldspaziergang nicht mehr in die Fichtenkrone hinauf.

Was uns zu dem Punkte führt, daß die meisten »Baumläuferchen«

(Fehringer) in Monokulturen der Fichte Unterschlupf finden und somit für solch widernatürliche Waldwirtschaft und für solch einen Baum Werbung machen; für einen Baum, den Michael Rudolf in seinem legendären Grundsatzartikel »Fluch über die Fichte« (*taz*, 13. August 2004) wertneutral als »gründlich mißlungenes Imitat«, als »Alptraum likörpralinenberauschter Abteilungsleiter eines Baumarktes oder Gartencenters«, als »Kleckermischung aus Friedhofbestockung, Modelleisenbahnzubehör und Weihnachtsbaum«, als »Pestbaum« mit »minderbemittelten Nadeln«, als »das Schwein unter den Forstbäumen«, als eine »Baumsau, die schamlos von ihrem eigenen Abfall lebt«, bezeichnete.

Und dennoch: Die Goldhendl beanspruchen als Vögel der Fichte, die sich um die »question« (G. Polt) der botanischen Akzeptabilität ihrer Nistungsorte allzu leichtfertig herumdrücken, wenig, sehr, sehr wenig Siedlungsfläche. Ihre Nestlinge stapeln sie gar. Indes, indes: Nichts ist günstig, ohne daß es gemindert würde. Trotz ihrer naturschonenden Bescheidenheit bauen sie, eine Folgebrut zu wuppen, einen Zweitwohnsitz, wodurch sie ihren ökologischen Fußabdruck wiederum vergrößern, »anmutige Armut« (Elias Canetti) und räumliche Zurückhaltung hin oder her oder vor und zurück.

Aporien, wohin man glotzt. Widersprüche, Widersinn, Schwachsinn. Wer rettet uns aus unsrer Not?

Alfred Brehm fand für unser »kleineres Volk« kein häßliches Wort, für unser »Kleingesindel«. »Die kleinen Wichte sind gewiß nicht diejenigen, welche [...] Unfrieden bringen.«

Folglich schaffen es die Goldhähnchen, anders als Sigmar Gabriel und Andrea Nahles, nie in die Zeitung. Recht besehen, ist das angesichts des wahren Schönlebens, das diese Flüster- und Wisperwesen im stillen zu führen gelernt haben, eine feine Sache. »Es ist nur klar, daß man sich der Natur zuwendet«, schrieb uns am 4. März 2011 ein wesensverwandter Mensch. »Die ist zwar manchmal auch grausam, aber man sieht es nicht. Und sie existiert außerhalb der Medien, traktiert einen nicht, sondern zeigt sich unerwartet, unverhofft. Ich will jetzt doch mal drangehen, die Vogelstimmen zu lernen. Vor ein paar Tagen hat H. aus dem Fenster geschaut, und was sah sie da in den Zweigen? Zwei Wintergoldhähnchen, die sich schon mal warm machten, hüpften, pfiffen, die Knospen inspizierten, ein wenig schnäbelten, während unter ihnen die Laster rollten. Waren auf Durchreise allerdings.«

»Unser kleinster Vogel ist auch unser flatterhaftester; er wird von einer ewigen Unruhe umhergequirlt und kann die Flügel keinen Augenblick stillhalten.« Treffender als Richard Gerlach kann man es nicht ausdrücken, auch wenn uns seine Beschreibung an unsere makellose Mäkelei in bezug auf die Meisen erinnert, in deren Fall wir zu einer pur pejorativen »Ur=Theilung« (Hölderlin: *Urtheil und Seyn*) gelangten und daraus die Forderung ab ... –

Das spielt jetzt keine Rolle. Gerlach ist nicht zu widersprechen und nimmt uns einmal mehr die Arbeit ab (Brehm zitiert ja auch, daß die Schwarte kracht, also bitte keine Beschwerden!): »Ihr lustiges Wiegeleben über den Wäldern ist so verschieden von dem schwereren Dasein der Tiefe, daß sie, auch wenn sie herabkommen, noch zutraulich und unbekümmert sind: Bewohner der säuselnden Wipfel zwischen Erde und Himmel.«

Unser Gefühlsbarometer zeigt ein Azorenhoch an.

DER TURMFALKE

Am 8. Mai 2015 meldete *Spiegel Online*, daß auf dem Commerzbank-Tower im Zentrum Frankfurts zwei Wanderfalken geschlüpft seien (»Wanderfalken steigen Bankern aufs Dach«). Zum neunten Mal in Folge hätten die selten zu Gesellschaftskritik neigenden Ritter der Lüfte die »Luxuslocation« zu ihrem Kreißsaal erkiest. Stammbaumlich oder stammesgeschichtlich sollen die feudalsnobistischen, gleichwohl schnellen Eingreiftruppen der Falken seit neuestem eher zu den popeligen Papageien als zu den Greifvögeln zu rechnen sein, der gutmütig runde Kopf und die warmherzigen runden Augen mögen dergleichen Mutmaßungen befeuern, uns ist das wurscht.

Erwahrt hat sich, daß der Wanderfalke als reiner Luftjäger und in seiner rasenden Angriffslust sämtliche Geschwindigkeitsrekorde der Vogelwelt hält. Aber der wie seine Familienangehörigen mit schlanken, langen, abgeflachten, spitz zulaufenden Schwingen ästhetisch deutlich punktende und den reißenden Flug perfektionierende Griffo ist diesbezüglich »nachgerade sträflich überbewertet« (M. Weishaupt, Vogelwacht Frankfurt-Bockenheim). Messungen, nach denen der mit Fangzangen bestückte Athletaerodynamiker im Sturzflug mit anschließendem Looping bis zu 350 km/h erreicht, sind denn auch jüngst als Fälschungen kirgisischer und türkischer Geheimdienste entlarvt worden. »Realistisch« (Popper) sind Werte um die 181, 182 Kilometer per annum, Korrektur: per sexa gesima pars horae, nein, nein, falsch: per horam.

So ist's richtig. Und richtig ist auch: In der Horizontalen ist die Picassotaube, die er auf Trab hält und in deren Versammlungen er für manchen Aderlaß sorgt, signifikant flinker denn der »Geck in voller Rüstung« (Aischylos).

Die schneidigen Falken haben bei den Menschen traditionell allermeist gute Karten, sofern sie geruhen, sich fangen und knebeln zu lassen. Die alten Ägypter erwiesen ihnen noch die Ehre, indem sie den Schutz- und Lichtgott Horus nach des Falken Ebenbild formten, doch bald gerieten die Falken in die Klauen der prestigesüchtigen Vertreter der herrschenden Klassen und wurden als Jagdwerkzeuge mißbraucht. »Ich zôch mir einen falken / mêre danne ein jâr …«

»Falke« heißt soviel wie »gebogene Klinge«, vielleicht spielt das auf den Schnabel mit dem typischen Falkenzahn an. Auch der schmächtige, rotbraun-graumelierte und beige Turmfalke, früher der Beizvogel der Diener am Hofe, ist kein Bonobo, of course. »Wildschönheit und Hochkraft und Tat« (Gerald Manley Hopkins: »Der Turmfalke«) zeichnen ihn aus, Selbstgewißheit und Unbeirrbarkeit, und natürlich teilt der leiblich hochbegabte Kleine aller »Falken Neigung zur Luftakrobatik und [zu] Torheiten« (Stephen Bodio: *A Rage For Falcons*).

Aber dann, beinah' genau ein Jahr vor obiger Meldung auf *Spiegel Online*, am 5. Mai 2014, gegen 12 Uhr, wenige Kilometer Luftlinie vom Commerzbank-Tower entfernt: Die ersten Mauersegler schauen vorbei, und in ihr Lustgeschrei mischen sich plötzlich Töne, Rufe, die wir, bei offenem Fenster am Schreibtisch sitzend, hier bislang nicht vernommen haben.

Das sind keine Singvögel. Das wissen wir. Doch was ist das? Von wem stammt dieses durchdringende, aufsteigende Signalstaccato? »Da-daa-dad-dad-dad-dad-dad-da-dadd-dadd-dadd!«

Hinauf! Hinauf ins Obergeschoß und auf den Balkon! Und da kreist er, mit engen Radien, direkt vor uns. Der Turmfalke, Rufe aussendend, die ihm seinen Namen gegeben. Was wir als »a« hören, wird gemeinhin als »i« verbucht. »Das stimmhafte, deutliche ›i‹ ist ein so prägendes Charakteristikum aller Turmfalkenrufe, daß sogar der lateinische Name darauf Bezug nimmt: Das Verb ›tinnere‹, auf das der Zusatz ›tinnunculus‹ zurückgeht, heißt soviel wie ›klingeln‹, ›schellen‹ oder ›schreien‹.« (museum für naturkunde berlin)

Du, Turmfalke, hier, »mein lieber Bruder Falke« (F. v. Assisi).

Jetzt, schräg links gegenüber, auf einem Sims an einem der Vorderhäuser, sehen wir einen zweiten. Schön und schmal hat er sich da hingestellt und ruft ebenso. Ein Jungvogel? Das Weibchen? Das Männchen? Will es die Gattin locken, hier, auf dem Fenstersims, zu horsten?

Als Stadtstreicher verzichtet der Turmfalke weitgehend auf den Rüttelflug, bei dem er die Steuerfedern auffächelt und sich wiegt noch auf den schwächsten Luftwellen, die Schwingen wirbelnd und vibrierend, hastig wirkt das und zugleich wie hingeklebt oder -getackert ans Unsichtbare, dann rückt er kurz ein paar Meter weiter, dann fällt oder stößt er hinab.

»Di-dii-did-did-did-did-did-di-didd-didd-didd!«

Er/sie kritzelt Kreise über unseren Kopf, Schlaufen, Schlingen, er/sie antwortet, den ganzen Tag geht das so und die nächsten Tage genauso, bis des Menschen Gezeter, Geplärre, Gehämmer, Geröhre im Hof und in den Straßen drum herum die beiden vertreibt.

So ein Tag, solche Tage.

Falken bauen kein Nest, sie nutzen auch mal Blumentöpfe auf Balkonen, das Sims hätte es ebenfalls getan. Wir sind sauer. Die Menschen, diese grämlichen Vergrämer. Obwohl wir nicht recht wissen, was da vor sich gegangen war. Die Rufreihe – »Ti-tii-tit-tit-tit-tit-tit-ti-titt-tit-titt!« – kann »entweder Angst-, Freuden- oder Warnruf sein« (Rudolf Piechocki).

Vielleicht lagen wir dennoch richtig. »Auf dem Balzflug in eleganter Drehung zur Seitenlage läßt das Männchen solche erregten Rufe hören, um damit zugleich potentielle Rivalen einzuschüchtern und interessierten Weibchen zu imponieren. […] Ihre Zustimmung zur Paarung geben weibliche Turmfalken mit einem Laut, der Ähnlichkeit mit dem Ruf hungriger Jungvögel hat.« (museum für naturkunde berlin)

Fast genau ein Jahr später und knapp zwei Wochen vor obiger Meldung auf *Spiegel Online*, am 22. April 2015, sitzen wir auf einem Balkon in Seidenbuch.

Gegenüber – Luftlinie dreißig Meter – haben die Turmfalken unterm Giebel eines leerstehenden Wohnhauses erfolgreich gejungt, ein gutes Mäusejahr muß es sein.

Drei Stunden sitzen wir da, in der Sonne. Noch lahnen die Jungen in ihrem wettergeschützten Koben, aber die Alten streichen am Einflugloch vorbei oder hocken sich vor ihm hin, locken – »Ti-tii-tit-tit-tit-tit-tit-ti-titt-tit-titt!« – und lotsen die Bengel und das Madl schließlich ordnungsgemäß nach und nach und nacheinander heraus: erst Paul, dann Luise, Benny 1 und Benny 2, wie Frau Rehse sie tauft.

Und das funktioniert so: Aufforderungsansitz, Anreizflug hinüber zum Saum des Buchenwaldes, Aufmunterungsrufe, und folgsam ist sodann die Jugend, ausfliegend, und zwar zumal deshalb, weil sie in ihre Prozedur einschließt, den Jungfernflug jeweils kurz über unseren glühenden Schädeln abzuwickeln.

Wir quittieren das mit Zurufen der Ermunterung und Gesten der Hochachtung.

Keine Aushorstung, keine Fesselung, keine Abrichtung, keine Beize, die äußerst ungute Geschichte der Falknerei ist hier weit, weit weg (die Qualen, die man den Vögeln zufügt, sind im berühmten Falkenbuch Friedrichs II. von Hohenstaufen Schritt für Schritt geschildert).

»Eulen und Falken leisten als Erwachsene mehr als Enten und Gänse. Ihre Jagdtechniken sind anspruchsvoller, als Gras zu rupfen oder den Schlamm zu durchschnattern.« (Reichholf) Die Betriebsanleitung der Falken sieht vor, daß sie »bessere Farbsehfähigkeiten als wir Menschen« *(Das Leben der Vögel)* besitzen. Sie nehmen auch ultraviolettes Licht wahr, weshalb sie die Urinspuren der Feldmäuse erspähen können.

Im offenen Kuhstall auf dem Bauernhof der Familie Popp in der Gemeinde Schönbronn bei Ansbach nisten Jahr für Jahr grobgeschätzt fünfzig, sechzig Rauchschwalbenpaare über den wuchtigen Köpfen der, so scheint's, in sich gekehrten Wiederkäuer.

Es soll Schwalbennester geben, die fünfzig Jahre alt sind und immer wieder renoviert werden, im Sinne der Nachhaltigkeit. Bernhard, der jede einzelne Schwalbe beim Namen nennt – und sie landen allesamt ad libitum traulich auf seiner Schulter oder seinem Kopf –, spritzt, nachdem die Turbulenzgestalten und Luftliebhaber, die sich geradezu schwitzend geschwätzig ohne Unterlaß bezirpen, gen Süden entfleucht sind, die Aufzuchtnäpfe aus Dreck und Halmen mit dem Wasserschlauch herunter, um den Ungezieferbefall zugunsten der im nächsten Frühjahr zurückkehrenden Hitz- und Hetzköpfe zu minimieren.

Unter anderem ihrem Gabelschwanz verdanken sie ihre überragende Wendigkeit. Schwalbenhirne, die gerade einmal ein Gramm wiegen (das ist ein Tausendstel von unserem famosen Denkapparat!), verarbeiten Bilder aus allen Himmels- und politischen Richtungen. So eine Schwalbe überblickt einen Dreihundertgradwinkel, während sie mit 70 km/h an Wänden entlangdonnert oder zwischen den Hofgebäu-

den hindurchschießt. Kleines Hirn ganz groß? Der optische Fluß spart Überflüssiges aus (das deutsche Farbfernsehen und vieles mehr), reduziert also die Welt auf das, woran die Schwalbe interessiert ist. Schwalben sind große Egoperspektivisten oder Vereinfacher, gleich Religionsstiftern, Politikern und Fußballern, und gleichwohl sind sie gnadenlos betörende Lichtfiguren.

4. Juni 2015. Links vom Kuhstall ist der Schober. Die Holzleiter angelehnt, um gemach auf die Brett'n, den Boden, zu gelangen.

Bernhard klettert voraus. Den Heuberg hinaufkrabbeln. Im spitzen Winkel des Daches ein Nistkasten.

Bernhard nestelt an einem Scharnier herum. Sechs Junge, sagt er, haben wir heuer. Ein gutes Mäusejahr – für Turmfalken.

Man schrickt davor zurück, sie zu stören, sie zu verwirren, sie in Aufregung zu versetzen. Möchte diese unprätentiös auratischen Vögel trotzdem mal aus nächster Nähe sehen.

Bernhard öffnet die Tür des hölzernen Nistkastens. Links kauern zwei schneeweiß beflaumte Gören, rechts vier brüderlich agglomerierte Clanmitglieder, zehn Zentimeter vor unserer Nase.

Schwarzperlige Augen, alle Unbill der Welt vorausahnend. Das Rätsel Natur.

Der Ganzlinke zischt und faucht uns an. Bernhard schließt die Tür.

HALSBANDSITTICHE

Vögel. Dieses wunderschöne Gesinge. Die – zerbrechliche Gestalt. Das dauernde Wohlgefallen. Niedliche Federbällchen. Flaumiges Gefieder. Das drollige Herumtollen in schöngewachsenen Bäumen. Perlende Strophen und schmelzende Töne aus kleinen Schnäbeln. Arabesken und Girlanden. Treue und Anhänglichkeit. Die zittrig-skrupulösen Bewegungen. Diese besonderen Fähigkeiten. Der tastende Flug. Würde und Anmut. Empfindlichkeit und Eleganz. Mannmannmann.

Es ist gut, wenn da mal jemand dazwischenfuhrwerkt. Wenn da mal frischer Wind reinfährt und -pfeift. Ein bißchen Krawall gemacht wird im Reich von Harmonie und Besinnlichkeit. Ist es nicht manchmal höchst willkommen, wenn das morgendliche Vogelkonzert vom Radau des gemeinen Haussperlings übertönt wird, vom Gebalge und Geplärr einer Spatzenversammlung, vom rauhbeinigen Rumgeschubse im Rhizom der Äste, von deren Tschilpen und Tscherren, von dieser speziellen Rough music?

Wie befreiend kann der Anblick eines Starenschwarms sein, der schwirrend, rauschend, plappernd, klirrend in eine deutsche Kleinstadt einfällt, eine die Ordnung störende, den Himmel schwärzende Heimsuchung. Oder das Kauderwelsch eines singenden *Sturnus vulgaris*, mit den Pfeif-, Klick- und Schnalzlauten, den künstlichen Partikeln und Klingeltönen der Zivilisation – eine ganz eigene Metal machine music. Es tut gut, im Herbst auf die Felder gehen zu können, zu den dort herumlungernden Krähentrupps mit ihren schlechtgelaunten Rabengeräuschemanationen. Und es ist bestimmt kein Schaden, wenn die Taubheit des Winters durch eine Bande Elstern gestört wird, die sich gegenseitig über die Dächer hetzen, durch Regenrinnen verfolgen und unter kakophonischem Geschrei leidenschaftlich verdreschen. Eine Weihnachtszeit ohne unsere Elstern-Homies wäre ja kaum auszuhalten.

Auch die Halsbandsittiche kommen einem da ganz recht. Nachdem einige »Gefangenschaftsvögel« in die Freiheit gelangt waren, haben sich diese Papageien seit den sechziger Jahren in Großbritannien und Mitteleuropa etablieren können und in den letzten Jahrzehnten Schritt für Schritt in deutschen Großstädten, längs des Rheins, Neckars und des Mains, ausgebreitet. Vor allem in Parks und Gartenanlagen haben sie eine passende Umgebung gefunden, und da sie recht winterhart sind, begleiten sie einen dort das ganze Jahr hindurch. Dabei erfreuen sie nicht allein durch allerlei possierliches Papageienverhalten, die geschickte Handhabung von Schnabel und Fuß, das spielerische Klettern, Necken, Turteln und Kopfschräglegen. Was sie ausmacht, ist auch nicht ihre fast schon groteske, geradezu bizarre Färbung, das zwischen Smaragd- und Goldgrün changierende Federkleid, sind nicht die ins Blaue hineinschillernden Schwanzfedern, der rotlackierte Schnabel, der orangene Lidschatten und das rotviolette Halsband. Was sie auszeichnet, ist ihr Auftreten, ihre fröhliche Unruhe.

Halsbandsittiche sind selten allein und »für sich« (Hegel). Ihnen gefällt die lautstarke Vergesellschaftung, die Wuseligkeit und Aufregung in vollbesetzten Bäumen, die Kolonienbildung ohne ordnende Hand, ihnen gefallen Unterhaltungen über die Straße hinweg, ständige Streifzüge, begleitet von Alarm- und Triumphgeschrei. Sie fliegen nicht von hier nach dort, sie ziehen durch die Gegend, und wo immer sie sind, machen sie sich bemerkbar durch vernehmliches Kreischen, Kraken, Maunzen und Krächzen. Ornithologische Kontemplation in besinnlicher Abendstimmung – ist mit den Halsbandsittichen nicht drin. Sie bewahren uns vor der Tyrannei der Lieblichkeit. Und ihre »wild, glad, mad cries« (W. H. Hudson) machen uns klar, daß Papageien etwas anderes sind als domestizierte Mätzchenmacher und deprimierend deprimierte Käfigexistenzen. *Psittacula* rules okay.

Oder doch nicht?

Es sind Experten unterwegs, die sagen, es gebe bedenkliche Entwicklungen. Daß Radau so recht nur in Maßen auszuhalten sei, scheint zu den Herren Sittichen jedenfalls nicht durchgedrungen zu sein. Würden sie sich weiterhin damit begnügen, etwas Unruhe zu stiften und die Regularien des Vogelreichs um ein geringes durcheinanderzubringen, wäre nichts gegen sie einzuwenden. Nicht zu billigen ist jedoch, daß sie sich mittlerweile wie Inbesitznehmer aufführen.

Sie breiten sich aus. Werden mehr und mehr, mehr und mehr. Und geben immer öfter den Ton an. Stadt über Stadt besetzen sie, und hie und da und dort ziehen bereits riesige Sittichpopulationen durch die Parks, unablässig herumkrawallende Horden, die kaum noch etwas neben sich zur Geltung kommen lassen. In manchen Vierteln ist ihr Auftreten, bei aller Nachsicht, schlechterdings bandenmäßig zu nennen: An jeder Ecke lassen sich ein paar blicken, verschiedene Trupps ziehen durch die Gegend, um das Terrain zu sondieren, und wer sich auf ihrem Territorium ungefragt zum Singen oder Fressen niederläßt, wird sofort unterschiedslos behelligt, umringt und krachschlagend zum Schweigen gebracht.

Die unkontrollierte Ausbreitung der Halsbandsittiche heißt für die heimische Tier- und Pflanzenwelt nichts Gutes. Sie vertilgen die Sprossen, die weichen Blätter und die wehrlosen Früchte unserer letzten Stadtbäume. Als Höhlenbrüter machen sie nicht nur dem wackeren Specht das Leben schwer; auch der Kleiber muß über kurz oder lang klein beigeben, von den distinguierten Fledermäusen ganz zu schweigen. An Futterstellen benehmen sich Halsbandsittiche wie die Geier, so daß selbst Tauben und Meisen kaum mehr zum Zuge kommen.

Allerlei Singvögel scheinen angesichts des dauernden Aufstands das Singen einzustellen. Und selbst die härtestgesottenen Saatkrähen treten den Rückzug an, sobald die Halsbandsittiche sich einen ihrer Schlafbäume gekrallt haben.

Haben wir davon gesprochen, daß sich die Halsbandsittiche gern auf die Hüte alter Damen entleeren? Und daß man beim Grillen im Grünen kaum noch das Brutzeln der Holzfällersteaks zu erlauschen vermag – bei diesem Geschrei?!

So kann es also nicht weitergehen. Die Halsbandsittiche haben zu erkennen, daß ihnen nicht die ganze Vogelwelt, die Welt überhaupt gehört. Daß sie gewisse Freiheitsrechte für sich beanspruchen dürfen, ja, aber auch, daß sie wissen sollten, wo ihr Platz ist. An der Zeit wäre es, daß sie wieder etwas Contenance bewahren. Dem Specht mal den Vortritt lassen, gewisse Ruhezeiten einhalten. Vielleicht auch anfangen, ein paar Eier weniger zu legen. Oder mal auf den Vogelzug gehen, nach Afrika oder Asien, wo sie schließlich herkommen.

Es wäre bedauerlich, wenn wir eingreifen müßten, um die anderen Vögel, Bäume und Fledermäuse oder alte Damen gegen die Neuankömmlinge zu verteidigen.

Verfolgungsmaßnahmen lehnen wir selbstredend ab. Indes: Einsicht und Anpassungsbereitschaft erwarten wir von den Halsbandsittichen schon.

Es sind schließlich Papageien.

DER GRAUREIHER

Stolz stiefelte er einher. Von links nach rechts, von rechts nach links. Linkes Bein hoch, linkes Bein runter. Rechtes Bein hoch, rechtes Bein runter.

So geht das. Zwischendrin bleibt man stehen. Und dann steht man erst mal. Stramm reckt sich der glänzende Hals und schimmert gräulich zwischen den Stämmen.

Der Graureiher stand und stand still. Dann, abermals, machte er ein, zwei Schritte nach vorne und lugte, den langen Hals ausfahrend und den Kopf vor sich her schiebend, in Richtung des Weihers. Weil er indes meinte, was zu sein, ließ er's dann erst mal wieder sein und begann aufs neue, halb im Schatten der Kiefern, halb im Licht des hohen Nachmittags herumzustehen.

Wir sahen uns das ganz gutgelaunt an. In der Mitte des Weihers kreiste unermüdlich schnabelnd ein Teichrallenpaar und versorgte seine Jungschar, die auf dem ausladenden Nest im Zentrum des Gewässers herumturnte. Wir bestellten noch ein heimisches, holländisches Bier und sahen weiter zu.

Der Graureiher hat einen langen Hals mit schwarzen Längsstreifen. Auf dem Kopf trägt er drei lange schwarze Schopffedern. Wenn er seine bis zu beinahe zwei Meter Spannweite messenden Schwingen ausbreitet, mit ihnen kraftvoll und doch ein bißchen träge auf- und abzurudern und dann – zunächst oft springend – aufzusteigen beginnt, sieht das nicht verkehrt aus.

Der Graureiher ist der am häufigsten vorkommende Reiher Europas. Das hindert ihn nicht daran, auch eurasisch und ferner in Afrika tätig zu sein. Eigentlich fehlt der Graureiher nur in geschlossenen Großwaldungen, Wüsten und Hochgebirgen, und das sagt allerhand.

Der Graureiher? Eine betrübliche Success-Story. Denn heute ist dieses Getier, das fast so groß wie ein Storch ist, auch sehr oft schon in

Städten anzutreffen, ohne sich weiter zu genieren, zum Beispiel auf dem Westend-Campus der Universität Frankfurt, wo er sich in einem vor der Cafeteria gelegenen Bassin niederläßt und die um ihn herum auf dem Sims abgammelnden Studenten, übellaunig, wie er traditionell ist, höchstens eines mürrischen Blickes würdigt.

Mögen andere Einzelgraureiher auch – oder noch – vorwiegend menschenmeidende Bündel sein, so kreisen doch auch sie bei Gelegenheit liebend gern über Parkanlagen oder stapfen auf kommunalen Grünflächen herum, um kleine Kinder zu erschrecken und Wiesenmäuse zu verspeisen. Und in Berlin stellt man sich mittlerweile offen die Frage: »Darf man das – in einem öffentlichen Park und vor aller Augen einen friedlichen Zierfisch verschlingen?« (B. Kegel)

Mit Inbrunst schnappt sich der Graureiher darüber hinaus Lurche und Kriechtiere, weil die zu schwach und zu doof sind, sich des ehrlosen Graureihers zu erwehren. Widerstand leistet einzig der Mensch, der bereits Graureiher zu Gesicht bekam, die in Gärten vordrangen und sich anschickten, die dort mühsam angelegten Goldfischteiche zu entvölkern und ratzekahl auszuräumen.

Ein Bericht zeigt die Ungeheuerlichkeit dieses Vorgehens in aller Eindringlichkeit: »Als der Graureiher endlich nach wohl einer Stunde Warten nach unten in den Garten flog, mußte ich neu Position beziehen, und das kriegte er wahrscheinlich mit. Denn noch bevor ich zum Zuge kam, erhob er sich in die Lüfte und zog davon. Wir haben damals unseren Schutz am Teich verstärkt.«

Wenn dieser Strolch dann bereits einige Meter an Höhe gewonnen hat, flappen die äußeren Schwungfedern seiner breiten, zu einem guten Drittel von der graublauen Decke dunkel abgesetzten Flügel sehr schön majestätisch wie düstere Lappen oder Piratensegel durch die warme Luft. Kälte mag die östliche Version des Graureihers gemeinhin trotz aller Kulturfolgerambitionen weniger, und also flieht er winters in nicht unerheblichen Populationen in den Süden (Afrika wird bevorzugt, dort lassen sich Fische mit kleinen Schalentieren ködern und angeln), weshalb die Mäuse und etwaige Kriechtiere dann etwas durchschnaufen.

Dort drüben steht er nach wie vor, lautlos und wie aus dunklem Alabaster gottgnädig geformt, und schiebt seine neunzig Körperzentimeter nun wieder recht sachte und zaghaft ein paar Gehwegzentimeter bloß nach vorne. Ins Wasser will er, scheint's, nicht, der Graureiher ist ein Stehvogel, wenngleich zugleich er zu den Schreitvögeln zählt, was seine Richtigkeit zudem hat.

Das Federbüschel am Hinterkopf zittert leicht, es könnte die bisweilige Brise sein, die über den Weiher und hinüber zu unserem Reiher am Rande des von Büschen gesäumten Ufers streicht. Wahrscheinlich schüttelt er aber nur kaum merklich den schmalen Kopf, das fette Gras leuchtet honigwohl, das Kleingetier ist in Alarmbereitschaft, darunter eine Mausfamilie und ein Trupp Brummkäfer.

Wird's denn noch was? – Den Buckel könnt ihr mir runterrutschen.

Den zierlichen Kopf ziert überm Aug' beidseitig ein schwarzer Streifen, ein dicker, aufdringlicher Kajalstrich. In Verlängerung auch des langen, biegsamen Halses, den der Graureiher *(Ardea cinerea)* im gemächlichen Flug im Gegensatz zu Kranich & Co. zurücklegt, einzieht, ja einkneift und S-förmig anwinkelt oder krümmt, um eine buckligkauernde Angriffshaltung oder aerodynamische Superiorität zu simulieren, spitzt der giftig gelbe (oder orangene) Pinzettenschnabel nach vorne, der jetzt einen Hauch wackelt und eine Attacke ankündigt. Allein, wer Zeit hat, der hat Zeit. So ist der Graureiher, der Schuft.

Noch einmal der Bericht: »Im Frühjahr, in der Zeit, in der er für die Nachkommenschaft viel Futter braucht, beehrte er uns wieder. Plötzlich, mittags zu Himmelfahrt, entdeckten wir den gravitätischen Vogel an unseren Teichbecken. Er sondierte die Lage und mögliche Beute. Was tun? Eingreifen oder photographieren? Jedenfalls hatten wir uns zu auffällig benommen; denn er flog auf. Aber er war so anständig, sich zu einem Phototermin zu stellen.«

Von Anstand kann schon beim keckernden und kräkenden Jungvogel, der in ganzen Kolonien heranwächst, im engeren Sinn keine Rede sein. Denn er verläßt, drei bis sechs Mann stark und aus blaugrünen Eiern geschlüpft, bereits nach kaum zwei Monaten den aus Zweigen, Prügeln und Reisig mehr schlecht als recht zusammengeflickten Nesthockerhorst im hohen Baum oder, seltener, im Schilf und ist dann schon gut flugfähig, um sein Werk verrichten zu können, das im Herumstromern (Fehringer: »Sie streben nach allen Richtungen davon«) und dann im langhalsigen und langbeinigen Herumstehen auf Wiesen

oder an Weihern und anderweitigen Feuchtbiotopen oder Gewässer-
typen sowie stehenden oder fließenden Wasserarealen und Meeres-
buchten besteht, um aber schon bald und in aller aufreizenden Ruhe
Frösche und sonstige kleine Säugetiere zu konsumieren, um sich bis
auf wissenschaftlich eruierte tausendzweihundert Gramm hochzufut-
tern (oder sogar tausendsiebenhundert Gramm, die Angaben gehen
auseinander).

Daß der sehr schön alt werdende Graureiher inklusive der vergesell-
schafteten Brut bei einem solchen Tagespensum und -quantum nicht
in die Breite geht wie die scheußliche Flunder, ist ein Wunder. Zumal
er jetzt, wir sind beim dritten Bier, schon wieder die Nase (den Schnabel) drohend in den Wind und uns aber doch zum Affen (Narren) hält.
Herrlich der Sommer seine Gunst herschenkt. Ein paar Stelzschritte
nach links, den Kopf gedreht, gähnend die Flügel gespreizt, kurz flat-
ternd und schüttelnd das bläulich blinkend' Gefieder. Pause.

Nachmittagspause beim Graureiher, der als tag- und dämmerungs-
aktiv geführt wird, das meint: eine Art Von-früh-bis-abends-Früh-
und-Dämmerschoppenmentalität. Seine Jagd auf Fische ist eher passiv. Bewegungslos steht er, wenn er denn nicht am Ufer steht und in die
Gegend schaut, im flachen Wasser, bis ihm ein Fisch zu nahe kommt.
Dann schlägt der »Stechapparat« (GEO kompakt) zu wie ein Dolch.
Dieses faule und zugleich fiese Verhalten verbindet ihn mit einem anderen Flegel, dem Mäusebussard, den wir schon abgekanzelt haben.

Wir schauen hinüber zum Waldesrand. Die Teichrallen sind fleißig.
Auf dem glatten Wasser zeichnen sich, hervorgerufen durch die pad-
delnden Gesellen, Kreise ab und verschwinden wieder. Natürlich, das
sieht natürlich locker aus, das macht sich gut. Diese dünnen, langen,
adretten Beine, dieser spitze, speerartige Schnabel, dieses edelgraue
und adelig blaue Federkleid – recht schick. Das macht uns und den
Wirbellosen sowie den verruchten Reptilien was vor. Will uns und der
Restfauna, die keine Schnitte sieht gegen den Graureiher, heftig was
vormachen. Ein schlechter Witz, natürlich, aber der Graureiher liebt
schlechte Witze, Naturfinten und schmierige Komödien. Als ob das
Fisch und Frosch nicht wüßten!

Nun, gut, wahrscheinlich wissen sie es nicht. Ihr Pech. Die Teichrallen aber sind klug und auf der Hut. Während sie ansehnlich auf dem

Wasser zirkulieren, hie einen Wasserläufer aufsaugend, da einen Floh, pickt der Graureiher grad der Ordnung halber eine fette Schnecke auf und rüstet sich im Geiste zu weit grausameren Taten noch. Zunächst jedoch rastet er ein wenig und führt dann vier, fünf Schritte lang seinen langen, eleganten Hals und seinen graziengleichen Körper vor. Wählerisch ist der Graureiher dann aber irgendwann nicht mehr, dann legt er alle Kultur ab und fliegt auch leicht mal in den Zoo, wo er Rasenflächen »beweidet« (Aristoteles) und schleichend den Asseln, dem pelzigen Maulwurf und weiterem Gewürm nachsteigt. Man muß sich die Dimensionen klarmachen! Man hat im Magen eines ausgewachsenen Graureihers, der der Fütterung der Jungen wegen zum Nest zurückkehrte und dabei verunglückte, sechs Ringelnattern, drei Würfelnattern, sechs Eidechsen, einen Frosch, vier Kaulquappen, fünfzehn Maulwurfsgrillen, acht Heuschrecken und fünfundvierzig kleine Fische gefunden. Am Nachmittag sind alle Viecher grau. So denkt der Graureiher, und es macht ihm nichts aus, denn er macht sich durch das Verzehren von Schadinsekten natürlich nebenbei sehr nützlich. Aber auch ein Aal von sechzig Zentimetern Länge kann verschlungen werden. Der Graureiher muß pro Tag dreihundertvierzig Gramm Nahrung einführen.

Augenblicklich entschließt er sich, einen kleinen Hüpfer zu machen und dann in die Sonne zu schielen, die sich langsam nach Westen bewegt. Langsam geht uns das Geld aus. Wir bestellen trotzdem noch ein Bier (Heineken, bäh). Der Blick auf den Weiher und hinüber zum Reiher ist von der Terrasse aus der schlechteste nicht.

Aha, der Herr möchte eine Pause einlegen. Die Ufer, an denen sich der Graureiher gnädig einzufinden gedenkt, sollten möglichst eben sein. Von Teichrallen, die eventuell die Nachmittagsruhe stören könnten, ist in den Bestimmungen keine Rede. Der Graureiher ist von seiner Grundausstattung her scheu und schlau und hält Abstand. Wenn er mal fliegt, was praktisch nicht vorkommt, erreicht er passable dreißig bis vierzig Stundenkilometer. Beim Gehen oder Laufen sind es schon mal ein bis zwei km/h, wenn es eilt. Damit übertrifft er seine zeitweilige Leibspeise, die Kleinsäuger, die er mit großer Gemütsruhe zugrunde richtet, bei weitem nicht.

Wie das da drüben weitergeht, weiß allein der Reiher. Sein könnte es, daß er verdammt noch mal ins seichte Wasser endlich doch einmal hineinstiefelt, seinen seraphischen Glanz im selben spiegelnd, und dabei, wäre die Laune danach, auf unter ihm vorbeischwimmende Fischkindergruppen, Molche oder Kröten lauert.

Im Handbuch der zuständigen Gattung oder Vogelfamilie ist vorgesehen, daß der Graureiher dann blitzartig zuschlägt, seinen Henkerschnabel ins Wasser sticht und den harpunierten Fisch oder den erbarmungswürdigen Molch ohne Zaudern komplett herunterwürgt, indem er den stolzen Hals nach hinten wirft und ein-, zwei- oder dreimal mit der Beute gurgelt.

Voller Lang- und Genußmut watet der Graureiher, der sich nicht einmal scheut, an Brackgewässern herumzuflacken, jedoch nun neuerlich durch die gelbgrünen Grasbüschel und schert sich einen feuchten Kehricht. Wir zählen unser Geld.

Kühler ward's ein wenig. Wir gingen und ließen ihn steh'n. Zu den »Pfeilvögeln« (Gertrud Kolmar) gehören außerdem der Purpurreiher, der »auf großem Fuß lebt« und die Begattung »recht lieblos« *(Deutschlands wilde Vögel)* ausübt, der Seidenreiher, der ein wenig unruhige Silberreiher, der Nachtreiher und einige hier nicht heimische Arten (der »mantelnde« Glockenreiher, der Bacchusreiher und andere) sowie die Dommeln, die »nach der Sage einst aus einem Sklaven sich verwandelt haben« und die »trägsten Vögel« (Aristoteles) sind, manche von ihnen sind aber auch immerzu hupende, nebelhornartig dröhnende und brüllende Eigenbrötler, von der Rohrdommel weiß man das mit Bestimmtheit zu sagen, weshalb man sie Rohrtrummel, Rohrtrumm, Rohrdrummel, Rohrtrommel, Rohrpumpe, Rohrbombe, Bullpump, Bummreigel, Wasserochse, Mooskuh und vieles mehr schimpft, nämlich zum Beispiel Sterngucker.

DER HAUBENTAUCHER

Was ist eigentlich der Herr Egersdörfer für einer? Was glaubt der Herr Egersdörfer eigentlich, was oder wer er ist? Was nimmt sich denn dieser sogenannte Komiker, dieser sogenannte und vermutlich selbsternannte Bühnenkünstler eigentlich dauernd heraus? Bloß weil er immer wieder und immer häufiger im Fernsehen auftritt oder auftreten darf oder wegen des Geldes, das er sehr gern hat, sogar auftreten *will*, im vergammeltsten aller Medien in dieser mediengeplagten sogenannten Welt, die ja keine Welt, sondern nur mehr eine Ansammlung von Medienmeldungen und inferioren sogenannten Informationen ist? Bloß weil er in dieser abgewrackten, abgerissenen sogenannten Welt oder Weltgesellschaft oder, besser, Weltkloake herumhampelt und -trampelt, in der allenthalben die Karl Valentinsche oder Karl Kraussche »Welthirnjauche« über die Ufer tritt und aus den Fernsehkanalschächten und aus dem Infernointernet blubbert, brodelt und schwappt?

Who do you think you are, Mr. Egersdörfer?

You are what you is, you is what you are, Mr. Egersdörfer? Weil's Frank Zappa sang, der ein genauso großer Gockel, eine ebensolche Charakterruine gewesen ist, wie Sie – offenbar – eine sind? Gemessen an Ihrer Hartleibigkeit, gemessen an Ihrer hochgradig jubelnd zelebrierten Gabe zur Herablassung, Ihrer diktatorischen Direktheit und Ihrer Rumsucht oder Ruhmsucht, der Sie sich als *Tatort*-Spurensicherer unter dem Ihr wahres Wesen verhüllenden Decknamen Michael Schatz mit der allergrößten, geradezu heroischen Selbstüberhebung himmelhochjauchzend schmachtend hingeben?

Herr Egersdörfer: Was fällt Ihnen eigentlich ein – so geschehen am 9. Dezember 2014 in der das Fernsehen endgültig auf das niederste, das allerletzte Niveau herunterbringenden und herabdrückenden Sendung *Die Anstalt* –, das Publikum während einer Ihrer sogenannten Nummern auf diese Weise zu beschimpfen und zu beleidigen?

»Daß die Haubentaucher, die da hock'n, daß die's net schnall'n, des woar eh klar.«

Sehr geehrter Herr Egersdörfer, wir müssen Ihnen deshalb – und darin unterstützen uns der Presserat, der Vogelschutzbund, der Vatikan und die hochverehrten Philatelistenfans aus Fürth-Süd – eine scharfe Rüge erteilen.

Einen Tadel möchten wir, notabene, desgleichen stante pede dem Biologen, Zoologen und Paläontologen Josef Reichholf entbieten, der auf Seite 134 seines Buches *Ornis*, weil er sich wahrscheinlich zu viele Schallplatten von Ihnen, Herr Egersdörfer, von Franz Josef Strauß, Michl Gölling und Philipp Moll angehört hat, auf solche Weise über die Stränge schlägt:»Die ›Entwöhnungszeit‹ [der Kindervögel] ist hart, aber notwendig. Besonders lästig kommen uns junge Haubentaucher vor, die, obwohl so groß wie ihre Eltern, schier unablässig klagen. Und das so sehr, daß es auch für unsere Ohren nervig klingt.«

Wenn er, der Reichholf, so weitermacht, müssen wir an ihn einen Blauen Brief verschicken. Er wird dann schon sehen, wo er bleibt, dieser Egersdörfer-Freund Reichholf!

Denn der Haubentaucher, der in der Brehmschen Systematik zur vierzehnten Ordnung, zu jener der *Urinatores*, der Brunzer und Taucher, gezählt wird, ist vollkommen der Beste. Brehm, der seine Sache ernst nahm und nicht – wie Reichholf, Egersdörfer, Moll, Gölling und Schickedanz – aus allem, aus ausnahmslos allem einen barbarisch billigen Witz herauszuschlagen versuchte, half dem Volkswissen des weiteren wie folgt auf die Spur:»An das Ende der Klasse stellen wir die Taucher, die Fischvögel, wie man sie vielleicht nennen könnte. Ihre Merkmale haben allgemeine Gültigkeit. Alle, ohne Ausnahme, kennzeichnen sich durch gestrecktwalzigen, aber doch kräftigen Leib mit weit hinten angesetzten Beinen, mittellangem Halse, mäßig großem Kopfe, kleinen, das heißt kurzen, schmalen und spitzigen Flügeln, welche bei einzelnen zu wahren Flossen werden, und einem dicht anliegenden, zwar reichen, aber harten, glatten Gefieder.«

Sogar der ziemlich und unziemlich unzuverlässige Prof. Reichholf aus München geht hierbezüglich d'accord. Die Beine des Haubensteißfußes, wie der Haubentaucher früher gescholten ward, sieht er als sehr weit hinten gelegen an, und er widerspricht Brehm ebensowenig, wenn jener ermittelt, des Haubentauchers »sehr verlängerte Schambeine werden mit den Sitzbeinen durch eine Knochenbrücke verbunden und biegen sich mit letzteren nach unten«.

»Sieht er die Wasseroberfläche / als einen zweiten Himmel?« fragte sich der schwedische Dichter Lars Gustafsson bei einer Tasse schwedischen Kaffees und in seinem Gedicht »Der Haubentaucher«.

Der Haubentaucher herbergt auf Teichen, auf welchen er aus Schilf und Unterwasserpflanzen ein Schwimmnest errichtet, was in der erlebbaren Realität eine Rarität und das das exakte Gegenteil von getöpferten und gewebten Vogelunterkünften ist. Die von untenrum her verrottende Biomasse heizt das Gelege. Will es der Haubentaucher bebrüten, robbt er auf seinen Bojennestbau hinauf, hat er die Faxen dicke, macht er einen Köpper ins belebende Naß und pfeift fidel flötend auf alles sowie auf alles andere.

»Ihre Ausrüstung gestattet ihnen, alle Tagesgeschäfte schwimmend abzuthun«, verweigerte Brehm den Haubentauchern seine Anerkennung nicht. »Während ihres Aufenthaltes am Lande betragen sie sich so, daß wir uns für berechtigt halten, sie dumm zu nennen«, setzte er allerdings mit der Billigung von Gölling und anderen, nicht zuletzt von Moll, Egersdörfer und Fürbringer, hinzu, wir werden all diesen Göllings und Egersdörfers und Fürbringers und Molls demnächst mal ein paar Takte geigen, weiß Gott, einige Schell'n dürfte es auch setzen, auch an die Adresse von Filsner, de Ligt, Dillinger und Rudi Löhlein.

Als Haubentaucher gelten im Fränkischen Menschen, die abtauchen, sobald es brenzlig wird und irgendwo qualmt, sobald sie also »unter der Haube« sind. Das Wort »Haubentaucher« steht demzufolge für: einen schaumschlagenden Deppen, ein Dapperl, einen Blödel, einen Verehelichten.

Die insbesondere seit 1933 guten Gesetzgeber in Nürnberg haben der Verunglimpfung des Haubentauchers und der Herabwürdigung der Ordnungskräfte laut einer Pressenachricht jedoch schon um die Jahrtausendwende einen Riegel vorgehalten: »Nürnberg (dpa/*Neues Deutschland*). Ein Polizist muß sich nach Ansicht des Amtsgerichts Nürnberg nicht als Haubentaucher bezeichnen lassen, vor allem nicht als der letzte. Das Amtsgericht verurteilte am Mittwoch einen 33jährigen Arbeitslosen wegen Beleidigung zur Zahlung von achthundert

Mark. Der Vater von drei Kindern hatte im September 1999 zu einem Beamten auf der Wache gesagt: ›Sie sind ja der letzte Haubentaucher.‹ Die Verwendung dieses Begriffes sei jedoch eine ›Beleidigung am unteren Rand‹, befand der Richter.«

So ist's recht. Oder vielmehr nicht.

Sehr viel besser als Egersdörfer, Beckstein, Gölling, Filsner, Moll, Fürbringer, Fehringer, Weishaupt, Kaulmann und nicht zuletzt de Ligt und Löhlein hat der kernige und im Vergleich zu Egersdörfer sehr viel wahrere Bühnenkomponist und -konformist Heino Jaeger in seiner wirklich einmal »Nummer« zu nennenden Bühnennummer »Tierfreund« den Haubentaucher zum Gegenstand künstlerischer Divination gemacht: »Weißt du, neulichst bin ich ganz unverhofft, an jenem Sonntach nämlich, als ich dort hint'n, am Schilfgürtel, dieses muntere Treiben des Haubentauchers entdeckte, ja, an jenem Tage, weißt du, da hab' ich etwas ganz Seltsames geseh'n. Denn der Haubentaucher, mußt du wissen, ja, der kommt ja im ganz, ganz späten Spätherbst zu uns herauf in den hohen Norden. Denn solch ein Haubentaucherpaar, ja, das macht ja überhaupt sehr viel Arbeit mit dem Brüten und mit dem vielen Eierlegen, denn solche bunten und großen Eier hast du, glaube ich, noch nicht gesehen. Och, das ist etwas übertrieben, wirst du jetzt sagen, aber es war doch sehr überraschend für mich und für meine kleine Begleiterin. Wir versuchten ganz dicht mit unserem Funkwagen an das Gelege heranzukommen, aber da flogen sie auch schon mit lautem Plärr-plärr in einem großen Bogen davon, so wie die Reiseflugzeuge etwa, wenn sie die vielen Urlaubsreisenden aus der Stadt bringen. Und so war's auch an jenem Sonntach, als der große graue Haubentaucher, so heißt er, plötzlich vor uns stand – die Schwingen weit ausgebreitet und als ob er uns etwas sagen wollte. So stand er plötzlich da. Ja, und du kannst dir denken, daß ich plötzlich keine Worte mehr fand, als es gar nicht der Haubentaucher war, sondern ein ganz, ganz seltener Kolibritaucher, der sich hier bei uns im Garten verirrt hatte. Und daß er uns die Erdbeeren weggegessen hat, na, das verzeih' ich ihm heute noch nicht so recht, denn Erdbeeren eß ich und meine kleine Tochter am liebsten.«

Nun also ist es, Heino Jaegers treffliche Beobachtung fortspinnend, so, daß das Geschlecht der Haubentaucher »in der Triebzeit« (G. Stein) einen Modus operandi wählt, der bezüglich der Balzbeweglichkeit seinesgleichen nicht zu scheuen braucht. Vielfach bezeugt und besungen ist des Haubentauchers dance on the water, die Synchronisierung der ziseliertesten Körperprozeduren: des Kopfschüttelns, dann Kopfwendens und Scheinputzens, dann des Präsentierens von Pflanzenteilen mit schwenkendem Kopf, der Nistplatzanweisung unter wiederholten abgehackten Kopfbewegungen, zuletzt des den Ehebund besiegelnden Austausches von Erdbeergeschenken und Filterzigaretten auf tosendem Wasserspiegel.

In Amsterdam, der Stadt der Spaßzigaretten, genügen den Haubentauchern für derlei auch Grachten. »Die städtische Atmosphäre muß sie dabei so beindruckt haben«, teilt Cord Riechelmann mit, »daß sie das ganze Jahr über im Prachtkleid umherschwimmen, während ihre ländlichen Artgenossen die aufstellbaren Federohren und den rostroten Backenbart nur im Sommer tragen.«

Wie ein gelegentlicher Joint dem Modebewußtsein zuträglich ist!

Zum Zwecke der Ehrenrettung des Haubentauchers gegenüber seinen Verächtern (Egersdörfer, Gölling und so fort) führt Brehm am Ende das Argumentum ad personam ins Feld, der Haubentaucher – und keinesfalls der Egersdörfer, dieser laut Angela Merkel »Feind aller Menschlichkeit«! – sei rechtschaffen angesehen wegen seiner vielerorts besungenen und bezeugten »außerordentlichen Geselligkeit, Friedfertigkeit und Dienstwilligkeit«.

So gestaltet sich, mit Lars Gustafsson zu frohlocken, die »selbstverständliche Kunstart« und Lebensart des Haubentauchers, des absolut unangreifbar ausgereiftesten Vollpfostens der Vogelwelt.

An' that's all it is.

SPECHTE

Der ansprechend markant gemusterte und gebänderte Buntspecht; der mondän gekleidete Schwarzspecht, der stattliche wie statthafte »Märzvogel« mit der schwefelgelben Iris und der kontraststarken kräftigkarmesinroten Basecap; der ebenfalls rotbehelmte und friedlich wiesenfarbige, »fast wie […] ein munteres Füllen« (Schuster) wiehernde, nahrungsökologisch auf Ameisen spezialisierte Grünspecht (der Schweinsteiger unter den Vögeln) – nicht nur das vertretbare, ja begrüßenswerte, da die Schönheit fördernde Maß an Eitelkeit in der äußeren Darstellung läßt uns von Zeit zu Zeit in Erwägung ziehen, einen Verein zur Hebung des Bewußtseins von der Notwendigkeit der Anwesenheit der Spechte zu gründen. Er würde sich selbstverständlich auch um das Ansehen des ungefähr spatzengroßen Kleinspechts, des trommelträgen, eine orange Weste tragenden Mittelspechts, den Dieter Blume nicht zu den Hackspechten, sondern zu den Suchspechten rechnet, des gelbbeflaggten Dreizehenspechts, des außerordentlich seltenen »Weißrussenspechts« (M. Weishaupt) beziehungsweise Weißrückenspechts und sogar des in seiner Rindenzeichnung dem Ziegenmelker ähnelnden Wendehalses kümmern.

Nicht nur der Habitus der »wahren Schmuckstücke für Garten, Wald und Flur« (G. Stein) wäre Anlaß, eine derartige gemeinnützige Vereinigung aus der Taufe zu hieven, sondern auch die Gesinnung der Spechte, vorzüglich jene des Schwarzspechts, »denn die Natur des Vogels ist rein, und sein Herz ist einfach und hat nichts Böses« (H. v. Bingen).

»Kein anderer Vogel verwendet so viel ausdauernde Mühe an seine Niststätte wie der Schwarzspecht«, zieht Richard Gerlach das Kapperl. Mit drei Schlägen pro Sekunde meißelt er Brut- wie Schlafhöhle aus dem zuvor sorgfältig abgehörten, zuallermeist fauligen Baumstamm heraus. Das kann sich vier Wochen hinziehen. Es findet, wie bei den Papageien, kein Eintrag von Nistmaterial statt. Die Eier benötigen kei-

ne Tarnzeichnung und sind daher reinweiß. Auf Schnickschnack und Blendwerk verzichtet der Schwarzspecht.

»Nur die Spechte haben sich mit ihrer typischen Wendezehe einen Spezialkletterfuß zugelegt, aber es geht auch ohne diesen, wie der Dreizehenspecht beweist«, erläutert Otto Fehringer. »Das Trommeln als Lautäußerung ist einmalig und nur den Spechten vorbehalten«, manchmal hauen die Perkussionisten auf »eine der zahlreichen Verbotstafeln im Walde« ein – Ausdruck der Mißbilligung der Verregelung des Lebens. Ein Kopfweh bekommen sie auf Grund eines Stoßdämpfersystems im aus elastischen Knochen geformten Stierschädel nie.

Bei Spechten, fährt Fehringer fort, »überschreitet die Brutdauer selten vierzehn Tage, für einen Schwarzspecht ein Geschwindigkeitsrekord, denn die gleichgroße Waldohreule, ebenfalls Höhlenbrüter, läßt sich dazu vier Wochen Zeit«.

Die Nestlinge betteln und sperren nicht und entwickeln rasch eine Form von Ich-Bewußtsein. Sobald sie »etwas krabbeln können, hängen sie sich schon zünftig an die Höhlenwand und zeigen früh die spechtgemäße Unverträglichkeit untereinander«.

Obendrein »originell« an der Gilde der Spechte sei, so Fehringer, »die Gewohnheit, herunterfallende Bissen schnell mit einer Art ›Schürze‹ aufzufangen, die sie aus den gesträubten Brust- und Bauchfedern bilden«.

Das alles liest sich gut.

Bei den alten Griechen – das hörten wir neulich jemanden in einer Wanderhütte sagen – war der Specht jedoch gemeinhin als eindimensionaler Holz- und Baumhacker verschrieen, der altehrwürdige fruchttragende Gewächse so lange bearbeitet, bis sie jämmerlich in sich zusammensinken. Etwas besser schnitt er lediglich bei Aristoteles ab, der von einem zahmen Specht berichtete, »der schon einmal eine Mandel in einen Holzspalt gelegt, damit sie darin eingepaßt seinem Schlage standhalte, und beim dritten Schlage die Mandel geknackt und den weichen Kern gefressen [habe]«. (Der Begriff der Spechtschmiede war dem Philosophen unbekannt. Es handelt sich dabei um eine Art Schraubstock, in dem Spechte Zapfen und ähnliches fixieren, um hakkend und dreschend an die Sämereien heranzugelangen.)

In Seidenbuch im Odenwald finden sich vornehmlich junge Buntspechte, diese »Charakterspechte des Mischwaldes [und] Nestzimmerer für andere Höhlenbrüter« (Schuster), in unregelmäßigen Abständen am Tor der Scheune des Fachwerkanwesens der Familie Rehse/ Brinks ein, um für ihren Einsatz in den umliegenden Buchenwäldern zu trainieren, also vollständig lustbetont auf den Holzplanken herumzutrommeln, als seien sie jene »achthundert Spechte« aus Karl Kraus' Gedicht »Die Vogelstadt«, die »die Tore« behauen, um Dichte, Feuchtigkeit und Alter des Materials zu messen.

Das mag schwerlich zu akzeptieren sein, ebensowenig wie das zeitweilige Getue unter Mittelspechten: »Männchen sind recht eifersüchtig aufeinander und pflegen sich heftig zu jagen, bis alle gemeinsam erschöpft am gleichen Baum oft lange nebeneinander hängen und sich nur noch wütend anquäken können.« (Fehringer)

Man hat den Specht zum Vogel Thors und zum Vogel des Mars herabgewürdigt. Man befand ihn für nicht koscher, weil er mit einer langen, spitzen, leimruten- und harpunenartigen, mithin mit Widerhaken gespickten Stoßzunge in Spalten, Ritzen und Ameisenburgen herumfummelt. Man schmähte ihn ob seines preßlufthammergleichen Schnabels. Man versuchte ihn in den Schmutz zu ziehen, weil sein steifer, federnder Stützschwanz mehr als ein Steuerinstrument und deshalb ein anatomischer Regelverstoß sei. Man fertigte ihn ab, da er sich eher ruckelnd durch die Luft schaukelt, als daß er fliegt, und übersah mutwillig, daß er auf dem Boden und an Stämmen dafür um so gewandter performt.

In der Neuen Welt – das wird in *Das Leben der Vögel* ostensibel und ostentativ bekrittelt – mißbraucht der Eichelspecht Freund »Baum als Speisekammer«, auch die Saftleckerspechte, wahre Leckermäuler, »beuten die Pflanzen aus«, kommen auf eine durch und durch widersinnige Achtzig-Stunden-Woche und lassen aber immerhin andere Tiere an ihren Vorräten teilhaben. Klammheimlich freut man sich dennoch, daß in den Mägen von Tigerhaien Überreste von Gelbbauchsaftleckern gefunden wurden (»Hai frißt Specht«, *Spiegel* 2/2011), die über dem Golf von Mexiko vermutlich Ölplattformen, irritiert durch deren Beleuchtungen, so lange umkreist hatten, bis sie erschöpft ins Wasser gefallen waren.

Nicht vieles stimmt uns so milde wie das Lachen der Spechte in einem ausgedehnten Stadtpark oder in den belaubten Weiten des Spessarts, eines Mittelgebirges, das seinen Namen den Spechten verdankt. Wie aufregend ist die »unerwartete Begegnung« (Conradi) mit einem Grünspecht, der – so geschah es, als wir in Brüssel lebten – eines Tages plötzlich im Garten hinterm Haus herumstolziert und die zur Hälfte ungemähte Wiese (unsere Eltern hatten und haben stets großes Verständnis für unser Anliegen, die Natur gewähren zu lassen) unter die Lupe nimmt, und gerührt glaubt man, Gräser, Kräuter, Blumen und Schmetterlinge fühlten sich durch seine Präsenz geehrt. Nicht schlecht, Herr Specht, wispern sie in einer Sprache, die wir nicht kennen.

Wollte man den Spechten an den Kragen, hülfe wohl die flächendeckende Entfernung alter Bäume – dergleichen geschieht etwa im Odenwald, weil dort Schwimmbäder auf Geheiß der Grünen mit Holzpellets beheizt werden – oder das Absägen jedes morschen Astes sowie das Versiegeln der Schnittstellen mit Harz, und die Kleiber würde man in einem Aufwasch kleinhalten und ebenso den Trauerfliegenschnäpper verjagen. Neuerdings weichen allerdings wenigstens Buntspechte in die Städte aus, auf minderwertiges Lebendholz wie Birke und Platane, das legen Beobachtungen rund um die Frankfurter Frankenallee nahe.

Daß der Specht »ein guter Forstaufseher« (G. Stein), daß er der »beste Forstmeister« (Schuster) ist, ist eine Erkenntnis jüngeren Datums und zugleich eine womöglich schon wieder in Vergessenheit geratene. »Unter den albernen Verleumdungen, deren Gegenstand die Vögel sind, ist keine alberner als die hin und wieder aufgestellte Behauptung, daß der Specht [...] die unversehrten und festen Bäume wählt, also diejenigen, welche ihm die meisten Schwierigkeiten bieten und dazu geeignet sind, seine Arbeit zu vermehren. [...] Aber der Specht wäre nicht das Idealbild des Arbeiters, wenn er nicht verleumdet und verfolgt würde«, zürnte der Historiker und Jakobiner Jules Michelet 1857 in seinem schmalen Buch *Der Vogel*, das 1986 in einer einzigartig schönen, großformatigen, von Franz Greno gestalteten und mit Farbtafeln aus Audubons *Birds Of America* illustrierten Ausgabe in deutscher Übersetzung erschienen ist.

»Der Staat schuldete ihm eigentlich, wenn schon kein Gehalt, so doch wenigstens ehrenhalber den Titel eines Waldkonservators«, schlug sich Michelet auf die Seite des Spechts, und er spendierte diesem einerseits so ritterlich-draufgängerischen, andererseits so bravourös und *nicht* fetischistisch arbeitsamen Vertreter des dritten und des vierten Standes, der produktiven Klassen, ein sprachlich beinahe schmerzhaft sorgfältiges, von Uwe Nettelbeck kongenial übertragenes Traktat, ein sozial-seelisches physiognomisches Porträt.

Obsessiv, verbissen, doch klaglos und »keineswegs cholerisch« widme sich der Zimmermann mit »Hacker und Ahle«, »Meißel und Breitbeil« seinem Werk. »Außer am Morgen, wenn er sich schüttelt und plustert, seine Glieder in alle Richtungen reckt, wie es die züchtigsten Arbeiter tun, die sich ein wenig Zeit für ihre Vorbereitungen nehmen, um dann ununterbrochen bei der Sache zu bleiben, hämmert er den lieben langen Tag mit einzigartiger Emsigkeit.«

Ein »friedlicher Held der Arbeit« sei der Specht, erfüllt von der Hingabe für seine vielschichtige Tätigkeit, für diese kunstvolle, durchdachte und schonende Form der Naturaneignung, die uns an das Idealbild des Tonsetzers oder des Tischlers gemahnt, das Marx bemühte, als er die planvolle, selbständige, sich im Material vergegenständlichende und daher frei entfaltende, gesellschaftlicher Restriktionen und Repressionen enthobene Arbeit in ihren Grundzügen skizzierte.

»Schreiner und Tischler« sei der Specht, rühmt ihn Michelet, und als Tischler und Schreiner sei er ein »Fachmann in Geometrie«, der mit dem Zirkel so umzugehen wisse wie mit grobem Gerät. Kein Zweifel könne bestehen über »die moralischen Eigenheiten und die innere Verfassung [...], zu der eine so beharrliche Arbeit führen muß«: »Sein Schnabel, der fürchterlich sein könnte, seine außerordentlich kräftigen Sporen sind [...] alles andere als für den Kampf eingerichtet. Die Arbeit füllt ihn in einem Maße aus, daß keine Rivalität ihn dazu verleiten kann, in den Krieg zu ziehen.«

Spechte sind Pazifisten und Humanisten. Sie hassen den Raub, die Expropriation, die Akkumulation, die Expansion, die Unterdrückung, die Beherrschung, die Ausbeutung, die Auszehrung, die Auslöschung. Sie bewahren »mit Zartgefühl gewissenhaft die Achtung vor der Freiheit«.

Wir müssen uns den Specht als glücklichen Vogel vorstellen. Der Schwarzspecht, er ruft ja »Glück-glück-glück«. Und am späten Abend darf es für Pikus, den Waldspecht, dann freilich auch ein Schluck mehr sein, ohne daß ihm die Industrieinspektoren oder die digital-bürokratischen expertokratischen Diktatoren oder deren Agenten, die Temperenzler, die Prohibitionisten, die Ernährungsberater oder andere Nannies im Dienste der herrschenden Klasse, auf den Pelz rücken.

»Was plagen sich die Menschen so?« fragt Thoreau in *Walden oder Leben in den Wäldern.* »Und dieses Haushalten [...], dies Blankscheuern der Töpfe an solch einem sonnigen Tag! Besser kein Haus halten, lieber einen hohlen Baum; und statt Morgenbesuchen und Mittagessen nur den Specht, der anklopft.«

Uns ist das – die Freiheit von ökonomischen und sozialen Zwängen als Voraussetzung für Muße, Entfaltung, Vergnügen – höchst sympathisch, und von der Marxschen Kritik der entfremdeten Arbeit führt ja auch ein Weg zu Paul Lafargues beglückendem Manifest *Recht auf Faulheit.* »Der Mensch«, so noch einmal Thoreau, »ist um so reicher, je mehr Dinge er liegenlassen kann.«

Bloß, was wäre das für eine infernalische, für eine totalitaristische, das Leben in bisher ungekanntem Ausmaß strangulierende, ja vernichtende Welt, in der »Arbeit und die in ihr erreichbare Lebenserfahrung zunehmend aus dem menschlichen Erfahrungsbereich ausgeschaltet wird« (Hannah Arendt)? In der just der von Thoreau verachtete Besitz und die von ihm verfluchte Routine (und schiere Kontrolle) vollumfänglich an die Stelle der Arbeit, an die Stelle der Auseinandersetzung mit der Tatsachenwelt, an die Stelle des gesellschaftlichen Stoffwechsels träten?

Es wäre eine Welt voller Vollidioten, voller gesteuerter geistiger Krüppel, voller infantilisiert-debilisierter Schmatz- und Schrumpfköpfe, voller Lemuren, es wäre eine Welt, in der der »Homo sapiens nur noch Gleitmittel in einem geschlossenen System von automatisierter Produktion und permanenter Konsumstimulation [wäre]« (Mathias Greffrath).

Der Specht ist ein seriöser Handwerker. Er zeigt uns die uns allen innewohnende Begabung zur ernsthaften Beschäftigung mit der Welt auf, er zeigt uns die Befähigung auf, eine Sache gut zu machen, weil es die Sache selbst verlangt, daß sie gut gemacht werde.

Betrachtet man nun – es mögen dies die Hohepriester und Weihrauchschwenker im Dienste des Globalisierungs- und Selbstenteignungshorrors sophistisch einwenden – »ein seßhaftes und fleißiges Leben als Fluch [...] des Himmels« (Michelet)? Oder wollen wir nicht lieber das: ein furzbequemes, durchrationalisiertes, jeder Unwägbarkeit entkleidetes, erfahrungsloses, dirigiertes, abgetötetes Leben im Kainszeichen des ewig währenden immateriellen, uns lieblich umsäuselnden und still versklavenden »Schwindels der Kommunikation« (Adorno)?

Richard Sennett, der bedeutendste amerikanische Soziologe der Gegenwart, hat 2008 das Buch *The Craftsman* (deutsch *Handwerk*, Berlin 2009) veröffentlicht, einen brillanten Langessay über die Dignität der gesellschaftlich vermittelten techné, über die Materialität der Moral, über die Gebrauchswertorientierung »qualitätsorientierter Arbeit«, über, vice versa, den Verlust der guten, vernünftigen, verantwortungsbewußten Arbeit im Google-Kapitalismus, über die Allianz von Pfusch und Abrichtung, Indolenz und blinder Freßgesinnung.

Wider die fatale »Verbindung aus wissenschaftlicher Blindheit und bürokratischer Macht« (oder wissenschaftlicher Macht und bürokratischer Blindheit, das heißt Willfährigkeit) führt er als »Kulturmaterialist« den denkenden, sich über sich selbst qua Arbeit und die aus ihr hervorgegangenen Produkte aufklärenden und sich bildenden Homo faber ins Feld: »Gute Kleidung und gut zubereitetes Essen können uns eine allgemeine Vorstellung von ›gut‹ vermitteln.«

Sennett rekurriert auf ein »dauerhaft menschliches Grundbestreben: den Wunsch, eine Arbeit um ihrer selbst willen gut zu machen«. Welches andere Ziel verfolgt der Tischler, der Schuhmacher, der Tonsetzer, der Specht?

Handwerkliches Können, handwerkliche Kunstfertigkeit geht mit »Engagement« und »Urteilsvermögen« einher. Das Handwerkerethos, »das Ethos des ›ehrlichen Ziegels‹«, galt einmal als Grundlage dafür, daß sich die Menschen dereinst würden selbst regieren können.

Zu schaffen hat dies' Ethos nichts mit der allbekannten protestantischen »innerweltlichen Askese« (Max Weber), mit Dienen, Duckmäusertum, mit der Ernte, die einzubringen sei, Gott günstig zu stimmen.

Es ist ein Ethos der Ernsthaftigkeit und Offenheit, eine Haltung problembezüglicher »aufgeklärter, nüchterner Klugheit«, die dem »Schwebezustand der Erkundung« und den »Intuitionssprüngen« freudig entgegensieht, die oberhalb des Seins-in-der-Welt keine Mächte gelten läßt, keine Instruktionen, keine Direktionen.

Im »Dialog mit materiellen Objekten« gewinnen wir, spielerisch, experimentell, regelsuchend und -findend, eigensinnigen Halt in der Welt, gebunden und uns lösend in einem. Das Gegenteil dessen: die Selbstpreisgabe in Algorithmen.

Die Göttin Minerva, das römische Äquivalent zur griechischen Athene, verkörpert das Denken, die Erkenntnis, die Erfindungsgabe und: das Handwerk. Die Eule der Minerva beginnt einem allzu wohlfeilen geflügelten Wort Hegels zufolge erst mit der einbrechenden Dämmerung ihren Flug. Das ist falsch. Der Specht der Minerva beginnt bereits mit dem aufziehenden Morgenrot sein Tagwerk. Er ist unser utopischer Vogel. Er ist ein Realsymbol des Einspruchs, des Widerstands. Er ist der Vogel der Maschinenstürmer, der Weigerung, der denkenden und der handelnden Menschen.

»In Irland und auf Island fehlen Spechte überhaupt«, hält übrigens Walter Wüst in seiner einfühlsam bebilderten Enzyklopädie *Die Brutvögel Mitteleuropas* fest. Daher werden Island und Irland in der im Verlag Reclam Leipzig erschienenen Anthologie *Lästige Länder* besonders harsch angefaßt und abgehandelt.

Mit vollem Recht.

Pro Specht sein heißt, pro bonum zu sein.

DER ROTMILAN

»Im Reich der Lüfte / König ist der Weih«, langte Friedrich Schiller im *Wilhelm Tell* daneben, denn König im Reich der Lüfte ist – auch nicht der Aar. Es ist der Rotmilan, niemand sonst, halleluja.

Gut, er firmiert desgleichen unter den Namen Gabelweihe und Königsweihe, finden wir gerade im Internet heraus, Schiller darf somit weitermachen, sorry, obwohl die Milane mit den Weihen taxonomisch nichts zu tun haben. Obendrein »fehlt ihnen das Draufgängertum der Weihen« (Fehringer), das haben sie nicht nötig, das Draufgängertum der Weihen kann ihnen gestohlen bleiben.

Ein absolutistischer Vogel – demokratischer Sitten abhold ist er dennoch nicht. Außerhalb der Brutzeit legt er kein Revierverhalten an den Tag, schließt sich mit seinesgleichen zu gewaltigen Verbänden zusammen und läßt die Zeit mit Neckereien und Spielereien verstreichen. Ein YouTube-User bezeugt, daß er auch einmal den »liebenswürdigen Raubvogel« (Brehm) und einen Raben »wie Kopp und Arsch nebeneinandersitzen« sah. »Der Milan einen Ast weiter oben. Irgendwann neigte er sich dem Raben zu, und was machte der? Schnäbelte genüßlich am Hals des Milans, der das offensichtlich genoß.«

Die Jungen emanzipieren sich früh, ihre Führungszeit ist kurz. Den Willen zur Gleichstellung belegt das Fehlen von Geschlechtsdimorphismus – ausgenommen die Tatsache, daß, wie unter Greifvögeln Usus, das Weibchen das Männchen an Körpergewicht und Größe ein wenig übertrifft.

Westlich unserer Landesgrenzen genießt der »Milan royal«, ein waschechter Europäer, bestes Ansehen. Was hat Naumann geritten, ihn als »unedles, feiges Geschöpf«, als »feigen, elenden Räuber«, der »ebenso feig wie unbehulflich« sei, zu diskreditieren? Mit dem falschen Bein zuerst aufgestanden? Feisten Kater gehabt? Umnachtung, äh, übernächtigt?

Und Präzeptor Brehm? Einerseits: »der ausgezeichnetste aller Milane«; andererseits: ein »unedler Raubvogel«. Geht's noch? Wie groß kann die Wirrnis der Urteilskräfte sein? »Der Königsweih ist nichts weniger als ein königlicher Vogel, weil träge, ziemlich schwerfällig und widerlich feig«, was sich darin manifestiere, »daß er andere Raubvögel in der widerwärtigsten Weise anbettelt oder so lange belästigt, bis sie ihm die erhobene Beute zuwerfen, sie also zwingt, mehr zu rauben, als sie selbst bedürfen«.

Das ist mal eine Beweisführung, die sich gewaschen hat.

»Die Haltung des Menschen gegen den Raubvogel« (Gerlach) kann im Falle des Rotmilans keine mehrdeutige sein. Nur trübe Tassen (Naumann, Brehm) giften ihn an.

Im Mai 2013 saßen wir, zu Gast beim Theaterdichter und Hinterzimmertheaterimpresario Peter Burri, im hübsch ungeordneten, allerlei Vogelvolk Heimstatt bietenden Garten hinter der Eventgastwirtschaft *Adler* (!) in Rottweil-Hausen. (Tip: Ebenda einkehren und zehn Bier trinken. Vorher telephonisch anmelden. Nur Festnetz. Speisen ab 0,50 Euro.)

Wir hüllten uns in die Wärme des Frühlings, grüßten die Sonne, die Finken und die alten Bäume, da fuhr über den Feldweg zur Linken ein schwerer Traktor heran, eins jener landwirtschaftlichen Kriegsgeräte, mit denen die buntscheckigen, nischenreichen Kulturgefilde auf Geheiß wurschtiger Technokraten und lumpiger Politdarsteller nach und nach verwüstet und verkarstet werden.

Rücksichtslos rumpelte das gruselige Gefährt in die an den Garten angrenzende Wiese hinein, der Mähkopf senkte sich herab, heulte auf, und der Bulldozer zog an.

Binnen zwei, drei Minuten waren sie da, lautlos und lichtdurchschienen segelnd, gleißend gleitend, »mit großer Vorsicht, ja Feinsinn sich zwischen den Winden bewegend und vorantastend« (Th. Roth), getragen von einem Nichts und dieses Nichts auskostend, zwanzig, vielleicht dreißig Rotmilane, ruhig kreisend, wippend, behutsam hin und her schwankend, schwebend, sich schwerelos wiegend, immer wieder mal keine zwei Meter über unseren Köpfen. Das nahm uns wunder, nicht zu knapp.

Die »kühnste Phantastik der Naturgesetze« (G. Stein) ward uns demonstriert. Allen g- und Fliehkräften spottend, schwammen sie durch die luftigen Geschosse über uns, zierliche Zierden des Firmaments, unermeßlich subtile Agilitätskünstler, und ab und an sanken sie auf die Wiese hinunter und nahmen einen Happen zu sich (Kostenpunkt: 0 Euro).

Der Rotmilan, den wir von nun an Kürweihe rufen wollen, ist als Nahrungsgeneralist, als Mischfresser ein Mahdfolger. Soweit i. O. Aber wie stellt er es an, in kürzester Zeit in derart unglaubwürdiger und preiswerter Stärke auf den Plan zu treten?

Lauschen sie ringsumher dem vielversprechenden Knattern und Röhren etwaiger Erntemaschinen? Was, wenn die Mahd mit einer Sense vorgenommen wird? Beruht der rätselhafte Versammlungsvorgang auf Telekinese? Photosynthese? Hypothese? Hypotenuse? Angewandter Sprechakttheorie? Oder der Lektüre neuster Tierverhaltensforschungsliteratur?

Anzunehmen vermögen wir selbstverständlich nicht, daß Kürweihen den gesammelten verhaltensbiologistisch-szientifischen Textschrott der »heutigen Herren Naturforscher« (G. Stein) lesen, es wäre allzu albern. Aber, im Ernst: Wie verständigen sich die Kerle? Wie tauschen sie sich untereinander darüber aus, daß genau in diesem Moment ein Treckerfahrer den ersten Streifen einer Wiese hinter einem High-end-Lokal im Württembergischen unter die Messer zu nehmen beginnt? Es ist erstaunlich, so erstaunlich, daß wir … Ääähm, pffff – wir haben keinen Anflug von Ahnung.

Das gute Auge allein kann's ja nicht sein, so weit reicht es mitnichten. Eine Drohnenflotte? Bitte! Regelmäßige Sichtungsflüge spezialisierter, besonders bewegungsfreudiger Kundschafter und Späher? Ein ausgeklügeltes Horch- und Sichtpostensystem? Weitergabe der Infos per stiller Post?

Die Wissenschaft will uns neuerlich alles vermiesen und erklärt, unsere Fragen kühn übergehend, kühl, die Ansammlungen der Roten Barone zeugten von gravierend-banalen Problemen bei der Nahrungssuche. Die zusammengeballten Majestäten verhielten sich »wie die Wüstentiere an der Wasserstelle« (*natur* 3/2015).

Noch mal anders. »Braucht die Natur, bitte schön, dieses phantastische Schauspiel, das uns die Milane bieten?« fragt Peter Burri in einem

Brief vom 30. September 2015. »Es gibt Tiere, die Regenwürmer fressen. Okay. Und in dem Zusammenhang haben diese Typen mit einsachtzig Spannweite und prächtigst gefiedert im Septemberwind über Wiesen, die grade gemäht werden, zu kreisen?

Beziehungsweise stehen sie über einem in der Luft. Und ich hab' sie im Verdacht, sie tun das auch, wenn ich kurz gar nicht hochschaue!

Soll es die Regenwürmer begeistern? Damit sie erhobenen Herzens sagen: Sterben muß ich sowieso, dann wenigstens, nachdem ich dieses Anblicks gewahr werden durfte?

Aber Regenwürmer sind doch blind!«

Einmal mehr wäre an dieser Stelle die andernorts in unserer Schrift schon mit größter Sorgfalt erörterte Frage aufzuwerfen, ob die Regenwürmer, Mäuse, Hamster, Käfer und sonstigen subalternen Nager an ihrem Schicksal zu nagen haben und in den Nanosekunden, bevor sie unser selbstbewußter Greif aufspießt und fertigmacht, Furcht verspüren und in ihren kleinen Leibern etwas dem menschlichen Leid Äquivalentes empfinden. Et vice versa müssen wir die Frage an unseren grandiosen Raubvogelbomber richten, ob er sich über die Gemütsverfassung seiner baldigen Beute, die dann, als Beute, glatterdings über kein Gemüt mehr verfügen wird, wenigstens hin und wieder einen Gedanken macht, im Moment des Herabstoßens oder -fallens wahrscheinlich nicht (das geht zu schnell für einen Gedanken), aber vielleicht doch bei einer Rast, bei einer Tasse Tee oder bei einer anderen Gelegenheit, deren es im Leben eines Rotmilans durchaus etliche gibt, um der »Besonnenheit« (Herder) einmal etwas Raum zu gewähren. Oder zuckt er, auf solcherlei zwicklige, besser: verzwickte Erkundigungen angesprochen, mit den Schultern und beruft sich insgeheim, simpel gestrickt, wie er sein mag, kurzerhand auf die zwei Wörter »Trieb« und »Selbsterhaltung« (Max Horkheimer)? Und die Sache ist für ihn somit erledigt?

Oder müssen wir uns diesbezüglich und sowieso demütig an Albrecht von Hallers Wort »In das Innere der Natur dringt kein erschaffener Geist« halten? Na, niemals!

Also.

Beziehungsweise ist es ja so, daß der Rotmilan seinerseits auf unbarmherzigste Weise vom sündigen, verworfenen, Kainismus betreibenden, das heißt Geschwistermord verübenden Habicht (Hühnerhabicht, Taubenstößer) wegrasiert wird, zumal im Dunstkreis Göttingens räumen diese Gangster, die nicht umsonst meist Strichvögel (genau!) sind, Rotmilanhorste aus, es ist ein Graus und durch bewegte Bilder bewiesen (siehe rotmilan.org, Rubrik »Im Sinkflug/Prädation«), abscheulich, pah! Was im Umkehrschluß heißt: Raubvögel reißen Raubvögel, der holistischen natürlichen Fairneß halber. Hut ab. Apropos: »Braucht's nur noch einen Vogel«, kabelt unser korrekturlesender Adjutant aus dem Institut für Sozialforschung justament, »der sich gleich selbst auffrißt. Vielleicht hat ›die Natur‹ (J. Roth) ja bereits etwas in petto und bessert bald brutalstmöglich nach.«

Da gilt: Abwarten und Bier trinken!

Die Probleme der Prädatorenrezeption sind, unschwer zu erkennen ist es, weitreichende oder tiefgreifende oder verwickelte, wie Sie wollen. Die Wiesenweihe, die sich im Gras sitzend der Mimikry ans irgendwie entfernt Taubenhafte bedient, um Harmlosigkeit und Einfalt vorzutäuschen, nimmt bedenkenlos alles zu sich, was in ihr Visier gerät. Der Schlangenadler, laut Schuster angeblich »ein ganz harmloser Bursche«, packt, »wenn er sie erwischen kann [...], auch Eidechsen und Vögel«, Schlangen »reißt er den Kopf ab« (*Portugals Nationalpark Peneda-Gerês*, SWR 2001). Den Seeadler, den wir zusammen mit dem hochgeschätzten Herrn Wieland in Augenschein nahmen und aus seiner arrogant zusammengehäufelten und -geflickten, eine halbe Tonne schweren Horstburg (fachsprachlich Knüppelhorst) auf einem Buchensolitär in einem beschaulichen mecklenburgischen See eitel aufsteigen und vermittels seiner bügelbrettbreiten Schwingen in die ihm vorbehaltenen höheren Domänen entschweben sahen, fürchtet alle Tierwelt ob seiner Gnadenlosigkeit. Andererseits ist der Seeschlächter und »Schnäppchenjäger«, der in maritimen und borealen Bereichen Wale und Braunbären als Jagdgehilfen mißbraucht und von ihnen einen Großteil des Jobs des Nahrungserwerbs erledigen läßt (weshalb Wal und Bär ein gerüttelt Maß an Schuld auf sich laden), ein unbeholfener, tapsiger, behäbiger, linkischer Geher und hat mitunter ridikül anmutende Schwierigkeiten, aus einem Schwarm von Wasservögeln ein Exemplar herauszupicken – als ob er, bar jeden Überblicks, Luft zu fangen beabsichtige! Zuweilen ergreift er vor dem Gekreische, man glaubt es nicht, sogar die Flucht, so daß ihm das Ehrenabzeichen der Familie der Habichtartigen verwehrt werden muß. Folgerichtig resümiert der Autor des Films *Seeadler – Der Vogel Phönix* (WDR 2014; ja, für so was haben die Öffentlich-Rechtlichen Geld!): »Der König der Meere [und Lüfte] ist eigentlich ein König des Wartens«, ein Faulpelz und längst kein Siegertyp mehr und daher nicht allzu schlimm und verwerflich. Außerdem läßt sich »die Krone des Ökosystems« (ORF) neuerdings in Norwegen bei »Seeadlersafaris« zu unserem Pläsier zum Affen machen, während er die Scheinangriffe der hassenden Möwen abzuwehren versucht (vergleiche *Der Flug des Seeadlers*, arte 2011; Geld haben die, Geld haben die ...).

»Die Rohrweihe ist ein großer Eierdieb«, informiert uns inmitten der entbehrlichen, genauer: entbehrungsreichen Arbeit an unseren Studien der knallharte Streifen *Ungarn – Die Fauna der Donauauen* (Ungarn 2013). Nicht genug! Ein verendeter Hase »wird als Extramahlzeit gern genommen«, so sieht es aus. Die Unersättlichkeit ist demnächst überhaupt die allerumfänglichste.

Der hoffärtige Kronenadler – es ward seiner gleichfalls weiter oben Erwähnung getan – zertrümmert und, sein krummes, horngestähltes Eßbesteck benutzend, zerstückelt unsere gefälligen, friedsamen Verwandten, die untadeligen Meerkatzen. Der garstig gierige Habicht, der uns nicht auskommen kann!, verfügt als »Flugsprinter« *(Berliner Zeitung)*, der regelwidrig den Stoß als dritten Flügel einsetzt, über »vielfältige Fangmethoden« *(Das Leben der Vögel)* und meint deshalb, im Unterholz desorientierten, zerebral desintegrierten Ratten hinterherhinken und -hoppeln und -hickeln zu müssen. Es ist doch Unsinn! Aber wer kann schon in den erschreckend schnittigen Kopf des Habichts hineinlugen? Selbstbescheidung empfiehlt sich hier, diesen Rat geben wir gratis. Dessenungeachtet bewährt sich der Habicht, der »prächtige Kerl« (Schuster von Forstner), unter dem genannten Aspekt zumindest theoretisch als Kombattant im, scheint's, immerwährenden Kampf gegen luziferisches Ungetier. Ein Pluspunkt für ihn, wenngleich widerwillig. Denn man vergesse es nicht und nicht und nicht: »Habichte stehen im Ruf, gewissenlose Killer zu sein – was sie sind. Wie Sie sehen, liegt ihnen Mord im Blut.« (Helen Macdonald gegenüber Denis Scheck) Vom in Venezuela beheimateten Wegebussard geht anderwärts die

Kunde, er lasse sich von Rallen (zunächst lasen wir in unseren Notaten: »von Radlern«; das Bier?) ins Bockshorn jagen. Seinen ehrfurchtgebietenden giftgelben Vollstreckungsblick, der der eisengrauen Physiognomie seines einwandfrei modellierten Helmkopfes die Krone überstülpt, kriegen wir, beim Zeus, mit solcher Hasenfüßigkeit nicht zusammen. Natur = Inkongruenz? Immanente Disparität? Inhärentes Zerwürfnis? Absolute Ambivalenz? Who knows, who knows, die Denkwege Darwins und in der ihm anvertrauten Biosphäre sind unergründlich, yeah, fuck. Die Nickhaut des Greifenauges dient bei Sturzangriffen als Schutzbrille. Eine halbe Million Photorezeptoren bedeckt einen Quadratmillimeter Netzhaut. Unbegreiflich! Drei Gesichtsfelder (drei!) stehen diesen Hinterhalt- und Hinterlistartisten zur Verfügung. »Es ist schwer, sich vorzustellen, wie ein Raubvogel die Welt sieht«, jammert es in *Tierische Überlebenskünstler – Raubvögel* (Großbritannien 2014) aus dem Off, ja, ja, ja. Aber es reicht, was *wir* sehen!

Sie haben die Krallen eines Bären und überwältigen schwerste Wirbeltiere. Ekelerregende Details werden in dem Spitzenbuch *Mythos Vogel* serviert: »Fast unglaublich (aber immerhin im ornithologischen Standardwerk *Handbuch der Vögel Mitteleuropas* verbürgt) ist die Fähigkeit spezialisierter Adler, junge Rehe, Hirsche oder Rentiere im Wortsinne kopfscheu zu fliegen und über Klippen zum Todessturz zu drängen.« Eine »spektakuläre Tötungstechnik«, die »imagegerecht« für diese gefiederten Wichtigtuer-Siegfrieds sei, die zu allem Überfluß und -druß auch noch, ewig juvenil draufgängerisch und herumpöbelnd und bei Gelegenheit des Prometheus Leber zerfleischend, Christi Auferstehung symbolisieren, da rauscht ois durcheinander und hört sich wirklich alles auf.

Sie machen Kolossalvögel, Großfische und Riesenschildkröten kaputt, sind vollkommen blödsinnig inflammierte Lastenträger und an Triple-Royal-Big-Burger-Menüs hochinteressiert. Kunst und Musik sind ihnen schnuppe, läßt man den, einzuräumen sei's, putzig-täppischen Hampelmanntanz außer acht, den der endemische und deshalb halbwegs zurückhaltende Galapagosbussard bei seinen konzertierten Attacken auf Reptilien und eierablegende Leguanweibchen aufführt.

Mit dem »rauhen Humor der Raubvögel« (Thomas Hardy; spinnt der?) ist es nicht weit her, die Gemütswerte der Krawallvögel sind derart im Keller, daß sie nicht meßbar sind. Ungerührt spießen die martialischen Dauerleister, stumpf ins »Gewaltgefüge« (*konkret* 10/2015) eingebunden, ihre Beute an Angelhaken auf, ersticken sie, schlitzen ihr die Kehle auf. Ihr Geschick verschwenden sie im Jagdfluge, die von ihnen angerichteten Verwüstungen sind nicht bezifferbar, und »sie haben jeden Lebensraum der Erde erobert und übertrumpfen sogar ihre gefiederten Verwandten«. Prost Mahlzeit!

Das Weibchen des Galapagosbussards, nebenbei, praktiziert Vielmännerei (Polyandrie) und läßt pro Saison bis zu acht Kerle über sich drübergehen. Im Gegenzug müssen die Gehörnten allesamt bei der Pflege der mißratenen Brut mitschuften. Eine Enzyklika wäre überfällig.

Malcolm Tait und Olive Tayler reichen uns ein Histörchen herein, das einen in manch wohlbegründetem, gutmeinendem Vorurteil betreffs Adlerimperators und Konsortentyrannen bestärkt: »Benjamin Franklin mißbilligte die Wahl des Weißkopfseeadlers als Amerikas Wappenvogel. Ihm wäre der Truthahn lieber gewesen: ›Der Truthahn ist ein viel respektablerer Vogel und ein wahrer Eingeborener der Vereinigten Staaten. Außerdem ist er, wenn auch ein wenig eitel und albern, ein mutiger Vogel, der nicht zögern würde, einen britischen Gardegrenadier anzugreifen, wenn der es sich einfallen ließe, seinen Farmhof in einem roten Rock zu betreten.‹«

Was wäre der Welt ohne das heraldische, mal so, mal so kolorierte, mal gar doppelköpfige (Österreich!), also strenggenommen janusköpfige Adlergesocks alles erspart geblieben! Himmel! (Einen ähnlichen Gedanken formuliert weiter vorne unser Mitstreiter, nebbich.)

Und – ein letztes Mal – der Seeadler? »Der Seeadler zwingt seine Jungen, in die Sonne zu schauen«, legte Aristoteles dar. »Er schlägt dasjenige, das sich dabei weigert, und tötet dasjenige, das zuerst weint.« Pfui. Auch wirft er »eines aus dem Nest, weil er sich über das Füttern ärgert«. Pfui, pfui, pfui.

Oder – Hildegard von Bingen über den Greif: »Als wildes Tier frißt er Menschen.« A geh! Nicht übertreiben!

Dieselbe, und sie muß es wissen, empfiehlt dessenungeachtet: »Wenn ein Mann oder eine Frau in Begierde entbrennen, sollen sie einen Sperber nehmen, ihn töten und rupfen, Kopf und Gedärme entfernen und den restlichen Körper in einem neuen Gefäß mit einem kleinen Loch ohne Wasser am Feuer erhitzen. Unter dieses Gefäß sollen sie ein zweites neues Gefäß stellen und damit das abfließende Schmalz auffangen. Daraus sollen sie mit anderen Zugaben eine Salbe bereiten. Der Mann soll mit dieser Salbe seine Scham und ›gelancken‹ fünf Tage lang einreiben, und innerhalb eines Monats wird die Begierde ohne Gefahr für seinen Körper entweichen. Die Frau soll sich um den Nabel herum einreiben, und auch ihre Begierde wird in einem Monat verschwinden.« Da schau her.

Wiederum begütigend ins Felde zu führen unterstehen wir uns, daß sich das Weißscheitelfälkchen aus Malaysia einen traumverlorenen, feinfühligen Namen ausgesucht hat und ganze fünfunddreißig Gramm auf die Waage bringt. Zufrieden konstatieren wir, »wieviel Frust und Fehlversuche ein Steinadler bei der Murmeltierjagd wegstecken muß« *(Mythos Vogel)* und daß er deshalb neuerdings lieber vagabundierende, Singvögel ausmerzende Hauskatzen erledigt. Die angesprochene widernatürliche Wiesenweihe – die in Norddeutschland und in Mittelfranken (siehe *Fränkische Landeszeitung* vom 9. April 2015) seit einiger Zeit von Bauern beschützt wird, unfaßbar! – streicht manchmal bis zu eintausendzweihundert Kilometer pro Tag durch den Äther und ist währenddessen garantiert nicht in der Lage, auf der geschundenen Erde Unheil anzurichten oder zu stiften. Der Gerfalke verdient sich seine Meriten als Denkmalschützer, ein Horst in Grönland hat zweitausendfünfhundert Jahre auf dem Buckel (Methusalem im Quadrat!) – ein Monument der Pflegsamkeit, der antiimperialistischen Heimattreue und des Pazifismus, das all diese hirnverbrennenden und -verseuchenden, gewaltsüchtigen Religionen wie Christentum und Islam – und wie sie alle immerzu heißen und in den verfaulten Mündern spazierengeführt werden – verehren sollten, eine Ruhe wäre sodann.

Kein Greif aber kann kauen, darum, wir sagten es, zerreißt und zerfetzt ein jeder seinen Imbiß. Die Reste werden nicht fachmännisch entsorgt, sondern später herausgewürgt und als Gewölle auf den Boden geschmissen. Es ist alles ungehörig, es ist ein Alptraum. Das gesamte Greifengelichter geriert sich gräßlich. Punkt.

Italo Svevo, im Grunde einer der besten Schriftsteller aller Zeiten, brachte folgendes zu Papier: »Ein Vöglein wurde von einem Sperber gewürgt. Es hatte nur gerade noch Zeit, der Welt seinen Protest mit einem einzigen lauten Schrei kundzutun. Das Vöglein aber glaubte, seine Pflicht getan zu haben, und seine Seele flog stolz zur Sonne empor, um sich im unendlichen Blau zu verlieren.« Das wirft nun weder auf den Sperber *noch* auf das Vöglein ein gutes Licht. Des letzteren preußische Hinwendung zur Transzendenz, seine offenbar beschwingte, ja feierliche Selbstaufgabe, sie entbehrt jeden Gespürs für die Würde des je Eigenen und einzelnen. Svevos Sichtweise haut ergo ebensowenig hin.

Also, um diese unvermeidliche Abschweifung abzuwürgen (die Pausenglocke bimmelt): Sind all unsere auf den vorangegangenen Seiten ausgebreiteten Befunde zureichend klar und distinkt abgefaßt, um, wie vom Co-Verfasser ungeniert postuliert oder auch nahegelegt, die *Accipitriformes* konsequenterweise in ihrer Gesamtheit zu exkludieren und zu expatriieren? Teufel, abermals nein! Wir schwanken, sind uneins, streiten, ringen, schwitzen, stöhnen, öffnen eine Flasche Bier. Ein befriedigender Beschluß ist womöglich erst in den nächsten Stunden oder Jahren zu erwarten. So long!

Zurück zum Rotmilan.

Sein »wiehernder Flötenruf« gefällt Gerlach, zu Recht. Heimlichtuerei, die sich Sperber und Habicht zu eigen gemacht haben, ist der Kürweihen Sache nicht, die beiden sind ihnen zu grob, zu bärbeißig, zu bissig, zu grausam, von denen grenzen sie sich ab. Um es auf den Punkt zu bringen: Der Rotmilan ist wahrlich der Vogel, der die Errungenschaften der Französischen Revolution verkörpert – Gleichheit und Individualität, Eleganz und Esprit, Solidarität und Schönheit, Freude, Feiern, Fidelität. In jedem seiner Luftmanöver sehen wir synästhetisch das Kopfthema von Beethovens Neunter anklingen.

Unvergleichlich, wie sie »himmelfahrende Kreise ins Blau zeichnen« (Gerlach). Der komische Plinius kam nicht umhin, ihren kulturgeschichtlichen Wert zu taxieren:»Sie scheinen uns durch die Wendung ihres Schwanzes den Gebrauch des Sturmruders gelehrt zu haben; so zeigte uns also die Natur in der Luft, was wir in der Tiefe bedürfen.«

Arm- und Handschwingen sind dunkel gesäumt. Torso et cetera rotbraun, ockerfarben, da und dort weißlich, fabelhaft. Durch die unverwechselbare Silhouette (schlanke, spitz zulaufende Fittiche, gegabelter

Stoß) ist die Bestimmung ein leichtes. Bereits phänotypisch zeigen die Kürweihen (gemeinschaftliche Führungs- und B-Note 10) Entgegenkommen, und »indem sie den Wind mit unmerklichen Hebungen und sachtem Ausweichen unter die Federn schmiegen« (Gerlach), illustrieren sie, was es mit Adalbert Stifters »sanftem Gesetz« auf sich haben könnte.

Nicht beuten sie ihn, den Wind, aus. Bedachtsam drücken sie ihn an sich, umarmen ihn, melden durch körperliche Berührungen ihre Freundschaft zu ihm an. Es ist zum Dahinschmelzen anbetungswürdig fein, hauchend nobel, malerisch und ziseliert, es sind die Rotmilanluftauszirkelungs- und -wellenreiterwundersamkeiten zarte Zeittupfer im höllischen Film des frenetisch-phrenetischen Weltenvernichtungslaufs, Momente »zweckfreier Wonne« (von Wulffen), die uns geschenkt, die uns frei Terrasse und frei Bank (am Wegesrand) geliefert werden. Gerlach – er läuft in seinem Kapitel über die Milane zu olympischer Form auf – hämmert den Nagel bis zum Kopf ins dicke Brett der Vogelevaluierung: »Das jähe Schießen des Habichts, der wuchtige Ruderschlag des Adlers, die schnelle Beschwingtheit des Falken kommt ihrer sanft fließenden Bewegung nicht gleich.«

Um ihre poetische Generalgesinnung, die im strengen Sinne keine Gesinnung, sondern ein Geschmackssinn ist, des weiteren hervorzuheben, sehen die Kürweihen von der Verfolgung von Vögeln generös ab. Statt dessen fressen sie Aas, wofür man den kostbaren Gauklern einst Wertschätzung entgegenbrachte. »In früheren Zeiten spielte der Königsweih dieselbe Rolle, welche gegenwärtig der Schmarotzermilan übernommen hat«, schreibt selbst Brehm. »›In den Tagen König Heinrichs des Achten‹, sagt Pennant, ›schwärmten über die britische Hauptstadt viele Milane umher, welche von den verschiedenen Auswurfsstoffen in den Straßen herbeigezogen worden und so furchtlos waren, daß sie ihre Beute inmitten des größten Getümmels aufhoben. Es war verboten, sie zu tödten.‹«

Es gelte dies unumstößlich dito heute! Verflucht sei das Geschmeiß der »Vogelgegner« (*Fränkische Landeszeitung*, 8. April 2015), das in Wäldern Sensen mit der Klinge nach oben aufhängt, das Schlagfallen aufstellt, das toxische Fleischköder auslegt! »In Ostheim vor der Rhön kam es [...] zu einem wahren Serienmord: Neun Rotmilane, ein Schwarzmilan und fünf Mäusebussarde wurden vergiftet.« (Ebenda) Fluch denen, die »zum Spaß, als Männlichkeitsattitüde oder, um schießen zu üben« (*taz*, 24. September 2014), meucheln! Verdammt seien sie! Weisheit hingegen nistet in Asien, Weisheit hatte in England einen Hort. Bernhard Kegel setzt uns hierüber in Kenntnis: »In Indien übernehmen Schwarze Milane, wegen ihrer Vorliebe für Abfälle ›Pariah Kites‹ genannt, die Aas- und Abfallentsorgung. Für diesen höchst ehrenwerten ökologischen Beruf gibt es dort offenbar noch Bedarf.« Und über die vormaligen sauberen Geschäfte in England: »Rote Milane kümmerten sich um die Kadaver und genossen deshalb vielerorts gesetzlichen Schutz. Im mittelalterlichen London waren sie sehr häufig und zeigten wenig Scheu. Rotmilane seien ›gmein in Engelland‹, berichtete Konrad Gessner. ›Das nimpt den Kindern in den stetten die speyss auss den henden.‹«

Was Immanuel Birmelin bezüglich unappetitlicher heutiger Vorgänge in Afrika bestätigt, allwo die Schwarzen den Menschenkindern Brötchen wegschnappen: »Brötchenjagen ist ein hochkomplexer Vorgang, und dennoch ist die Erfolgsquote für die Milane sehr hoch.«

Davon halten wir nichts. Außerdem reden wir ja nicht vom Schwarz-, sondern vom Rotmilan.

Er zähle »zu den harmlosesten aller unserer Raubvögel«, gab Brehm, der sich ziemlich unwillig mit der Kürweihe befaßte, zähnemalmend zu. Fehringer bescheinigte, *Milvus milvus* sei ein »›milder‹ Räuber«, ein gutmütiger, schwachschnäbeliger, kurzkralliger Vertreter der Ordnung der *Raptatores*, »der schon als belebendes Element der Landschaft unbedingten Schutz verdient«. Gleichwohl glaubte er, das Recht zu haben, die Nistweise des Freibrüters zu tadeln. Beim Zusammenzimmern des Hausstandes verwende er, horribile dictu, »allerhand seltsames und oft unappetitliches Baumaterial, alte Lumpen, Papierfetzen, trockene Kuhfladen, Fellreste, so daß der Horst mitsamt den Insassen oft weithin stinkt«. Abgepinnt hatte er das bei den beiden durchgeknallten Superchamps der Ornithologie. Naumann observierte vorgeblich einen Übeltäter, der »eine ganze Vogelscheuche in seinen Horst schleppte«, Brehm, ein immenser Abkupferer, war das noch zuwenig und erfrechte sich, in die Runde zu röhren: »Einzelne Paare des Königsweihes haben ganze Vogelscheuchen in ihren Horst geschleppt, andere der Wäscherin Vorhänge von den Trockenleinen gestohlen, um mit ihnen die Nestmulde auszupolstern.«

Trotzdem, eine bedeutende Einhelligkeit in der Ablehnung des Rotmilans besteht nicht, der Bedenken und Einwände und bitterer Worte sind am Ende nicht allzu viele. Brehm hadert zuletzt mit sich, plädiert dafür, »daß man sein Schuldbuch nicht so schwer belasten darf«, und würde dem Roten Milan unter gewissen Umständen »einen Ehrenplatz unter den natürlichen Wohlfahrtshütern unserer Felder anweisen«. Naumann verstummt. Und Pfarrer Schuster?

Er sei »Fasanerien schädlich«, zusammen mit seinem Vetter, dem Schwarzen Milan, stehe er »als großer Liebhaber zarten, jungen Geflügels in üblem Rufe«, oje. Halt! »Meist unverdientermaßen«, fügt Schuster Gott sei Dank an und wirft sich volle Kartusche dafür ins Zeug, »daß wir wohl ein Auge zudrücken können, wenn er sich mal ein ermattetes Rebhuhn oder einen angeschossenen Hasen zu Gemüte führt«.

Zu weit geht Schusters Verständnis indes, sofern er ausführt, es sei »auch der wirtschaftlich schädlichste Vogel in ästhetischer Beziehung fast immer mehr oder weniger wertvoll (Adler)«. Das geht in Anbetracht der verlogenen Überfallflüge des Adlers zu weit.

Uns aber umtreibt unvermindert das aus dem Innersten emporbrechende Bedürfnis, der Kürweihe eine Lanze zuzuwerfen und sie »gänzlich freizusprechen« (Brehm). Nicht nachzulassen in unseren Anstrengungen, den »Charaktervogel« *(natur)* zu würgen, Moment: zu würdigen. Seine Schraubenbalzflüge, die in ihrer tollkühnen Grazie selbst diejenigen des brummigen Seeadlers in den Schatten stellen. Und so weiter und so fort ad infinitum.

»Eine der seltensten Vogelarten der Welt« *(natur)* ist in unsere Obhut gegeben. »Nichts also soll uns anfechten, Freunde!« (G. Stein) Mit Klauen und spitzen Zähnen und Panzerfäusten verteidigen werden wir den Rotmilan, was immer da komme. Merket euch, was sardischer Aberglaube lehrt: Demjenigen, der einen Rotmilan vom Himmel holt, werde »auf ewig die Flinte unbrauchbar«. Er verhungere gleich dem schamlosesten Schänder und Wicht! Er verderbe und vergehe! Die Hölle sei ihm bereitet und zubereitet und serviert und auf den Tisch geknallt! Piff! Paff! Bums! Rums!

Aber das mit den Regenwürmern – noch mal drüber nachdenken.

GÄNSE – GESTERN UND HEUTE

Ein Kindheitsidyll. Eine weite Landschaft mit einem freistehenden Gehöft, die fruchtbare Erde bedeckt von einem dichten Flaum aus Gräsern, Kräutern und seltenen Blumen, ein stiller Teich, feuchte Wiesen und ein windschiefer Stall, verwachsene Obstbäume, verschlungene Wege zu einem Waldesrand, davor eine noch vom Morgendunst schimmernde Wiese, eine Gänseweide und die Vögel: wie sie lugen, linsen, grasen, dösen, schlafen, schlummern, Ganter und Gans und Gössel, aufmerksam, stets umeinander bemüht und Fühlung haltend mit dünnen Stimmchen, triumphalen Rufen und beständigem »Palaver« (Heinroth). »Hier bin ich – wo bist du?« (Konrad Lorenz/Selma Lagerlöf)

Rührendes Ungeschick und komisches Gehabe, Achtsamkeit und Familiensinn, die Jungvögel eingepackt in Flausch und Flaum, die Alten im geschuppten Federkleid, wache Gesichter über kräftigen Körpern, Füße und Schnäbel wie Marzipan. Nur, wenn einer sich nähert, der nicht hergehört, Räuber, Strauchdieb, Ungetier, gibt es Unruhe, Aufruhr, Geschrei, machen die Gänse mobil, zum Trupp formiert, mit gestreckten Hälsen und bösem Blick, vorwärtsrückend gegen den, der die Ruhe stört. Wo die Gänse wachen, sagt der Fuchs bald gute Nacht. Und das Jahr kennt keine dunkle Zeit, wo Gänse sind.

Es gibt kaum etwas Ergreifenderes als die Tage, da die Luft sich füllt mit dem Geruch fallender Blätter, den letzten Gesängen und den Farben reifer Äpfel, Tage, an denen man in den dämmrigen Himmel schaut und dort die Gänse gen Horizont fliegen sieht, mit ihren hellen Bäuchen, den bestimmten Flügelschlägen und einer auch durch Distanz und Dunkelheit nicht zu schmälernden Zuversicht. Nichts Schöneres, als im Winter ans Wasser zu gehen, auf die Felder, wo die Gänse rasten, der Klang ihrer Stimmen überm Land (»a talkee-talkee and concert in one«, W. H. Hudson), ihre Bewegungen ein »atmendes, schimmerndes Muster« (Conradi), ein »einzigartiges Naturschauspiel« (Alexander Busch) beziehungsweise -hörspiel. Man geht getröstet und beruhigt nach Hause, setzt sich an den warmen Ofen und liest, allmählich umhüllt von Bratenduft, in einem jener Bücher, die der wunderbaren Beziehung von Gans und Mensch ein Denkmal setzen: *Im Jahr der Graugans, Das Wunder von Oberganslbach, Die Rückkehr der Wildgänse, Akkas große Reise* und *Neues aus Bullerbü.* »Who can fail to admire the goose?« (W. H. Hudson) Ihren größten Laudator haben die Gänse wohl in Konrad Lorenz gefunden. Der Mann aus Wien an der Donau hat nicht allein die Romantik des Vogelzuges beschworen, die »brusterweiternde und herzzersprengende Sehnsucht nach dem Wandern«, die einen angesichts des Ziehens der Wildgänse erfaßt. Er sah im Verhalten der Grauen Gans auch die Neigung, »regelmäßig genau das zu tun, was gut ist«. Zwar hat er nicht nur Günstiges entdeckt – wie die keinesfalls komische Angeberei der Ganter bei, vor, nach und jenseits der Liebeswerbung. Auch die Tatsache, daß die durch den Verlust eines Partners geschwächten Tiere in der Gänsekolonie bald »von allen Seiten gepufft« werden, stimmt nachdenklich. Überwiegend fand Lorenz aber tierpsychologisch Interessantes und Tugendhaftes: eine vielstimmige und lebhafte Kommunikation, Aufmerksamkeit, Gelehrigkeit und Vorsicht, »subjektives Erleben« und die »menschenähnliche Fähigkeit zu trauern«, »ein dem Menschen analoges« »Familien- und Gesellschaftsleben« sowie ein »starkes Band zwischen den Gatten«, die durch »gemeinsame Liebe zu den Kindern« verbunden und sich »treu« sind »bis zum Tod«. Schließlich aber auch eine vorbildliche Bereitschaft zum Loslassen und Downchillen: »Was die Gänse einen [...] durch ihr Beispiel lehren können, ist, wie man sich entspannt und wie man ruht.« *(Das Jahr der Graugans)*

Nicht zuletzt hat Lorenz' Konrad uns gezeigt, wie innig die Beziehung zwischen Gans und Kerl zu sein vermag. Nach dem Schlüpfen auf den Menschen geprägt, entwickeln Gänse zu ihren Pflegern eine fast unauflösbare Bindung, die angeborene Verhaltensmuster in große Gefühle verwandelt. »Gänsekinder« (Angelika Hofer) vertrauen auch menschlichen Eltern unbedingt. Sie suchen bei ihnen Schutz und weinen, wenn sie sich verlassen fühlen, sie lernen mit ihnen die Welt kennen und kommen noch Jahre später zurück, wenn sie die vertraute menschliche Stimme hören. Und bukolisch, ja paradiesisch wird's, wenn Gänse und Menschen nach einem Ausflug und ausgiebiger Äsung (Salat respektive Semmeln) sich zusammen auf einer Wiese niederlassen:»Nichts ist gemütlicher als diese Mittagsschläfchen von Mensch und Tier. [...] Die gemeinsame Ruhe von wilden Tieren und zivilisierten Menschen mitten in der freien Natur hat beinahe etwas Sakrales.«

Wer denn also meint, die Beziehung zu Dohlen, Raben oder Papageien sei eine besondere, der hält vermutlich auch eine dahergelaufene Katze oder ein Meerschwein für den rechten»Kumpan« des Menschen. Doch nein:»Unter den vielen Tierarten, die uns [...] bekannt sind«, so Lorenz, gebe es nur eine, deren Verhalten den Menschen so anzusprechen vermöge wie der Hund – und das ist die Gans.

Doch gilt das noch? Ist das Idyll nicht längst dahin? Oberganslbach ist von der Landkarte verschwunden (Autobahnbau), und nach allem, was man hört, ist die Gans dem Menschen längst kein echter Freund mehr, sondern zunehmend eine Last. Die »Populationen sämtlicher eurasischer Gänsearten« steigen an und wachsen,»mehr oder weniger deutlich«, wenigstens»tendenziell« (*Wild und Hund – Wildgänse*, 2011), auf jeden Fall spürbar. Während man früher andächtig den ziehenden Gänsen nachschaute, steht man jetzt vielerorts in der Flugschneise des Vogelzugs. *Anser* und *Branta* sind zu Pauschaltouristen geworden. Ein paar rastende Gänse über winterliche Wiesen gestreut – d'accord; aber wenn die Vögel in Massen über unseren Seen einfallen, die Äcker abernten und dort, wo grünende Landschaften sein sollten, kein Gras mehr wachsen lassen? Ist die Natur zu voll, ist Schluss mit lustig.

Und die Natur ist ziemlich voll, jedenfalls mit Gänsen. Im Winter kommen mittlerweile Zehntausende von Schneegänsen in unsere Breiten, an den Küsten lassen's sich die aus der Arktis zugereisten Meergänse mehr als gutgehen, und die»Grauganspopulationen« haben in Europa»Höhen erreicht«, die man noch »vor fünfunddreißig Jahren nicht für möglich gehalten« hätte (*Wild und Hund*). Nicht zu sprechen von den Städten, in denen die Gansvögel offenbar weder die weite Landschaft noch wilde Wiesen vermissen, sondern sich inzwischen allzugern mit Parkanlagen abfinden, Bolzplätzen, Strandbars, Badetümpeln und sonstigen urbanen Kloaken. Dort hausen und hocken und reproduzieren sich mittlerweile Gänse über Gänse, durch keinen Freiheitsdrang irritiert, dumpf, brütend, indolent und auf eine Art bequem, wie man es allenfalls von gewissen Enten, Schwänen und Tauben erwartete. Zeigt sich hier die auch von Konrad Lorenz stets beargwöhnte Domestikation, die zivilisationsbedingte Degeneration der Wildgans auf das Verhaltensniveau der weitläufig verblödeten, wahllos kopulierenden, heillos verfetteten Stopf- und Hausgänse? Mag sein, aber das noch größere Problem ist eine Halbgans: die aus den (Sub-)Tropen stammende Nilgans. Früher in Tierparks gehalten, hat sie sich in Europa zuletzt unaufhaltsam verbreitet. Die Niederlande, Belgien, Niedersachen, Hessen, das Rheinland und Österreich sind bereits an sie verloren. Sie ist anpassungsfähig und furchtlos und hat alles, was man braucht, um eine formidable »Plage« zu werden. Nilgänse »bevölkern« nicht nur »Parks und Badestrände« und »hinterlassen« allerorten ihren eklig haftenden, schweren, suppig-schleimigen, alles bedeckenden, ätzend zersetzenden Kot (*Die Welt*, 4. September 2014 und öfter). Auch akustisch sind sie schwer erträglich: Während die Graugans durch »Trillern«, »Hauchlaute« und »flüssiges Schnattern« überzeugt und anrührt (Lorenz: *Hier bin ich – wo bist du?*), konnten Verhaltensforscher und Tontechniker von der Nilgans nichts anderes aufzeichnen als fieses »Zischen« und abstoßende »heisere«, »tiefe«, »rauhe«, »schrille« Laute (*FAZ*, 28. Juli 2015). Berüchtigt ist zudem ihre Aggressivität, die sie nicht nur gegen andere Tiere (Störche, Eisvögel, Heckenbraunellen) richtet. Nilgänse »gehen Jogger wütend an, laufen unbeirrt Radfahrern in den Weg, verfolgen […] kleine Kinder« und »erobern« mit dreisten Vor- und Schnabelstößen »die Liegewiesen« unserer Gemeinwesen *(Die Welt)*.

Viele »Erholungssuchende« sind verzweifelt, und in manch deutscher Stadt, etwa im gebeutelten Frankfurt am Main, haben die Invasoren bereits sämtliche Grünflächen und Leisureareas ihrem Machtbereich einverleibt. Was man an Hund und Graugans so schätzt, Fügsamkeit und »treue Anhänglichkeit« (Lorenz) gegenüber dem Menschen, ist der gemeinen Nilgans fremd – und steht ihr womöglich genetisch gar nicht zur Verfügung! Düster sind daher die Aussichten. Mittlerweile gilt *Alopochen aegyptiacus* als superinvasives und gefährliches, diversitätszerstörendes, ja fast schon agakrötenhaftes Neozoon; und während Biologen sorgenvoll die rasante Ausbreitung studieren und über effizientes »Gänsemanagement« diskutieren, werden in den Leserbriefspalten schon Vergeltungsszenarien entwickelt: »Jagen!« – »Grillen!« – »Weg damit!« – »Zurück nach Übersee!« *(FAZ)* Hätte sie diese Spezies gekannt, selbst Selma Lagerlöf hätte wohl entsichert. Nun hat sich auch die Kanadagans in Europa nicht unwesentlich, ja unstatthaft verbreitet. Sie dümpelt gern in Freibädern herum und läßt Fahrtenschwimmer, Sporttaucher und Brettspringer nicht mehr ins Becken (*Pfälzischer Merkur, Rheinische Post, Barmstedter Zeitung* und andere). Und daß sie deutlich weniger fräße und dezenter exkrementierte als die Nilgans, ist nicht belegt. Wenn sie dennoch etwas duldsamer betrachtet wird, mag man das kultursoziologisch erklären. Die kanadische Gans steht ihrer Herkunft nach wohl für: Amerika, verträgliches Klima, Infrastruktur, gutes Eishockey und Christentum, die Nilgans hingegen für: Afrika, die schreckliche Hitze, Islam, Schlaglöcher, Malaria.

Der von Vorurteilen nicht belastete Fachmann sieht es dagegen nüchterner. Wer die Natur vollmacht, wer zuviel ist, muß in die Schranken gewiesen werden. Nicht nur die Nilgänse sind da angesprochen, sondern ebenso die kanadischen Kollegen, Saat- und Bleßgänse gleichfalls, auch die Große Graue, die Nonnen-, die Weißwangen- und die dunkelbäuchige Ringelgans, ja letztlich alle außer der eh schon verständig wegsterbenden Zwerggans.

»Gänsepopulationen«, lesen wir, bringen »einige Probleme mit sich«. »Getreidesaaten und Grünland« können »durch Gänse unter bestimmten Umständen sehr wohl und in hohem Maße geschädigt werden«. Es kommt zu »Trittschäden« sowie zu »Interessenkonflikten mit der Landwirtschaft, teilweise aber auch mit Flugplätzen und Sportanlagen, zum Beispiel auf Golfplätzen«. Oder in Surfschulen. Und wo Vergrämung und Gänsemanagement »absehbare Schäden« und Belästigungen nicht verhindern, muß »Jagddruck« her. »Die Gänsebesätze […] lassen die nachhaltige Nutzung durchaus zu«, »populationsökologisch spricht nichts dagegen« *(Wild und Hund)*. Und schließlich gilt es auch die Austeilungsgerechtigkeit zu wahren: Wer Wildschweinen, Rehen, Waschbären, Marderhunden, Wollhandkrabben (auch: Greif-

vögeln und Pinguinen) die Flinte geben möchte, der kann nicht bloßer Sentimentalität wegen die Gänse schonen. Das sind gute Argumente, denen sich auch »Gänsevater« Lorenz (*Mythos Vogel*, A. Hofer) nicht zu verschließen vermöchte.

Selbstverständlich ist dies alles dem einst so gedeihlichen Verhältnis zwischen Gans und Mensch nicht zuträglich. Schon, daß man die Vögel mit Vollkörper- und Faltattrappen, Gänseliegen und Camouflagekleidung zu locken und zu täuschen pflegt und dergestalt über die Maßen dumm aussehen läßt, dürfte die Beziehung weiter abkühlen lassen. Und wenn sie dann zu Hunderten, ja Tausenden angebleit, aufs Korn genommen, vom Schrot ereilt und zu Boden gebracht wird, dürfte das der Gans erst recht nicht schmecken. Aber es ist nicht zu ändern. Sie hat schließlich angefangen.

Man mag dem gemeinsamen Mittagsschläfchen von Mensch und Tier nachtrauern. Doch hat auch die Gänsejagd was zu bieten: Schuß und Strecke, Verblenden und Lauern, Erlegen und Ernten, Leben und Tod, mit den Männern auf der Pirsch, Vater und Sohn in Tarnkleidung und Anschlag vereint. Ist Schöneres vorstellbar, als im Winter auf die Felder zu gehen, die Lockflöte zu blasen und zu wissen, was kommt? Und wer wäre in jenem Moment nicht ergriffen, in dem nach gespanntem Warten endlich ein Schwarm Gänse heranstreicht, rufend über dem Lockbild kreist, mit aufgespannten Flügeln zur Landung ansetzt und dann, nach wenigen »hingeworfenen Schüssen« (Christian Schätze), die eben noch leicht wirkenden Körper schrotschwer vom Himmel purzeln? Erfüllt tritt der Waidmann nach solchem Werk den Heimweg an. Setzt sich an den warmen Ofen und blättert, begleitet vom behaglichen Schnaufen des Wachtelhundes, die Fensterscheiben beschlagen vom Bratendunst, im neuen Sonderheft von *Wild und Hund.*

»Die Rufe aus Hunderten von Gänsekehlen lassen das Jägerherz springen«, heißt es da. Und insofern ist die Gans dem Menschen zwar nicht mehr lieb und teuer, aber auch heute noch ganz recht.

DODO UND FOLGENDE

Dodo, wie kann man dein Aussterben verstehen? Als Selbstkritik der Natur? Nichts getan hast du, kaum bewegt hast du dich, als deine Schlächter kamen. Weil du das Ungenügen deiner Existenz eingesehen hattest?

Und als die Männer anlandeten, um die letzten Riesenalke zu töten, Trophäen zu sammeln für die Schaukästen der Museen – warum haben die es geschehen lassen? Wenn sie nicht fliegen konnten, warum stürzten sie sich nicht in die Fluten?

Und du, Wandertaube, die du zu Millionen von den Bäumen geholt, abgeschossen, zu Tode geprügelt, verspeist und verbrannt wurdest: War es wenigstens dir nicht möglich fortzufliegen? Zu entkommen? Oder dich noch besser zu vermehren, um Nachwuchs ins Feld zu führen gegen die Armee der Angreifer?

Die Holzfäller hast du doch gesehen, Elfenbeinspecht, wie sie die alten Bäume niederlegten! Wäre es da nicht an der Zeit gewesen, dich anzupassen und deine Höhlen in jüngeren Stämmen zu bauen?

Geboten wäre es, sich einzustellen auf das, was da kommt. Doch du, Schwarze Strandammer, hast sie nicht vorausgesehen, die Zerstörung deines Reviers, die Trockenlegung des Lebensraumes und den Nebel aus Gift, der sich auf deine Federn legte.

Xenicus lyalli, dem Stephenschlüpfer, war es offenbar nicht möglich, sich zu wappnen gegen *Rattus exulans*, die Ratten, welche die Menschen in sein Land gebracht. War er nicht gefaßt auf Veränderung, hat er nicht erkannt, daß sie ihn auffressen wollen?

Warum habt ihr, Vögel von Guam, nicht begriffen, daß die eingeschleppte Nachtbaumnatter euer Tod ist? Weil sie nur eine Schlange war?

Wo war dein Fluchtinstinkt, deine Angst, dein Selbsterhaltungstrieb, Brillenkormoran? Warum, Weißwangenkauz, waren deine Krallen stumpf gegen die wirklichen Feinde?

Die Kleidervögel, Mohos, Papageienschnäbler und Klarinos: Wie kann es sein, daß sie es vorzogen zu verschwinden, als die Siedler nach Hawaii kamen, um sich die Insel untertan zu machen? Mußten sie es geschehen lassen?

Und ihr, Bewohner von Mauritius – Gans, Ente, Reiher, Ralle, Sittich, Papagei und Eule –, hättet ihr euch nicht zusammentun können, um euch zu wehren, um es zurückzuschlagen, in die Schranken zu weisen, es ein für allemal zu verjagen, das Drecksgewürm namens Mensch?

So viele Fragen. Und keine Antworten.

SCHLUSS

»Über dem Meer im Osten stieg die Morgenröte auf. Die Zeit des Sonnenaufgangs nahte. Wo waren die alten Adler?« (Bengt Berg) Die Menschheit weiß es seit langem: Die Weltherrschaft der Vögel ist zu verhindern.

Die Kräfteverhältnisse Mensch – Vogel sind im Luftraum ungeachtet aller Naturzurechtweisungen gleichwohl erschreckend einseitig. Im Luftraum lassen sich die »schönen Luftbewohner« (Johann Andreas Naumann) nach wie vor so gut wie nichts vormachen, im Luftraum haben sie immer noch Luft nach oben, zur Not verdrücken sie sich über die Wolken und sind unserem Zugriff entzogen.

Das verleitet die Anhänger der Vögel dazu, jene als »vollkommen« zu bezeichnen und als »die höchste Ausdrucksform im Tierreich« (von Wulffen) zu verklären. »Die meisten von ihnen berühren den Boden nur leise mit den Zehen, stets bereit, sich aufzuschwingen«, betet sie Richard Gerlach an. »Schnell wie Gedanken erreichen sie ihre Ziele. Geschwindigkeit ist ihnen so selbstverständlich wie uns der bedächtige Schritt.« Ein Starfighter sehe gegen einen Vogel keine Schnitte, ziehe man bloß die Beschleunigungswerte in Betracht, fügt Pfarrer Wilhelm Plesch aus Neuendettelsau-Mitte hinzu (Sprechstunde jeden Dienstag gegen elf Uhr vormittags in der Reuther Straße, Anmeldung nicht nötig).

Vögel kennen keinen in unserem vernünftigen Sinne strukturierten Tagesablauf, die Mehrung des Bruttosozialprodukts, Akkumulation, dringend notwendiges Wachstum, time is money und »Wachstumswachstum« (E. Stoiber) – ist ihnen ois schnuppe. »Vögel zählen die Stunden nicht, sind ohne Zeit«, applaudiert Walter Muschg dem »luftbeherrschenden Weltbürgertum« (Fehringer) servil und zieht blank: »Die Übermacht der Vögel ist vollkommen, die Menschen schweigen vor ihr. [...] Vögel sind überall, Vögel sind immer. [...] Vögel fürchten sich nicht vor der Welt, sie besitzen sie ohne Zögern, ohne Ermüden.«

Ein glasklarer Offenbarungseid.

Und andere reihen sich in den Chor der Unterwürfigen ein. Jules Michelet geht vor den »geflügelten Flammen, welche wir Vögel heißen«, in die Knie und verherrlicht rücksichtslos den »ungeheuren Fächer von überwältigender Vielfalt«. Statt sich die Frage zu stellen, ob »die Unerschöpflichkeit des Farbentopfes« (Gerlach) nicht ein Indiz dafür ist, daß die Vögel die Natur zur Beautyfarm degradieren, bläst auch der angeblich kritische »Kopf« Immanuel Kant in dieselbe Jerichotrompete: »Viele Vögel [...] sind für sich Schönheiten, die gar keinem nach Begriffen in Ansehung seines Zwecks bestimmten Gegenstande zukommen, sondern frei und für sich gefallen.«

An der Schönheit der Vögel (und anderer Naturgestalten) biß sich Darwin die Zähne aus. Was (oft) keinem Zweck folgt, konnte nicht wahr sein. Daß die Evolution nicht alles regelt und Organismen nicht ausschließlich Zwängen folgen, daß sie – weil sie so frei sind – luxurieren, flanieren, sich an sich selbst berauschen, paßte nicht ins Paradigma.

Schön und schlecht. Doch ist die Natur, ist die Naturgeschichte dann nicht zumal sub specie der Vögel ein gigantischer Betrug? Ein Hort der Gesetzlosigkeit? Der gottlosen Anarchie?

Wir haben in diesem Buch in Anbetracht nicht länger hinnehmbarer Zustände die Vogelfundamentalontologie, die knüppelharte »Feldornithologie« (*Wegweiser durch die Natur – Vögel Mitteleuropas*, Stuttgart 1982) und streckenweise die spekulative Biologie im Verbund mit der Ornithoethik redlich voranzubringen versucht. Ob unsere Dar-, Klarund Richtigstellungen wenigstens stückweise richtungsweisend zu sein und der Volksbildung zu frommen vermögen – sintemalen doch die allgemeinen Wissensstandsmeldungen seit Bologna arg zu wünschen übriglassen und man ebenjener Bildung auf die Beine helfen muß –, das sollen die Leser und Denis Scheck beurteilen.

Wir haben Fragen gegeben und Antworten aufgeworfen. Wir haben Expertisen gefällt und Urteile eingeholt. Wir haben uns bemüht, den Vögeln auf die Schliche einer Spur zu kommen. Wir haben uns angestrengt und uns an die Vögel herangerobbt, wir haben gehaderlumpt und hingesudelt, was uns gerade durch den Brummschädel –

Moment! Halt!

Versuchen wir noch einmal, einen Schlußstrich unter die Quint-essenz zu ziehen.

Viele Fachleute unterstützen das Projekt einer Kritik der Vögel. Nehmen wir etwa diesen Heinroth. Und knöpfen wir uns zusammen mit ihm den auf den vorangegangenen Seiten aus gutem Grund vernach-lässigten Schwan vor, diese trübe Tasse, die sicherlich einer »bestands-hemmenden Lenkung« (Wüst) bedarf, freilich nur soweit, als daß kein Schwanengesang fällig wird.

Vorweg: Die Menschheitsgeschichte wäre ab ovo gänzlich anders verlaufen, hätte sich der notscharfe Zeus nicht in Gestalt eines Schwans der Leda genähert, sie begattet und somit die Hervorbringung der Helena verursacht. Ohne Helena keine Entführung durch Paris, ohne Entführung der Helena kein Trojanischer Krieg und kein *Faust II. Lohengrin* wäre ebenfalls entfallen. Keine Kanonen, kein Liebeskrampf.

Nun jedoch Heinroth. »Der Durchschnittsvogel steht in seiner geistigen Begabung hinter dem Durchschnittssäugetier wohl recht zurück, denn beim Vogel ist das Denken gewissermaßen durch das Fliegen ersetzt«, rückt er die Richtlinien der Naturbewertung in seinem Buch *Aus dem Leben der Vögel* zurecht. Insbesondere »die geistige Unbeholfenheit« der Schwä-ne beweise, »mit wie wenig Einsicht ein Vogel auskommt«. Und die Beweise sind schlagend.

Unter den Schwänen, die ungemein klobige Nester errichten, schwingt sich im Frühjahr »ein Paar zum Teichtyrannen« auf, und die anderen »unglücklichen Teichgenossen liegen dann dauernd auf dem Lande herum und wagen kaum zu trinken und zu essen«. Traut sich einer von ihnen schließlich doch auf die dabbischen Füße und kommt »dabei an eine Pfütze, in der das Wasser auch nur wenige Millimeter hoch steht, so legt er sich schon vor dieser kleinen Wasseransammlung nieder und müht sich, unter großen Anstrengungen Schwimmbewe-gungen ausführend, ab, durch das ganz flache Wasser zu *schwimmen*, statt einfach hindurchzu*gehen*«.

Naturgemäß werden Schwäne und auch Enten, Rebhühner et alii auf Grund ihrer unerquicklichen Verstandesschwäche – Heinroth: »Wenn man so dumm […] ist wie ein Rebhuhn, dann muß man eben jährlich sechzehn Eier legen« – sowie auf Grund ihrer vollständigen Unfähigkeit, eine Zivilisation zu errichten, in der Romanweltliteratur (siehe *Anna Karenina* et cetera) unbarmherzig abgeknallt.

Fürst Lenin, Pardon: Ljewin, wohlgetan!

Nun wollen wir nicht unter den Tisch respektive den Teppich kehren, daß schon Theophrast, ein Schüler von Aristoteles, aus pathozentrischer Perspektive gegen die Jagd agitierte; daß Plutarch das Schwert des Wortes wider die Metzler schwang; daß der Hundehalter Schopenhauer, der seinen Pudel bisweilen »Mensch« rief, um ihn zu ärgern, im »Mangel an Mitleid« die »tiefste moralische Verworfenheit« erblickte und, umgekehrt, dekretierte: »Grenzenloses Mitleid mit allen lebenden Wesen ist der festeste und sicherste Bürge für sittliches Wohlverhalten.«

Der Tierpoet Thomas Gsella reimt: »So viel Vorsicht ist in ihnen, / Wenn Flamingos sich bewegen. / So, als ob sie von den Minen / Wüßten, die die Menschen legen.« In der *Berliner Zeitung* war kürzlich unter der Überschrift »Vögel haben Mitleid« zu lesen, »daß Raben ihre Freunde trösten, wenn die bei einem Konflikt eins auf den Schnabel bekommen haben. Geraten sie selbst in eine mißliche Lage, dann suchen sie ebenfalls Trost bei jenen Artgenossen, die sie gut kennen.«

In Frankreich wurde im Januar 2015 im Bürgerlichen Gesetzbuch verankert, daß Tiere »mit Empfindsamkeit ausgestattete lebende Wesen sind«, hört, hört. Lebende Wesen mit Ausstattung. Die Stopfgänse schreien »Hurra!« In Gänsefüßchen. Denn es ist ja ganz was Neues. Obwohl beispielsweise Konrad Lorenz – wir hörten davon – festgehalten hatte: »Gänse besitzen eine wahrhaft menschenähnliche Fähigkeit zu trauern. Man sage mir nicht, daß dies eine unzulässige Vermenschlichung sei.« Und obwohl Franz Kreuzer in einem ORF-*Nachtstudio* zu Ehren von Lorenz (»Die Graugans und der Mensch«, 12. Oktober 1988) »die biologische Moral« der Gänse hervorgehoben hatte, weil es »Viecher sind, die nicht menschenpervers werden [...] wie Papageien und Straußenvögel, die Menschen kopulieren«. (Wie ein Kakapo den Kameramann von Stephen Fry zu bespringen versucht, ist in schönster Ausführlichkeit in der vierten Folge von *Die Letzten ihrer Art*, BBC 2009, zu verfolgen.)

Legen wir allerdings die nutzlose Empfindsamkeit beiseite, dann ist es so, daß sich die Ökologie im ursprünglichen Wortsinne (griechisch

»oikos« = »Haus«) vordringlich um die »wohnliche Einrichtung der Welt« (Niklas Luhmann) zu drehen und zu kümmern hat. Stören da die Vögel nicht in erheblichem Maße? Würden nicht auch (sehr viel) weniger Vögel reichen? Im, wir erinnern uns, Sinne Maos oder der wahrhaft männlichen Malteser Bürgerschaft, die jedes Jahr anderthalb Millionen Finken, zweihunderttausend Tauben, vierzigtausend Schwalben, zehntausend Greifvögel und ungezählte Reiher, Regenpfeifer und Eisvögel mit der Sperrfeuermethode vom Himmel fegt? Oder im Sinne der neueren Gepflogenheiten in Serbien? Über die schreiben Tait/Tayler: »Ein Lastwagen, der angehalten wurde, hatte tausend Kilo tote Vögel geladen, auf einem anderen, der vom italienischen Zoll gestoppt wurde, fanden sich hundertzwanzigtausend gefrorene kleine Kadaver. Aber in all dieser Zeit wurde kein einziger Wilderer, auch kein Polizist oder Zollbeamter, die offensichtlich bestochen werden, vor Gericht gestellt.«

Oder im Sinne des politischen Giganten und »Falken« Dick Cheney, der sich mal in die Brust warf, an einem einzigen Tag siebzig Vögel vom Firmament heruntergehobelt zu haben? Oder im Sinne des österreichischen Thronfolgers Erzherzog Rudolf, der in den Donauauen einem nistenden Schwarzstorch erst den Unterschnabel wegballerte und ihn anschließend »weidgerecht im Fluge« zur Strecke brachte? Oder im Sinne der phantastischen deutschen Kolonialisten, die auf Neuguinea Hunderttausende Paradiesvögel zu Bälgen verwursteten? Diese in Zierat und Schmuckwerk vernarrten, um die schnöden Weiber bei tranceartigen Kostümtänzen werbenden, auf Asttrapezen oder Bodenbühnen mit Halsreif und angesteckten Federfähnchen gespreizt und aufgeplustert balancierenden oder kreiselnden Sagenhaftgestalten? Diese geheimnisvollen Wunderbarwesen, die »das Prinzip der Schönheit fast in absurder Weise auf die Spitze treiben« (*Vögel aus dem Paradies*, BBC 2010)?

Goethe erzählt, »daß ein Engländer mehrere Hunderte lebendige Vögel in großen Behältern gefüttert habe. Von diesen seien einige gestorben, und er habe sie ausstopfen lassen. Diese ausgestopften hätten ihm nun so gut gefallen, daß ihm der Gedanke gekommen, ob es nicht besser sei, sie alle totschlagen und ausstopfen zu lassen, welchen Gedanken er auch alsobald ausgeführt habe.«

Wäre nicht zu erlassen, daß ein jedes Getier, ein jeder Vogel »gänz-

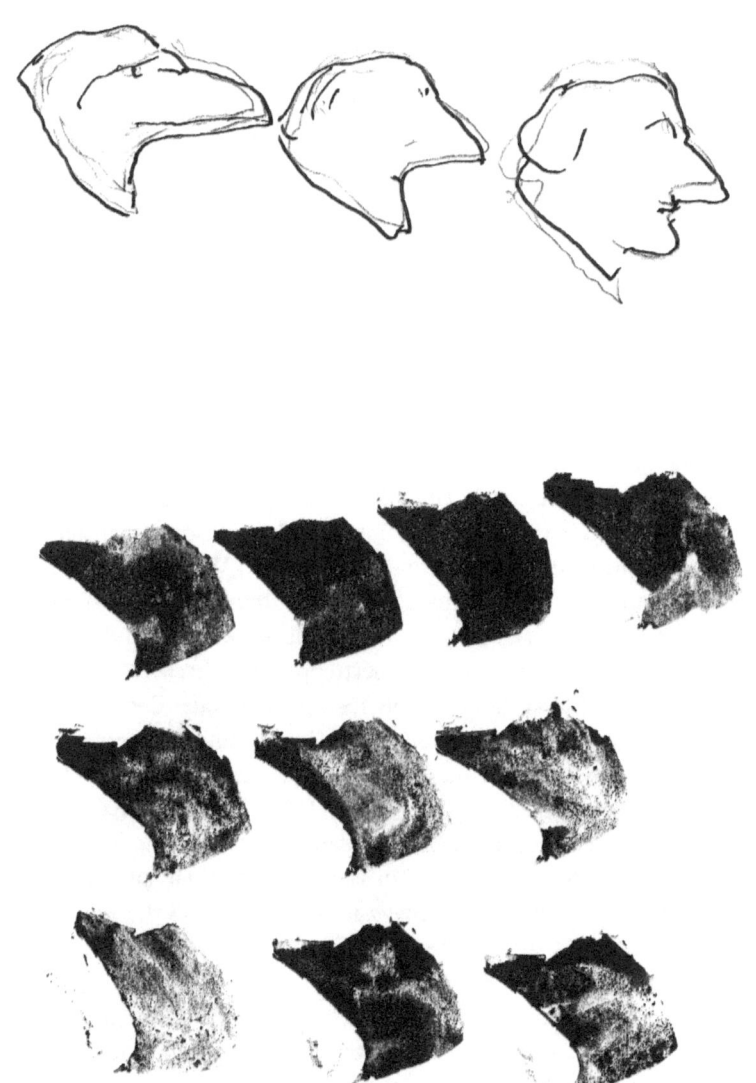

lich erödiget und ausgerottet werde« (Kurfürst Maximilian Josef, 1758)? Heißt es nicht im 1. Buch Mose:»Furcht und Schrecken vor euch über alle Tiere […]. In eure Hände seien sie gegeben. Alles, was sich regt und lebt, sei eure Speise«?

Da indes »der Vogel auch nur ein Mensch ist« (Wolfgang Roth senior), müßte man nun also doch einmal den Jägern Beine machen, müßte nun doch einmal gegen deren »Kollektivlumperei« (Shaw) mit dem gebotenen Nachdruck vorgegangen werden. Diese Schänder »treiben es immer doller«, wie die *taz* Anfang 2016 berichtete. 4,2 Millionen Wildtiere hatten sie im Vorjahr abgemurkst, »hundertfünfundsiebzigtausend mehr als in der Vorsaison. Super, wir gratulieren. Goldene Ehrennadel. Bums! Knall! Zoing!«

Der Krieg gegen die Kreatur wütet auch an einer anderen Front. Der illegale Handel mit Tieren floriert, an den »Wildentnahmen«, den Plünderungen stören sich nicht einmal Vogelfreunde.»Seit vielen Jahren boomt auch der verbotene Handel mit heimischen Waldvögeln«, belegte der *stern* (33/2015).»Und nicht selten werden angebliche Naturfreunde zu Mittätern. Wenn sich einmal im Jahr in Benneckenstein im Harz die Buchfinkengilden treffen, mischt sich Volksfestatmosphäre mit einem höchst fragwürdigen regionalen Brauchtum. Das ›Finkenmanöver‹ ist eine Art Castingshow, in der die im Käfig sitzenden Buchfinken um einen Platz auf dem Siegertreppchen zwitschern müssen.«

Woher die Finken stammen, ob aus der Zucht oder der Wildbahn, interessiert keinen der Barbaren. Und »Hegung und Einsperrung von Tieren« (Riechelmann) sind ohnehin ohne Umschweife abzulehnen. Muß man diesen Harzer Rollern erst ein Urteil des Obersten Gerichtshofs in Neu-Delhi vor die Nase klemmen? Im Mai 2015 hatte der Richter Manmohan Singh erklärt:»Mir ist absolut klar, daß alle Vögel das Recht haben, durch den Himmel zu fliegen, und daß die Menschen kein Recht haben, sie zum Zwecke von Geschäften oder aus anderen Gründen in Käfigen zu halten.«

Und die verdammten Katzenhalter?»Warum blickt mancher Katzenhalter mit unverhohlenem Stolz auf die Kadaver von Mäusen und Singvögeln auf der heimischen Fußmatte?« (*Spiegel* 6/2011) Warum posten Perverse auf YouTube »Videos für Katzen – Vögel – Stieglitz, Blaumeise, Gimpel, Rotkehlchen«?

Man schätzt, daß jeder zweite Singvogel von einer Katze massakriert wird, und es streifen immer mehr Killer umher. Sie jagen auch dann, wenn man sie ausreichend füttert, und haben bis heute zweiunddreißig Singvogelarten für alle Zeiten eliminiert. Erwischen sie ihre Opfer ausnahmsweise nicht, setzen sie sie trotzdem derart unter Streß, daß die Bruten aufgegeben werden.

Der Dichterfürst Horst Tomayer hat in seinem Poem »So nicht, Katze« einer »Katzendrecksau« die Rechnung präsentiert, die eine Amsel, die »im schlichten Arbeitskleid« ihrem Tagwerk nachgeht, anzufallen droht: »Glei hat das blääde Luada / Die wo bloß frißt und scheißt / Die Sängerin am Wickel / I siehg scho wiases beißt«. Ja, »'s wird gern drauf abgehoben / daß dieses halt so ist / daß in der Fastfuddkette / der oa den andern frißt«, aber dulden kann und will Tomayer das nicht: »Denn wer da an Gesang hat / und net bloß scheißt und frißt / dem bin i Freind und Helfer / I – der Amselleibgardist«.

Andererseits: »Die Welt ist grundlos dialektisch eingerichtet« (W. Roth), und die Not, die wir erkenntniskritisch und -praktisch mit den Vögeln haben, ist unvermindert keine geringe. Die Gefiederten, sie beschweren uns halt auch.

Schwerlich wird man ihnen zur Gänze das Fliegen untersagen können. Wird man sie Demut zu lehren vermögen? Das wird man sehen. Der Buddhismus (den Schopenhauer, nebenher, schätzte) verfährt immerhin folgendermaßen: In Japan, erzählt Elias Canetti, werden gefangene Vögel an Pilger verkauft, die ihnen »ihrer eigenen Seligkeit willen« die Freiheit schenken. Den Gläubigen ist es allerdings egal, »daß die gezähmten Vögel wieder in den Käfig zurückgelockt« werden. »Ein und derselbe Vogel diene zehn-, hundert-, tausendmal während seines ganzen gefangenen Daseins als Objekt für das Erbarmen der Pilger. Diese wüßten [...], was mit den Vögeln geschehe, kaum, daß sie ihnen den Rücken gedreht. Aber das wirkliche Schicksal sei ihnen gleichgültig.«

Sollte sich die eine oder andere Art weiterhin zu dreist aufführen (der Spatz, die Meise und so weiter, siehe unsere vorangegangenen Ausführungen), wird sie am Schlafittchen zu packen sein – am Schlagfittich, an der Schwungfeder.

Gegebenenfalls wäre in der Avifauna eine »Komplexitätsreduktion«

(Luhmann) vonnöten. Es ist trotz wissenschaftlicher Durchforstung und handfester Auslichtung alles noch immer allzu verwirrend eingerichtet.

»Wozu braucht man den Waldrapp?« fragt etwa die Verhaltensforscherin Ellen Thaler in dem Film *Waldrapp – Ein Vogel im Aufwind* (ORF 2007). »Wozu brauchen wir überhaupt Tiere?«

Ja, Gott, ist denn die von Tieren und zumal von Vögeln dominierte Natur nicht eine ausgewachsene Chose, ein unablässiges Geiern aufs Fressen, eine destruktive Entelechie? »Ein heillos irreparabler Tummelplatz und Schreckensort permanenter Fremd- und Selbstzerfleischung absurd geformter, gehetzter, großhirnlos debiler Wesen mit surreal übertriebener Ausstattung« (Ulrich Holbein)?

»Natur ist für Gänse«, murrt Dr. Braunstein. Diese trostlose Kette aus Bioproduktion und Biokonsumtion, die allgegenwärtige Niedertracht und Tücke – all das stieß gleichfalls bereits Schopenhauer sauer auf: »Die Wilden fressen einander, und die Zahmen betrügen einander, und das nennt man den Lauf der Welt.«

Bernhard Kegel bringt denn auch folgenden Gedanken ins Spiel: »Man kann sich […] ohne weiteres Ökosysteme vorstellen, in denen es keine Tiere gibt, bestehend nur aus Produzenten, den Pflanzen, und Destruenten, namentlich Pilzen und Bakterien, die totes organisches Material in pflanzenverwertbare anorganische Nährstoffe verwandeln und damit den Kreislauf wieder schließen. So gesehen wären Tiere verzichtbar. Als Nutznießer und Mit-Esser haben sie sich zwischen Pflanzen und Destruenten geschoben, schöpfen die pflanzliche Überproduktion ab, fressen sich gegenseitig und machen sich im Sinne des Großen und Ganzen bestenfalls dadurch nützlich, daß sie den Destruenten durch Zerkleinerung und Durchmischung ein wenig Arbeit erleichtern.« Es ginge also locker ohne Tiere und damit ohne Vögel, »und friedlicher ginge es auf der Welt dann auch zu«.

Vorausgesetzt allerdings, es fände mal ein vorläufiger Weltschlußrums statt, und der Mensch machte die Fliege, und die Kuh Homo sapiens wäre vom Eis.

Bis dahin bleibt einiges zu erörtern.

Großtrappen furzen beim Balzen. Finden sie kein Weibchen, balzen sie unsere Rehe an. Wollen wir das?

Wie mit den Neozoen, den »gebietsfremden Arten« (Beate Jessel, Bundesamt für Naturschutz), verfahren, die zügellose Fortpflanzungsgemeinschaften etablieren (acht Prozent der hier brütenden Vogelarten sind sich mehr oder weniger einnischende Immigranten!)? Wo wäre ein – unsererseits abgeschwächter – Speziesismus angebracht? Wer darf kommen, wer muß gehen? »Ist es in Ordnung«, fragt Reichholf, »wenn die sibirische Zitronenstelze ihr Areal westwärts ausbreitet, jedoch bedenklich, wenn sich die Blauracke (wieder) südostwärts zurückzieht?« Brauchen wir Einwanderungs- und Abschiebeparagraphen? »Nun die, die der Abschiebung sich nicht fügen: / wir erwischen euch doch! / Das Argument Artenschutz wird nicht genügen! / Ausnahmen regelt der Koch« (F. W. Bernstein)?

Oder sollen wir dem erbfeindlichen Laisser-faire frönen »und den Arten das Urteil selbst zubilligen, ob sie dort leben dürfen sollen, wo sie leben können« (Reichholf) wollen?

Daß ein Übermaß an Nahrung und reichlich zur Verfügung stehendes Nistmaterial zur »Wohlstandsverwahrlosung« (Otto König) führt, fällt an den – noch einmal – Nilgänsen ins Auge. Befördert wird dies durch ein organisches Defizit aller Vögel. Reichholf merkt konzis an: »Eine nennenswerte Speicherung von Kot findet nicht statt.« Findet schlichtweg nicht statt. Wird vogelseits abgelehnt. »Die Vögel halten sich nicht zurück wie viele Säugetiere.« Schiffen und koten mithin in jeden Winkel der Welt. »Daher kann man sie auch nicht ›stubenrein‹ bekommen.«

»Der Wirkungsgrad der Verdauung«, lauten Reichholfs weiterführende Befunde zu den Vögeln, »fällt zudem nicht gerade gut aus. Wir sehen dies beispielsweise an den Ausscheidungen der Gänse auf den städtischen Wiesen. Nicht einmal das Blattgrün, das Chlorophyll, ist bei der Verdauung zerstört worden.«

Zu den Gänsen somit endgültig keine weiteren Fragen.

Brauchen wir die Greifvögel? Als Wappentiere der Gottesleugner vielleicht? Als handfeste Widerlegung des Diktums von Jean Paul: »Sogar das Thier hat Religion«?

Bei Pasolini firmieren die Falken als »Atheisten«. »An eine höhere Macht glaube ich nicht – außer an Raubvögel«, bekennt die britische Fernsehkommissarin Vera Stanhope. Können wir das ratifizieren?

Können wir Greifvögel genehmigen, weil sie Gegenstand beklemmend präzis-poetischer Wissenschaftsprosa sind? »Er kam vom Meer einhergeschwenkt, als der Tag graute, als der Zugvogel die Flügel hob und die erste Möwe schrie. Die Morgenbrise über der Küste bricht durch ein Loch im Wolkenzelt hervor und trägt ihn. Seine Schwingen stehen wie dunkle Segel gespannt, und die langen Federn schwanken, sich biegend unter dem Gewicht des Körpers. Jetzt rührt er sie mit schwerem Schlag. Jetzt steuert er in die Wolken und verschwindet. Jetzt teilt er wieder ihren Vorhang und gleitet ohne eine Bewegung gegen die Brise an, wie ein Segler beim Winde im Blau des Gatts zwischen den weißen Ufern der Wolken.« (B. Berg: *Die letzten Adler*) Ja, das geht. Das können wir. Hier sagen wir nicht nein zum Ja.

Die vergangenen hundertfünfzig Jahre hätten »ein erschütterndes Bild der Rücksichtslosigkeit gegenüber [den] herrlichen Geschöpfen« geboten, schreibt Einhard Bezzel in seinem Bildband über Greifvögel. Da hat sich manches zum Besseren gewendet, und die ehemaligen Menschenmeider machen sich zunehmend auf in die Städte und geben »freiwillig den ehrenwerten Status von Wildtieren« (B. Kegel) auf. Wir begrüßen das.

Wie will man sich aber zu Vorfällen wie denen in Purmerend nördlich von Amsterdam »positionieren«?

»Ein aggressiver Uhu versetzt die Einwohner einer niederländischen Kleinstadt in Angst und Schrecken: Seit einigen Wochen greift der rund fünfundsiebzig Zentimeter große Vogel in und um Purmerend Menschen an, stürzt sich auf sie, gräbt seine Krallen in sie und versucht, Fleisch aus ihnen zu reißen. Am stärksten betroffen ist ein Behindertenwohnheim – rund zwanzig Menschen wurden bereits von dem ›Terroruhu‹ angegriffen [...]. Eines der Opfer sagte einem niederländischen Sender, es sei eine schmerzvolle Erfahrung gewesen. Es habe sich so angefühlt, als ob ein mit Nägeln gespickter Ziegelstein auf den Kopf geworfen worden sei.« (*Die Welt*, 27. Februar 2015)

Ein Jahr später legte der *Spiegel* (7/2016) nach: »Ein einziger Schwingenschlag auf den Hinterkopf ließ einen kräftigen Mann zu Boden gehen. Er [der Terroruhu] attackierte Jogger, Zeitungsfrauen, und junge Mütter warfen sich schreiend über ihre Kinderwagen, wenn sie ihn im Anflug wähnten.«

Die Stadtverwaltung empfahl den Bürgern, abends nur mit Regenschirm auf die Straße zu gehen, viele verließen ihre Häuser gar nicht mehr – bis man den »Terroruhu« erwischt und in ein Tiergehege gesperrt hatte. Daraufhin rekrutierte jedoch ein unter Pseudonym auftretender Aktivist eine Terroruhubefreiungsarmee. Der Terroruhu »habe den Menschen Mut gemacht, ihnen Schönheit vermittelt«, argumentierte er, und der *Spiegel* deutete die Vorgänge wie folgt: »Der Vogel hat das Leben in Purmerend aufgemischt. Es tat sich plötzlich ein Spalt auf, und ein Geschöpf war zu sehen, wild und schön. Der örtliche Supermarktmanager, Henry Blekemolen, schrieb einen Uhusong und ließ sich das En-Face-Bild des Vogels auf die rechte Wange tätowieren. Er war unser Freund, er hat uns inspiriert, sagt Robin [der Aktivist], darum lassen wir ihn nicht im Stich.«

Umgekehrt lassen die Greifvögel in den Niederlanden die Menschen nicht im Stich, die freiheitsliebenden; beziehungsweise die freiheitsverteidigenden. In etlichen YouTube-Videos ist zu bestaunen, wie Greife Drohnen auf die Kimme nehmen und mit Inbrunst zum Absturz bringen, da sie sie als Bedrohung wahrnehmen, vollkommen zu Recht. Nun gedenkt die niederländische Polizei, dem weltvernichtenden Hightechterror entgegenzuwirken und derartige Flugobjekte von vom dänischen Unternehmen Guard from Above abgerichteten Meisteradlern wegfangen zu lassen. Welch veritabel dialektische, humane Volte der Natur! Welch freundliche Geste der Vögel, der »Schutztruppen der Natur« (Owen J. Gromme)!

Doch in toto gesehen scheint sich die Natur in die vom Menschen diktierten Verhältnisse zu schicken, genaugenommen: zu kapitulieren. Es ist ein stetiger Prozeß, ein Auslöschungsprozeß.

In den zwanziger Jahren des vergangenen Jahrhunderts – die ersten Naturschutzgesetze, vor allem Vogelschutzgesetze, waren erlassen worden – fiel Theodor Lessing das »merkwürdige Paradox« auf, »daß im Walde immer weniger gesungen und immer mehr über Gesang geredet wird«. 1962 veröffentlichte die Biologin Rachel Carson das Buch *Der stumme Frühling*. »Wo einst am frühen Morgen der herrliche Gesang der Vögel erschallte, ist es merkwürdig still geworden. Die gefiederten Sänger sind jäh verstummt, Schönheit, Farbe und der eigene Reiz, die sie unserer Welt verleihen, sind ausgelöscht; dies hat sich alles ganz schnell und heimtückisch ereignet, und wer in einer Gemeinde lebt, die noch nicht davon betroffen ist, hat nichts davon bemerkt.« Der Kiebitz, »er zog sich zurück in einsame und unbesuchte Sümpfe und zeigte sich nicht wieder unter seinesgleichen« (Brüder Grimm: »Der Zaunkönig«). Die Lerche – einst sang sie Tag für Tag wie im Märchen: »Ach, wo is' dat schön! Schön is' dat! Schön! Schön! Ach, wo is' dat schön!« Mit den Lerchenfenstern, die man hie und da in Getreidefeldern offenläßt, scheint ihr Exitus nicht verhindert werden zu können. Willst du heute eine Feldlerche sehen, mußt du dich an den Zäunen rund um die Großflughäfen herumdrücken.

»Heute ist der Singvogelbestand nur noch halb so groß wie in den sechziger Jahren.« (*Singvögel in Not – Flug ins Ungewisse*, arte 2015) Pro Jahr verschwindet ein Prozent aller Kleinvögel, in hundert Jahren müßte der Sack zugemacht sein.

Die Zunahme der Arten in den Städten täuscht (und die Bestandstendenz ist auch längst wieder rückläufig, bei Staren, bei Mauerseglern, bei Schwalben und anderen). Viele Vögel wurden nur deshalb zu Kulturfolgern, weil urbane Räume die letzten Nischen bieten, in denen sie zu überleben vermögen. Vorläufig – die sogenannte Stadtnatur wird seit Jahren maßlos überbewertet. Zudem verenden zum Beispiel allein in Nordamerika jedes Jahr zirka einhundert Millionen Zugvögel an verglasten Fassaden. Die Lichtverschmutzung tut ein übriges.

Eine Flucht in die Städte, aus Bedrängnis und in Panik. Denn in der Fläche ist »die Situation hochgradig dramatisch und beängstigend«, sagt Josef Tumbrinck vom NABU Nordrhein-Westfalen, die »Biodiversitätskrise« (Kegel) spitzt sich zu. Das übersieht, wer nur auf die Galionsvögel schaut, bei denen gezielte Schutzmaßnahmen gegriffen haben, auf die Weihen, die Störche, die Triele und einige weitere.

»Wo sind Europas Vögel geblieben?« fragte die *FAZ* am 23. November 2014. Ihre Zahl sei in den vergangenen drei Jahrzehnten um mindestens zweihundertfünfzig Millionen Individuen zurückgegangen, hatten britische Forscher ermittelt. Na, das ist ja, bei fünfhundert Millionen Europäern, pro Kopf bloß ein halber Vogel.

Die »Kette der Verwüstung« (Carson) zieht sich sichtbar als Gülle- und Giftnebelband durch die Landschaft. Man hat den Bauern einen »Mordauftrag« (dieselbe) erteilt – und aus den Katastrophen der fünf-

ziger Jahre ff., quelle surprise, nichts gelernt, als das »Pflanzenschutzmittel« DDT die Vögel hinwegfegte.

Carson schrieb (ihr Buch zeigte Wirkung, Anfang der Siebziger
wurde DDT peu à peu verboten): »Da die Gewohnheit zu töten immer
mehr um sich greift und wir jedes Geschöpf, das uns lästig oder unbe-
quem ist, einfach ›ausrotten‹, erleben es die Vögel immer häufiger, daß
sie selbst zur Zielscheibe der Gifte werden und nicht nur zufällig Schaden leiden.«

Ungefähr hunderttausend Tonnen Totalpestizide werden hierzulande jedes Jahr ausgebracht, in der Flur, in Schreber- und Haus-
gärten. Doch wie formulierte es die begnadete Rednerin Ingrid Pahl-
mann (CDU) in der Bundestagsdebatte vom 15. Januar 2016 über den
Einsatz von Pflanzenschutzmitteln? Pflanzenschutzmittel seien ein Segen, denn sie schützten die Pflanzen »vor saugenden und beißenden
Insekten«, und der Schutz der Pflanzen vor saugenden und beißenden
Insekten sei den Pflanzen ja gegönnt, zumal jenen Pflanzen, die auf Geheiß der Energiewendehälse quasi unter einer Pestizidglocke angebaut
werden. Mittlerweile landen bundesweit elf Prozent aller landwirtschaftlichen Fruchterzeugnisse in Biogasanlagen, in besonders »geför-
derten« Landstrichen – siehe Mittelfranken – ist die Lage noch weit
verheerender.

Der große Horst Stern sprach in den achtziger Jahren in der von ihm
gegründeten Zeitschrift *natur*, die wir Monat für Monat regelrecht verschlangen (und in der, man stelle sich das vor, Günther Anders wiederholt zum, wenn nötig, militanten Widerstand gegen die Naturzerstö-
rung aufrief), von »traktorgerechten Agrarsteppen«. Es war die Zeit,
als an jedem noch nicht asphaltierten Feldweg Hinweistafeln der Behörden die nächsten Flurbereinigungen annoncierten.

Heute, nach dem abgeschlossenen Umbau großer Teile der einst
reich strukturierten Kulturlandschaften zu Aufmarscharealen der
Agrarindustrie, haben wir teilweise komplett vermaiste und verrap-
ste Fluren. Reichholf bezeichnet sie als »große Verödungszonen« und
»Vollwüsten«, über die sich »Güllefluten« ergießen, »die weit schlim-
mer als jedes Hochwasser sind«. Vogelherd, Schlaggarn, Leimrute, Tel-
lereisen, Gewehr werden im Grunde nicht mehr gebraucht, nicht mal
mehr harmlose Vogelscheuchen. Die gigantische »Vogelvernichtung«

(Reichholf) wird anders, nämlich gemäß politischer Planung bewerk-stelligt: durch »die Vernichtung von Hochstaudenfluren mittels Pflug und Chemie« *(FAZ)*, durch »Einengung der Fruchtfolgen, Asphaltie-rung von Wegen, Wegfall der wilden Wegsäume, Bebauung von Orts-randlagen oder alten Obstwiesen. Der Stieglitz verliert seine bunten Landschaften«, so der Ornithologe Martin Hormann in der *Frankfur-ter Neuen Presse* (29. Januar 2016).

Jeden Tag werden in diesem güldenen Lande siebzig Hektar zubeto-niert, rechnet man in *Ausgezwitschert – Singvögel in Gefahr* (NDR 2015) vor. Der Essayist und Lyriker Robert Lynd dazumal: »In nichts unter-scheiden sich die Vögel sosehr vom Menschen wie darin, daß sie ihre Nester bauen und dennoch die Landschaft so belassen, wie sie ist.« Das Credo des heutigen politischen Spitzenpersonals? »Wir können nicht ein Land sein, in dem nur noch Mehrheiten gegen etwas möglich sind. Wir müssen ein Land sein, in dem auch für etwas, für Neues, für Inve-stitionen, für große Projekte Mehrheiten möglich sind, meine Damen und Herren. Wenn wir gegen alles sind, gegen jeden Flughafen, gegen jede Umgehungsstraße, gegen die Gentechnologie, gegen Olympische Spiele und gegen Bahnhöfe, dann, meine Damen und Herren, werden wir die Zukunft verspielen.« (Guido Westerwelle, 2011, stellvertretend für den Rest)

Das Wort »Flächenfraß« trifft es – zufällig mal. Und wenn Sie im Sommer mit dem Auto über Land gefahren sind – fällt Ihnen etwas auf? Eventuell, daß die Windschutzscheibe, die vor fünfzehn, zwanzig Jahren mit einem schleimigen Film aus Insektenleichen überzogen war, blitzblank ist?

Feldblumen, Kräuter, Wiesenpflanzen – totgespritzt oder durch Überdüngung ausgemerzt. Ackerraine, Blühstreifen, magere Wiesen, Feuchtgebiete – zugepflastert oder unter den Pflug genommen.

Es gebe achtzig Prozent weniger Insekten als vor zwanzig Jahren, legte im Januar 2016 eine Expertenkommission im Umweltausschuß des Bundestages dar. (In China, übrigens, werden Obstbaumkulturen mittlerweile von Hand bestäubt.) Zwanzig Prozent der Großschmet-terlinge sind in Deutschland ausgestorben, jede dritte Tier- und Pflan-zenart ist vom Aussterben bedroht – und das bedeutet: jede zweite Vo-gelart.

»Wer helfen will, baut Futterhäuschen auf«, fleht Peter Berthold im *Spiegel* 2/2016. »Außerdem gehören zehn bis fünfzehn Nistkästen in jeden Garten. Sonst verlieren wir auch noch unseren kümmerlichen Restbestand. Um achtzig Prozent hat die Zahl der Vögel hierzulande in den letzten zweihundert Jahren abgenommen.«

»Zwei Lerchen nur noch steigen / Nachtträumend in den Duft« (Eichendorff) …

Und über den letzten zwei Lerchen, auf der nächsthöheren Luftetage, »werden häufig Nester zerstört und Greifvögel wie Rotmilan und Schreiadler getötet, um Flächen für Windparks gewinnbringend zu verpachten« (*taz*, 4. Januar 2016).

Und in den Wäldern?

Dito dort hat der Fortschritt volle Fahrt aufgenommen. Waldungen, selbst solche in Naturschutzgebieten und Nationalparks, werden nahezu flächendeckend mit breiten Schneisen, sogenannten Rückegassen, durchzogen, auf denen die teuflischen Erntemaschinen und Sattelschlepper vordringen, auf daß alles umgerissen, eingeheuert, plattgewalzt und zerfurcht werde; zwecks Gewinnung der »Hackschnitzel« für die Ökoheizungen. »Hinter den USA und Kanada ist Deutschland weltweit der drittgrößte Produzent« von Holzpellets (*taz*, 16. Februar 2016).

Man kann, wie im Fernsehen üblich, in Anbetracht all dieser Befunde und Entwicklungen selbstverständlich auch die muntere Frage stellen: »Tier oder wir – wieviel Natur erträgt der Mensch?« (*Hart aber fair*, 29. April 2013) Doch, dafür ist das durch und durch verdeppte deutsche Talg- und Talkshow-TV gemacht – um eine solch heitere Frage zu stellen und dann einen gesichtspelztragenden Obernaturbeackerer und -besteiger wie Reinhold Messner vorzulassen, der angesichts eines unter die Räder gekommenen Viechs oder Vogels das Bonmot ausspuckt: »Das Tier hat die Straßenverkehrsordnung noch nicht gelernt.«

Oder – eine in ihrer Blasiertheit ebensowenig auszuhaltende Meldung in der *taz* vom 30. Januar 2015: »Krisen, Kriege, Krankheiten. Immer nur schlechte Nachrichten, ständig sterben Tierarten aus. Aber manchmal werden auch neue entdeckt: Eine Vogelstudie hat in Myanmar neue Arten entdeckt.« Und was hat die Studie entdeckt? »So etwa den ›Großen Fregattvogel‹ mit seinem charakteristischen roten, ballonartigen Kehlsack«, heißt es. Rund zwanzig Spezies, die in der Vergangenheit nicht bemerkt worden waren – aber richtig gefehlt haben sie uns eigentlich auch nicht …«

»Der Umgang mit der Natur veredelt den Menschen, er bringt noch etwas Poesie ins öde Alltagsleben und sorgt dafür, daß wir uns nicht ganz nur Alltagsgeschäften und Alltagssorgen hingeben. Darum verwehre man es der Jugend nicht, sich mit der Tierwelt – Tierquälereien dulde man nicht! – zu beschäftigen!« forderte der weit vorne in diesem Buch erwähnte Ornithologe Paul Wemer 1909.

Weit hat es der Mensch, der Rucksack der Natur, seither gebracht. »Afrikas Geier stehen vor dem Aus«, teilte der WWF im September 2015 mit. Aus Indien haben sich die Geier, das Beneficium fugae, den Vorteil der Flucht, wahrnehmend, verabschiedet.

In den Mägen von zwei Dritteln aller Seevögel wurde Plastik gefunden, in ihren Nestern strangulieren sie sich mit Müll. Die Bestände, so die Prognosen, fast aller Arten werden in Bälde einbrechen und dran glauben müssen.

Es gibt eine Notiz von Canetti: »Sich ausdenken, was Tiere an einem zu loben fänden.«

Es ist eine ungeheure Vorstellung, läßt man sich auch nur wenige Sekunden auf sie ein.

Canetti postulierte: »Die Tiere in unserem Denken müssen wieder mächtig werden, wie in der Zeit vor ihrer Unterwerfung.« Denn »das Gedeihen der Welt hängt davon ab, daß man mehr Tiere am Leben erhält. Aber die, die man nicht zu praktischen Zwecken braucht, sind die wichtigsten. Jede Tierart, die stirbt, macht es weniger wahrscheinlich, daß wir leben. Nur angesichts ihrer Gestalten und Stimmen können wir Menschen bleiben.«

Vielleicht ist es anmaßend oder aufdringlich zu hoffen, daß dieses Buch, das nichts anderes als eine Kritik der Kritik der Vögel sein soll, von einem Denken jener Couleur wenigstens touchiert sein möge.

Aber hat nicht Bernhard Kegel recht? »Artenkenntnis ist etwas, das in unserem heutigen Leben keine Rolle spielt« – trotz all des Geredes über die »Epoche der Ornithomanie« *(taz)*, in der wir uns angeblich befinden und über die Bernd Brunner ein Buch geschrieben hat (*Ornithomania – Geschichte einer besonderen Leidenschaft*, Berlin 2015).

Etwelche Freunde von uns, unter ihnen promovierte Philosophen und Soziologen, Schriftsteller, Galeristen, Verleger, erkennen – wir haben den Test gemacht – von den fünfzehn Allerweltsarten, die auf dem Cover eines Vogelbuches abgebildet sind, exakt: keine einzige, nicht einmal die Amsel. Gerhard Polt versichert uns, kein Schulkind wisse mehr, daß ein Chickennugget aus Hühnerfleisch hergestellt wird. Die Beschwerden der Stadtbewohner über die Lärmbelästigung im Frühjahr, wenn sich Amsel und Co. ins Zeug legen, nehmen ständig zu (siehe Internet).

Vermutlich ist es so, »daß wir den Vögeln ziemlich egal sind« (Gerd Ruge). Doch der Totenreichtraum des Kapitals hätte sich erfüllt, wären ausnahmslos allen Menschen die Vögel, die Tiere egal.

Die Geschichte der Menschheit ist kaum einmal unter Berücksichtigung der Geschichte der Tiere beschrieben worden. Von wenigen Ausnahmen abgesehen, wurden und werden die Tiere in sämtlichen Religionen und sämtlichen Weltanschauungssystemen verachtet, verknechtet, verteufelt. Und in der Geschichte der Philosophie war Schopenhauer bis in die erste Hälfte des 19. Jahrhunderts jener Solitär, der sich auf die Seite der Kreaturen schlug: »Die Menschen sind die Teufel der Erde und die Tiere die geplagten Seelen. […] Den Zeloten und Pfaffen rate ich, hier nicht zu widersprechen: denn diesmal ist nicht allein die Wahrheit, sondern auch die Moral auf unserer Seite.«

Elias Canetti wünschte sich, die Tiere mögen sich eines Tages gegen ihre Peiniger erheben. Karl Liebknechts Ausblick aufs Ende der Vorgeschichte schloß ein, »daß sich im Sozialismus ein universales Solidaritätsprinzip herausbilden« werde – »und damit die Fähigkeit, die Natur, das Universum im Größten und im Kleinsten immer mehr und mehr in ihrer Art zu achten und ehrerbietig zu behandeln, zu schützen, zu erhalten. Nicht ferner, wie heute, die Natur feindlich zu hassen, zu entstalten, zu zerstören, ist die künftige Menschheit da, sondern sie zu erhalten und sie zu lieben. Nicht Kampf und Haß, sondern Harmonie und Friede winken am Ziele des steilen, dornigen Sturmweges der strebenden Menschheit, und sie wird sich als ein Bruder, als ein Geschwister auch der Tier- und Pflanzenwelt, aller lebenden Natur fühlen und wissen.«

Es wäre schon einiges gewonnen, hielten es die Menschen des öfteren wie jene Taube auf dem Gemälde »Die Jäger im Schnee« von Pieter

Breughel dem Älteren, von der es in Roy Anderssons traurig stimmend schönem und stillem Film *Eine Taube sitzt auf einem Zweig und denkt über das Leben nach* (2014) heißt:»Sie hat sich ausgeruht und nachgedacht, und dann ist sie nach Hause geflogen.«

Alles spricht indessen dafür, daß die Vögel weiter Federn lassen werden.»Wer weint über Vögel, / Wenn sie verderben? / Wer achtet ihrer, / Die ohne Gewicht?« (W. Muschg)

Sie werden davonhasten und hinfortgleiten aus der Geschichte der Welt, nahezu geräuschlos, und kein Seufzen wird zu hören sein, von ihnen, den Verlorenen, nicht und nicht von den Herren des Gestirns.

AUSGEWÄHLTE LITERATUR/CDS/DVDS

LITERATUR

Das ABC der Tiere – Gedichte, hg. von Evelyne Polt-Heinzl/Christine Schmid-jell, Stuttgart 2003

Adams, Douglas/Carwardine, Mark: *Die Letzten ihrer Art – Eine Reise zu den aussterbenden Tieren unserer Erde*, München 2007

Äsop: *Fabeln*, griechisch/deutsch, Stuttgart 2005

Andratschke, Thomas/Eichler, Alexandra (Hg.): *Im Reich der Tiere – Streifzüge durch Kunst und Natur*, Köln 2012

Aristophanes: *Die Vögel*, Stuttgart 2013

Aristoteles: *Tierkunde*, 2. Auflage, Paderborn 1957

Armstrong, Edward A.: *The Life and Lore of the Bird – In Nature, Art, Myth, and Literature*, New York 1975

Baker, J. A.: *Der Wanderfalke*, Berlin 2014

Bannerhed, Tomas: *Die Raben*, München 2015

Barnes, Simon: *How to Be a Bad Birdwatcher – To the Greater Glory of Life*, London 2006

Bauer, Hans-Günther/Bezzel, Einhard/Fiedler, Wolfgang (Hg.): *Das Kompendium der Vögel Mitteleuropas – Ein umfassendes Handbuch zu Biologie, Gefährdung und Schutz*, Wiebelsheim 2012

Beaman, Mark/Madge, Steve: *Handbuch der Vogelbestimmung – Europa und Westpaläarktis*, Stuttgart 1998

Bei der Wieden, Brage: *Mensch und Schwan – Kulturhistorische Perspektiven zur Wahrnehmung von Tieren*, Bielefeld 2014

Berg, Bengt: *Die letzten Adler*, Berlin 1935

Berg, Bengt: *Verlorenes Paradies*, Berlin 1938

Berg, Bengt: *Tookern – Der See der wilden Schwäne*, neue Ausgabe, Berlin 1941

Berg, Bengt: *Mit den Zugvögeln nach Afrika*, neue Ausgabe, Berlin 1951

Berg, Bengt: *Mein Freund, der Regenpfeifer*, Berlin u. a. 1960

Berthold, Peter: *Vogelzug – Eine aktuelle Gesamtübersicht*, 4., stark überarbeitete und erweiterte Auflage, Darmstadt 2000

Beyer, Marcel: *Kaltenburg*, Frankfurt/Main 2009

Bezzel, Einhard: *Ornithologie*, Stuttgart 1977

Bezzel, Einhard: *Greifvögel*, München 1994

Bezzel, Einhard: *Deutschlands wilde Vögel – Faszinierendes Leben zwischen Küste und Gebirge*, Stuttgart 2011

Birkhead, Tim: *Bird sense – What It's Like to Be a Bird*, London u. a. 2013

Birmelin, Immanuel: *Von wegen Spatzenhirn! – Die erstaunlichen Fähigkeiten der Vögel*, Stuttgart 2012

Blume, Dieter: *Ausdrucksformen unserer Vögel – Ein ethologischer Leitfaden*, Wittenberg 1973

Brantz, Dorothee/Mauch, Christof (Hg.): *Tierische Geschichte – Die Beziehung von Mensch und Tier in der Kultur der Moderne*, Paderborn u. a. 2009

Brehm, Alfred Edmund: *Brehms Thierleben – Allgemeine Kunde des Thierreichs*, Große Ausgabe, 2., umgearbeitete und vermehrte Auflage, 10 Bde., Leipzig/Wien 1876 ff. bzw. 1882 ff. (kolorierte Ausgabe); digitalisiert u. a. in der Digitalen Bibliothek, Bd. 76, Berlin 2004

Brehm, Alfred Edmund: *Brehms Tierleben in vier Bänden*, völlig neu bearbeitet von Walter Rammner, Bd. 3: *Vögel*, Leipzig/Jena 1955

Brehm, Alfred Edmund: *Das Leben der Vögel*, bearbeitet und hg. von Richard Gerlach, Frankfurt/Main u. a. 1966

Brehm, Alfred Edmund: *Brehms schönste Tiergeschichten*, bearbeitet von Theodor Etzel, Bergisch Gladbach 1978

Brehm, Alfred Edmund: *Brehms Tierleben – Die schönsten Tiergeschichten*, ausgewählt, eingeleitet und mit einem Nachwort versehen von Roger Willemsen, Frankfurt/Main 2006

Burroughs, John: *Birds and Poets – With Other Papers*, New York 1968

Burroughs, John: *The Birds of John Burroughs – Keeping a Sharp Lookout*, hg. von Jack Kligerman, New York 1976

Canetti, Elias: *Über Tiere*, München/Wien 2002

Carson, Rachel: *Der stumme Frühling*, München 1963

Cocker, Mark: *Birders – Tales of a Tribe*, London 2002

Conradi, Arnulf: *Vögel – Kleine Philosophie der Passionen*, München 1998

Couzens, Dominic: *Rekorde der Vogelwelt – 130 Extreme*, Bern u. a. 2010

Couzens, Dominic: *Seltene Vögel – Überlebenskünstler, Evolutionsverlierer und Verschollene – 50 Porträts*, Bern u. a. 2011

Curry-Lindahl, Kai: *Das große Buch vom Vogelzug*, Berlin/Hamburg 1982

Darwin, Charles: *The Descent of Man and Selection in Relation to Sex*, Ware 2013

Deichmann, Ute: *Biologen unter Hitler – Vertreibung, Karrieren, Forschung*, Frankfurt/Main/New York 1992

Dinzelbacher, Peter (Hg.): *Mensch und Tier in der Geschichte Europas*, Stuttgart 2000

»Does History Need Animals?« *History & Theory*, Special Issue, Vol. 52, Issue 4 (2013)

Dröscher, Vitus B.: *Wie menschlich sind Tiere?*, München 1985

Duve, Karen/Völker, Thies: *Lexikon berühmter Tiere – 1200 Tiere aus Geschichte, Film, Märchen, Literatur und Mythologie*, Frankfurt/Main 1997

Dwenger, Rolf: *Die Dohle – Corvus monedula*, Wittenberg 1989

Eibl-Eibesfeldt, Irenäus: *Grundriß der vergleichenden Verhaltensforschung – Ethologie*, 8., überarbeitete Auflage, Vierkirchen-Pasenbach 2004

Eitler, Pascal:»In tierischer Gesellschaft – Ein Literaturbericht zum Mensch-Tier-Verhältnis im 19. und 20. Jahrhundert«, in: *Neue Politische Literatur* 54 (2009)

Everett, Michael: *Raubvögel der Welt*, München 1978

Fehringer, Otto: *Die Welt der Vögel*, München 1951

Frenz, Lothar: *Lonesome George oder Das Verschwinden der Arten*, Berlin 2012

Gerlach, Richard: *Die Gefiederten*, Berlin/Hamburg 1949

Giebel, Marion: *Tiere in der Antike – Von Fabelwesen, Opfertieren und treuen Begleitern*, Darmstadt 2003

Grey, Edward: *The Charm of Birds*, London 2001

Griesohn-Pflieger, Thomas: *Gefiederte Jahreszeiten – Vogelbeobachtungen durch das Jahr*, Stuttgart 2003

Grzimek, Bernhard: *Vom Grizzlybär zur Brillenschlange – Ein Naturschützer berichtet aus vier Erdteilen*, München 1979

Grzimek, Bernhard: *Unsere Brüder mit den Krallen – Erlebnisse mit Tieren*, Frankfurt/Main u. a. 1979

Grzimeks Tierleben – Enzyklopädie des Tierreichs, Bd. 7: *Vögel 1*, hg. von Bernhard Grzimek u. a., München 1980

Grzimeks Tierleben – Enzyklopädie des Tierreichs, Bd. 8: *Vögel 2*, hg. von Bernhard Grzimek u. a., München 1980

Grzimeks Tierleben – Enzyklopädie des Tierreichs, Bd. 9: *Vögel 3*, hg. von Bernhard Grzimek u. a., München 1980

Haag-Wackernagel, Daniel: *Die Taube – Vom heiligen Vogel der Liebesgöttin zur Straßentaube*, Basel 1998

Heinen, Werner (Hg.): *Zwiesprache mit Tieren – Eine Sammlung schönster Tiergeschichten von Dichtern aus aller Welt*, Düsseldorf 1952

Heinrich, Bernd: *The Geese of Beaver Bog*, New York 2004

Heinrich, Bernd: *Mind of the Raven – Investigations and Adventures with Wolf-Birds*, New York u. a. 2006

Heinroth, Oskar: *Aus dem Leben der Vögel*, 2., verbesserte Auflage, durchgesehen und ergänzt von Katharina Heinroth, Berlin u. a. 1955

Heinroth, Oskar/Lorenz, Konrad: *Wozu aber hat das Vieh diesen Schnabel? – Briefe aus der frühen Verhaltensforschung 1930–1940*, mit Beiträgen von Katharina Heinroth u. a., München/Zürich 1988

Henscheid, Eckhard: *Welche Tiere und warum das Himmelreich erlangen können – Neue theologische Studien*, Stuttgart 1995

Hildegard von Bingen: *Naturkunde – Das Buch von dem inneren Wesen der verschiedenen Naturen in der Schöpfung*, Salzburg 1959

Hill, Jen (Hg.): *An Exhilaration of Wings – The Literature of Birdwatching*, New York u. a. 1999

Hofer, Angelika: *Tagebuch einer Gänsemutter*, München 1989

Hohler, Franz: *Die Rückeroberung – Erzählungen*, Darmstadt/Neuwied 1984

Hosking, Eric/MacDonnell, Kevin: *Eric Hosking's Birds – Fifty Years of Photographing Wildlife*, London 1979

Howard, Len: *Alle Vögel meines Gartens – Geheimnisse des Vogellebens*, Stuttgart 1954

Hudson, William Henry: *Birds and Man*, London u. a. 1923

Hume, Robert: *Birds by Character – Britain and Europe – The Fieldguide to Jizz Identification*, London/Basingstoke 1990

Kegel, Bernhard: *Die Ameise als Tramp – Von biologischen Invasionen*, Zürich 1999

Kegel, Bernhard: *Tiere in der Stadt – Eine Naturgeschichte*, Köln 2013

Kolbert, Elizabeth: *Das sechste Sterben – Wie der Mensch Naturgeschichte schreibt*, Berlin 2015

Krause, Bernie: *Das große Orchester der Tiere – Vom Ursprung der Musik in der Natur*, München 2013

Krüger, Gesine u. a. (Hg.): *Tiere und Geschichte – Konturen einer »Animate History«*, Stuttgart 2014

Krüger, Michael: *Die Dronte – Gedichte*, Frankfurt/Main 1988

Lessing, Theodor: *Meine Tiere*, Berlin 2004

Levine, George: *Lifebirds*, New Brunswick 1995

La Fontaine, Jean de: *Die Fabeln*, hg. von Jürgen Grimm, Stuttgart 1991

Lagerlöf, Selma: *Nils Holgerssons wunderbare Reise durch Schweden*, Stuttgart 1996

Lederer, Roger/Burr, Carol: *Latein für Vogelbeobachter – Über 3000 ornithologische Begriffe erklärt und erforscht*, Köln 2014

Lieckfeld, Claus-Peter/Straaß, Veronika: *Mythos Vogel – Geschichte – Legenden – 40 Vogelporträts*, München 2002

Limbrunner, Alfred/Bezzel, Einhard/Richarz, Klaus/Singer, Detlef: *Enzyklopädie der Brutvögel Europas*, Stuttgart 2013

Lingenhöhl, Daniel: *Vogelwelt im Wandel – Trends und Perspektiven*, Weinheim 2011

Lorenz, Konrad: *Er redete mit dem Vieh, den Vögeln und den Fischen*, München 1964

Lorenz, Konrad: *Der Kumpan in der Umwelt des Vogels – Der Artgenosse als auslösendes Moment sozialer Verhaltensweisen*, München 1973

Lorenz, Konrad: *Das Jahr der Graugans*, München 1982

Lorenz, Konrad: *Hier bin ich – wo bist du?* – *Ethologie der Graugans*, unter Mitarbeit von Michael Martys und Angelika Tipler, München/Zürich 1988

MacDonald, Helen: *H is for Hawk*, London 2014

Marzluff, John M./Angell, Tony: *In the Company of Crows and Ravens*, New Haven/London 2005

Matthiessen, Peter: *Die Könige der Lüfte* – *Reisen mit Kranichen*, Frankfurt/Main 2010

Meier, Frank: *Mensch und Tier im Mittelalter*, Ostfildern 2008

Michelet, Jules: *Der Vogel*, hg. von Uwe Nettelbeck, Nördlingen 1986

Morris, Desmond: *Eulen* – *Ein Portrait*, Berlin 2014

Münch, Paul/Walz, Rainer (Hg.): *Tiere und Menschen* – *Geschichte und Aktualität eines prekären Verhältnisses*, 2. Auflage, Paderborn u. a. 1999

Naumann, [Johann Friedrich]: *Naturgeschichte der Vögel Mitteleuropas*, neu bearbeitet, hg. von Carl R. Hennicke [3. Aufl.], 12 Bde., Gera-Untermhaus 1905 ff.; digitalisiert unter: http://www.biodiversitylibrary.org/bibliography/50543#/summary

Naumann, Johann Friedrich: *Die Vögel Mitteleuropas* – *Eine Auswahl*, hg. von Arnulf Conradi, Frankfurt/Main 2009

Neßhöver, Carsten: *Biodiversität* – *Unsere wertvollste Ressource*, Freiburg i. Br. 2013

Newton, Alfred: *A Dictionary of Birds*, assisted by Hans Gadow, with Contributions from Richard Lydekker u. a., London 1893–1896

Nicolai, Jürgen: *Vogelleben*, Reinbek 1975

Obermaier, Sabine (Hg.): *Tiere und Fabelwesen im Mittelalter*, Berlin/New York 2009

Pedersen, Jan/Svensson, Lars/Bezzel, Einhard: *Vogelstimmen* – *Unsere Vögel und ihr Gesang*, München 2012

Piechocki, Rudolf: *Der Turmfalke* – *Falco tinnunculus* – *Seine Biologie und Bedeutung für die biologische Schädlingsbekämpfung*, Wittenberg 1982

Pöppinghege, Rainer (Hg.): *Tiere im Krieg* – *Von der Antike bis zur Gegenwart*, Paderborn u. a. 2009

Pöppinghege, Rainer: *Tiere im Ersten Weltkrieg* – *Eine Kulturgeschichte*, Berlin 2014

Portmann, Adolf: *Das Tier als soziales Wesen*, Zürich 1953

Portmann, Adolf: *Vom Wunder des Vogellebens*, München/Zürich 1984

Powers, Alan: *BirdTalk* – *Conversations with Birds*, Berkeley 2003

Powers, Richard: *Das Echo der Erinnerung*, Frankfurt/Main 2006

Purpurne Fische – *Tiergedichte*, Potsdam 2010

Reichholf, Josef H.: *Stadtnatur* – *Eine neue Heimat für Tiere und Pflanzen*, München 2007

Reichholf, Josef H.: *Die Zukunft der Arten* – *Neue ökologische Überraschungen*, München 2009

Reichholf, Josef H.: *Rabenschwarze Intelligenz – Was wir von Krähen lernen können*, München/Zürich 2011

Reichholf, Josef H.: *Naturgeschichte(n) – Über fitte Bleßhühner, Biber mit Migrationshintergrund und warum wir uns die Umwelt im Gleichgewicht wünschen*, München 2012

Reichholf, Josef H.: *Ornis – Das Leben der Vögel*, München 2014

Riechelmann, Cord: *Bestiarium – Der Zoo als Welt – die Welt als Zoo*, Frankfurt/Main 2003

Riechelmann, Cord: *Wilde Tiere in der Großstadt*, Berlin 2004

Riechelmann, Cord: *Krähen – Ein Portrait*, Berlin 2013

Robischon, Marcel: *Vom Verstummen der Welt – Wie uns der Verlust der Artenvielfalt kulturell verarmen läßt*, München 2012

Rothenberg, David: *Warum Vögel singen – Eine musikalische Spurensuche*, Berlin/Heidelberg 2007

Sauer, Frieder: *Die farbigen Naturführer – Landvögel*, München o. J.

Sax, Boria: *Animals in the Third Reich – Pets, Scapegoats, and the Holocaust*, New York/London 2000

Sax, Boria: *Crow*, London 2003

Scheuer, Norbert: *Die Sprache der Vögel*, München 2015

Schmitz, Friederike (Hg.): *Tierethik – Grundlagentexte*, Frankfurt/Main 2014

Schuster, Wilhelm P.: *Unsere einheimischen Vögel – Nach ihrem wirtschaftlichen Wert (Nutzen und Schaden)*, Gera-Untermhaus 1909

Schuster von Forstner, Wilhelm: *Die Vögel Mitteleuropas – Handbuch der praktischen Vogelkunde auf Grund neuerer Forschungsergebnisse mit besonderer Berücksichtigung des wirtschaftlichen Wertes (Nutzen und Schaden) der Vögel Deutschlands*, 3., zeitgemäß umgearbeitete und vermehrte Auflage, Esslingen/München 1923

Skutch, Alexander F.: *The Minds of Birds*, Texas 1996

Stein, Gottfried: *Ergötzliche Vogelkunde – Betrachtungen eines Liebhabers*, München 1955

Stern, Horst/Thielcke, Gerhard/Vester, Frederic/Schreiber, Rudolf: *Rettet die Vögel – … wir brauchen sie*, München/Berlin 1978

Stern, Horst: *Mann aus Apulien – Die privaten Papiere des italienischen Staufers Friedrich II., römisch-deutscher Kaiser, König von Sizilien und Jerusalem, Erster nach Gott, über die wahre Natur der Menschen und der Tiere, geschrieben 1245–1250*, Frankfurt/Main u. a. 1988

Stern, Horst: *Das Horst Stern Lesebuch*, hg. von Ulli Pfau, München 1992

Stern, Horst: *Das Gewicht einer Feder – Reden, Polemiken, Filme, Essays*, hg. von Ludwig Fischer, München 1997

Süskind, Patrick: *Die Taube*, Zürich 1987

Summers-Smith, J. Denis: *On Sparrows and Man – A Love-Hate Relationship*, Guisborough 2005

Summers-Smith, J. Denis: *The Sparrows*, London 2010

Svensson, Lars: *Birds of Europe*, 2. Auflage, Princeton u. a. 2009

Svensson, Lars: *Der Kosmos Vogelführer – Alle Arten Europas, Nordafrikas und Vorderasiens*, 2. Auflage, Stuttgart 2011

Tait, Malcolm/Tayler, Olive: *Vögel – Von eleganten Elstern, graziösen Gänsen und zaghaften Zeisigen*, übersetzt und bearbeitet von Arnulf Conradi, Zürich 2014

Thoreau, Henry David: *Walden oder Leben in den Wäldern*, Zürich 1979

Tierleben aktuell – Porträts bedrohter Tiere, München 1985

Tinbergen, Niko: *Tierbeobachtungen zwischen Arktis und Afrika – Forscherfreuden in freier Natur*, Reinbek 1973

Tinbergen, Nikolaas: *Tiere und ihr Verhalten*, Reinbek 1976

Todt, Dietmar: »Akustische Kommunikation – Interaktives Problemlösen oder Schritte auf dem Weg zur Sprache?«, http://web.fu-berlin.de/behavioral-biology/themen/g_team/dietmar_todt_g002/Todt_2005-Akust_Kommunikation.pdf

Trouern-Trend, Jonathan: *Birding Babylon – Tagebuch eines Soldaten im Irak*, Berlin 2009

Twains Tierleben, hg. von Maxwell Geismar, Hamburg 2002

Vögel in der Weltliteratur – Eine Auswahl, hg. von Federico Hindermann, Zürich 1986

Voland, Eckart: *Soziobiologie – Die Evolution von Kooperation und Konkurrenz*, 4., umfassend aktualisierte und erweiterte Auflage, Heidelberg 2013

Wenn der Kranich zieht – Eine kleine Kulturgeschichte, Redaktion: Alf Mayer, Frankfurt/Main 1987

Westphal, Uwe: *Schräge Vögel – Begegnungen mit Rohrdommel, Ziegenmelker, Wiedehopf und anderen heimischen Vogelarten*, Darmstadt 2015

Wild und Hund exklusiv, H. 37: Wildgänse – Biologie – Jagd – Ausrüstung – Verwertung, Singhofen 2011

Wilson, Edward O.: *Die Zukunft des Lebens*, München 2004

Wolf, Ursula (Hg.): *Texte zur Tierethik*, Stuttgart 2008

Wüst, Walter: *Die Brutvögel Mitteleuropas*, München 1970

Wulffen, Barbara von: *Von Nachtigallen und Grasmücken – Über das irdische Vergnügen an Vogelkunde und Biologie*, Frankfurt/Main 2001

Wulffen, Barbara von: *»Und die Welt hob an zu singen‹ – Von Liturgien meiner gefiederten Freunde«*, in: Richard Riess (Hg.): *Freundschaft*, Darmstadt 2014

AUDIO

Berthold, Peter: *Faszination Vogelzug – Von Aristoteles bis zur globalen Klimaerwärmung*, Regie: Klaus Sander, Berlin 2004/2015

Jaeger, Heino: *Alkoholprobleme in Dänemark*, Zürich 2000
Jaeger, Heino: *Sie brauchen gar nicht so zu gucken*, Zürich 2010
Schulze, Andreas: *Vogelstimmen erkennen – Gesänge und Rufe von 75 häufigen Arten*, München 2009

FILM

A Birder's Guide to Everything, Regie: Rob Meyer, USA 2014
Das erstaunliche Leben des Walter Mitty, Regie: Ben Stiller, USA 2013
Das Leben der Vögel, Regie: David Attenborough, GB 1998
Der Tag des Spatzen, Regie: Philip Scheffner, D 2010
Deutschlands wilde Vögel – Eine wunderbare Reise in die faszinierende Welt der Vögel, Regie: Hans-Jürgen Zimmermann, D 2013
Deutschlands wilde Vögel – Teil 2: Die Reise geht weiter, Regie: Hans-Jürgen Zimmermann, D 2014
Die fantastische Reise der Vögel, Regie: John Downer, GB 2011
Ein Jahr vogelfrei!, Regie: David Frankel, USA 2011
Große Vögel, kleine Vögel, Regie: Pier Paolo Pasolini, I 1966
Heino Jaeger – look before you kuck, Regie: Gert Kroske, D 2013
Nomaden der Lüfte – Das Geheimnis der Zugvögel, Regie: Jacques Perrin u. a., FRA 2001
Pinguine hautnah – Das geheimnisvolle Leben tierischer Überlebenskünstler, Regie: John Downer, GB 2013

INTERNETSEITEN

archive.org
fatbirder.com
www.allaboutbirds.org
www.biodiversitylibrary.org
www.brodowski-fotografie.de
www.gebaeudebrueter.de
www.nabu.de
www.ornitho.de
www.ornithologie.de
www.vogelstimmen.de

DANK

Kaum ein Vogelliebhaber, dessen Leidenschaft sich nicht bereits in der Kindheit entwickelt. Und so fangen auch wir damit an: mit dem Großvater und der Großmutter – beide waren Gründungsmitglieder des Neuendettelsauer Vogelschutzvereins –, den grauen Heften der Zeitschrift *Vogelschutz* oder den Abstechern in den Wald, mit denen ein Interesse zu entstehen begann; das von den Eltern so bestärkt wurde, daß es bald Begeisterung war.

Gedankt sei ihnen. Denn es gab alles, was ein unbedarfter Junge braucht, um zum Orni zu werden: Papageienpuzzle und Bestimmungsbuch (der immer noch heilige Kosmos-Vogelführer), Bildbände über die *Raubvögel der Welt* und die Welt des Paradiesvogels, das erste Fernglas und gute Literatur (*Rettet den Wald* et alii), Ferien mit Fauna und Sonntagsausflüge zu Greifvogelstationen; wir durften leidenschaftliche Naturschützer treffen (Sitzmannsfritz!) und einen Jäger begleiten, der uns in die freie Wildbahn mitnahm und auf Bussard und Habicht ansitzen ließ, während er beiläufig verwilderte Katzen schoß.

Dies ist das eine. Das andere sind all die Ornithologen, Schriftsteller und Autoren, die sich beschreibend und dichtend auf die Gefiederten eingelassen haben. Ohne sie hätte dieses Buch nicht entstehen können. (Zumal man ja nicht alles selbst beobachten kann.) Naumann und Brehm (Riesen mit Schultern, auf die man nie hinaufkommt), Gerlach und Stein, Berg und Baker, Hudson, Conradi, MacDonald – wer sich monatelang in diese Literatur vertieft, der mag denken, es sei gar nicht so viel falsch in der Vogelwelt und in der Welt rund um die Vögel. Bis er auf- und rausschaut.

Trotzdem danke.

Jürgen Roth dankt zuallererst Peter Graf, der bei einem Treffen in Köln (ohne Wanderfalken am Himmel) die beknackte Idee, eine Kritik der Vögel zu schreiben, sofort aufgriff und in der Folge nicht lockerließ, indem er uns gewähren ließ und uns selbstverständlich und gelassen immer wieder jene Zeit einräumte, die man braucht, wenn man merkt, daß man – recherchierend und schreibend – einen Kontinent betreten hat, von dem man glaubte, man kenne ihn ganz gut. Merci vielmals.

Dank auch an Aenne Glienke. Sie hat mir vor längerer Zeit, als ich vom Menschenzirkus mal wieder genug hatte, den Floh ins Ohr gesetzt, was über Vögel zu machen. Sie teilt unsere Hingabe an die närrischen Kameraden im

Garten und in der Flur und hat dieses Buch elegant um etliche Klippen herummanövriert.

Ich danke Katrin H. und Dirk B., die sich monatelang mein Geschwalle über Vögel angehört und mir am Biertisch die eine oder andere schöne Formulierung spendiert haben. Und ich danke den wunderbaren Stammgästen in meiner Lieblingskneipe, die mich unermüdlich aufgemuntert haben. »Was, ein Buch übers Vögeln schreibst du? Hau rein, das will ich lesen!«

Und nicht zuletzt gebührt Martin W. ein großer Dank. Er hat, uneigennützig, aus Interesse, aus Freundschaft, wochenlang seine Recherchemaschinen angeworfen und uns mit fabelhaftem Text-, Bild- und Filmmaterial versorgt. Und er hat mir, als die Geisteskräfte zu schwinden drohten, in seiner Küche Obdach gewährt, einen Laptop hin- und aufopferungsvoll das Bier kaltgestellt.

Und auch Thomas Roth dankt. Zuerst dem Autorenkollegen (für sehr vieles). Und dann den Freunden und Bekannten, die sich nicht nur manches Gerede übers Geflügel mit Langmut und Nachsicht angehört, sondern Unterstützung und Anregungen gespendet haben, speziell C. und I. für die Ermunterung zu positiver Kritik, B. für Anmerkungen zum Freiheitsbegriff des Adlers, H.-C. für das nimmermüde Plädoyer zugunsten der Halsbandsittiche (und das Hammerhead-T-Shirt). Vor allem sei der Familie N. herzlich gedankt, die das Projekt in vielerlei Weise begleitet hat, ob durch Neuigkeiten über den Neuntöter, hermeneutische Anmerkungen zum Verhalten des Rotkehlchens, Fachsimpeleien über den Kranichzug oder die Ostsüdostwendung der Nistkästen sowie die Verteidigung der Vögel gegen die Katzen mit Hilfe von weit- und mehrschüssigen, schnelladenden, vollmunitionierten Wasserwummen. Das ist Artenschutz at its best.

Der größte und sicher nicht letzte Dank gebührt wiederum H., die auch bei den Gefiederten stets genauer hinsieht und phantasievoller schaut.

Und, noch einmal: unseren Eltern. Für alles.

MIX
Papier aus verantwor-
tungsvollen Quellen
FSC® C083411

ISBN 978-3-351-05032-0
Blumenbar ist eine Marke
der Aufbau Verlag GmbH & Co. KG

2. Auflage 2017
© Aufbau Verlag GmbH & Co. KG, Berlin 2017
Gestaltung des Einbands und Vor- und Nachsatzpapiers
bei Studio Grau Berlin
unter Verwendung eines Bildes von F. W. Bernstein
Gesetzt aus der Minion pro bei Greiner & Reichel, Köln
Druck und Binden CPI books GmbH, Leck, Germany
Printed in Germany

www.aufbau-verlag.de
www.blumenbar.de

Blümenbar
Willkommen im Club